泛函微分双时滞系统的稳定性

李宏飞　著

科 学 出 版 社

北　京

内 容 简 介

稳定性是系统控制理论研究的核心内容之一，而时滞是导致系统不稳定的一个主要因素. 微分泛函双时滞方程代表一类非常一般的滞后型系统，广泛存在于工程实际中. 早期人们习惯将其转化为中立型系统加以研究，极大地增加了系统状态变量的维数，且忽视了双时滞方程所描述的系统自身的数理优点. 鉴于此，本书通过重构时滞系统，利用双方程自身的优点，运用离散化 LKF 方法及网格分割新技术，研究单时滞、多时滞和分布时滞泛函微分系统的稳定性. 并通过一些数值示例，应用 MATLAB 编程计算稳定的时滞最值估计能够快速地逼近其解析解.

本书可作为高等学校数学专业和自动控制专业高年级本科生和研究生的教材，也可作为从事教学、科研的教师和工程技术人员的参考用书.

图书在版编目(CIP)数据

泛函微分双时滞系统的稳定性/李宏飞著. —北京：科学出版社，2017. 6

ISBN 978-7-03-053521-4

Ⅰ.①泛…　Ⅱ.①李…　Ⅲ.①微积分-应用-自动控制理论-研究　Ⅳ.①TP13

中国版本图书馆 CIP 数据核字（2017）第 135899 号

责任编辑：阚　瑞／责任校对：郭瑞芝
责任印制：徐晓晨／封面设计：蓝　正

科学出版社出版
北京东黄城根北街 16 号
邮政编码：100717
http://www.sciencep.com
北京凌奇印刷有限责任公司印刷
科学出版社发行　各地新华书店经销
*
2017 年 6 月第　一　版　开本：720 × 1000 1/16
2019 年 1 月第二次印刷　印张：12 1/4
字数：232 000
定价：68.00 元
（如有印装质量问题，我社负责调换）

前 言

微分泛函双时滞方程表示一类非常一般的滞后型系统, 广泛存在于工程实际中, 其动力模型通常由简单的双曲偏微分方程所描述. 事实上, 泛函微分双时滞方程包含了许多特殊的滞后型系统, 如具有多个比例时滞的情形、中立型时滞系统、奇异时滞系统等. 20 世纪 70 年代初, 人们已经注意到了这方面的问题, 只不过大多将其转化为中立型系统加以研究, 而忽视了系统本身的特点. 近年来, 随着时滞系统研究的进一步深入, 以无损传输模型为代表的泛函微分双时滞系统逐渐被研究人员所重视. 基于此, 本书主要利用双方程本身具有的优点, 通过 Lyapunov 理论和离散化 Lyapunov 泛函方法研究它的稳定性, 着重探讨和说明下述几个问题.

(1) 一般泛函微分双时滞方程的 Lyapunov 稳定性基本理论, 以及两类相关差分方程的稳定性条件.

(2) 微分差分双时滞线性方程描述的标称系统的基本解及其解的表达式.

(3) 给出保证系统稳定的充分且必要的 Lyapunov-Krasovaskii 泛函.

(4) 运用离散化 Lyapunov-Krasovaskii 泛函方法, 基于 LMI 给出单时滞、多时滞、含分布时滞系统的稳定性条件.

(5) 运用示例说明利用本书结果计算出的允许的稳定时滞界可以逼近实际解析解.

(6) 充分说明泛函微分双时滞方程表述的系统模型的优越性, 使之在计算速度上的优点被充分体现.

本书共 9 章. 第 1 章绪论, 通过工程实际中存在的一些具体模型说明研究泛函微分双时滞系统的重要意义及其应用价值, 并简要叙述其研究现状. 第 2 章简述一般微分差分双时滞方程的稳定性基本理论以及涉及的差分方程的稳定性. 第 3 章给出单时滞微分差分双时滞系统解的表达式, 以及使系统稳定的充分必要的 Lyapunov-Krasovskii 泛函, 并运用离散化方法得到系统一致稳定的线性矩阵不等式 (LMI) 条件. 同时探讨具有模有界不确定的情形, 分析系统模型的优点, 通过示例说明由本章结果计算可以逼近允许的稳定时滞界. 第 4 章研究较为复杂的多时滞情形. 第 5 章研究具有分布时滞的微分差分双时滞系统以及具有模有界不确定性系统的稳定性, 并说明所讨论系统的广泛性. 第 6 章类似于单时滞的情形, 讨论具有一个离散时滞和分段连续分布时滞泛函微分双时滞系统的精细化稳定性. 为了消除分布时滞带来的不连续性以及在 LMI 表述的稳定性条件中引入松弛变量, 一个简单的 Lyapunov-Krasovskii 泛函被附加给完全的二次 Lyapunov-Krasovskii 泛函, 数值示例显示应用其稳定性结果对时滞最大上界有很好的逼近性. 第 7 章通过选取一个简单的仅与未知时滞相关的 Lyapunov-Krasovskii 泛函附加给可实施离散化的只与已知时滞相关的二次 Lyapunov-Krasovskii 泛函, 探讨具有多个已知和未知离散和分布时滞泛函微分双时滞系统的稳定性, 并且在离散化过程中实施的时滞区间划分和网格分割方法均不同于第 4 章的方法. 第 8 章应用与第 7 章相同的时滞区间划分和网格分割新方法, 研究一类微分差分双时滞大系统的稳定性, 进一步说明其在工程应用中的优越性. 第 9 章研究微分差分双时滞系统的 $\mathcal{H}_\infty$ 性能, 并探讨其与系统不确定性之间的输入关系.

本书得到了国家自然科学基金项目 (61573288)、陕西省自然科学基金项目 (2011JM1009)、陕西省教育厅科研计划项目 (09JK834)、陕西学前师范学院人才引进科研项目 (2014DS019) 的资助, 在此表示衷心的感谢. 作者也非常感谢美国南伊利诺伊大学爱德华兹维尔分校顾克勤教授在我美国访学期间给予的大力帮助和指导, 本书的部分研究成果是与他合作完成的.

由于作者水平有限, 书中难免存在不足之处, 敬请读者批评指正.

符号说明

$\mathbb{N}$	自然数集
$\mathbb{R}$	实数集
$\mathbb{R}_+$	正实数集
$\bar{\mathbb{R}}_+$	非负实数集
$\mathbb{R}^n$	n 维欧氏空间
$\mathbb{R}^{n\times m}$	$n\times m$ 阶矩阵之集
$\mathbb{C}$	复数集
L_2	平方可积的实函数集
$\forall$	任意的
$\in$	属于
$Re(\omega)$	复数 ω 的实部
$I(I_n)$	适当维数 (n 维) 的单位矩阵
$\mathrm{diag}(\cdots)$	对角矩阵
A^{T}	矩阵 A 的转置
A^*	矩阵 A 的共轭转置
A^{-1}	方阵 A 的逆矩阵
$A>(<)0$	A 是正 (负) 定矩阵
$A\geqslant(\leqslant)0$	A 是半正 (负) 定矩阵
$\begin{pmatrix} A & B \\ * & C \end{pmatrix}$	$\begin{pmatrix} A & B \\ B^{\mathrm{T}} & C \end{pmatrix}$
$\lambda_{\min}(A)$	方阵 A 的最小特征值
$\rho(D)$	矩阵 D 的谱半径
$\mu(D)$	矩阵 D 的结构奇异值
$\mathcal{C}[a,b]$	$[a,b]$ 上的 $\mathbb{R}^n$ 值连续函数集
$\mathcal{C}$	$\mathcal{C}[-r,0]$
$\mathcal{PC}(r,n)$	定义在 $[-r,0)$ 上的有界、右连续, 分片连续的 $\mathbb{R}^n$ 值函数集
$y_{i(r_i)t}$	$\mathcal{PC}(r_i,m_i)$ 上的函数, 且定义为 $y_{i(r_i)t}=y_i(t+\theta),\theta\in[-r_i,0]$
$x_{[s,\tau)}$	x 在 $[s,\tau)$ 上的限制

$\dot{x}$	x 关于时间 t 的导数, 或者 $\dfrac{\mathrm{d}x}{\mathrm{d}t}$
$\lVert\cdot\rVert$	用于 $\mathbb{R}^n$ 为向量 2-范数
	用于 $\mathbb{R}^{n\times m}$ 为诱导的矩阵 2-范数
	若 $\phi \in \mathcal{PC}(r,n)$, $\lVert\phi\rVert = \sup_{-r\leqslant\theta<0}\lVert\phi(\theta)\rVert$
	$\lVert x_{[s,\tau)}\rVert = \sup_{s\leqslant t<\tau}\lVert x(t)\rVert$
	对 $\phi_i \in \mathcal{PC}(r_i,m_i)$, $\lVert(\phi_1,\phi_2,\ldots,\phi_K)\rVert = \max\{\lVert\phi_1\rVert,\lVert\phi_2\rVert,\ldots,\lVert\phi_K\rVert\}$
$\lVert\phi\rVert_{L_2}$	向量函数 ϕ 的 L_2-范数, 若 $\phi \in \mathcal{PC}(r,n)$, $\lVert\phi\rVert_{L_2} = \left[\int_{-r}^{0}\lVert\phi(\theta)\rVert^2\mathrm{d}\theta\right]^{\frac{1}{2}}$

目　录

第 1 章　绪　　论

动力系统总是存在滞后现象. 工程技术、物理、力学、控制论、化学反应、生物医学等提出的数学模型带有明显的滞后量. 特别是在自动控制的装置中, 任何一个含有反馈的系统, 从输入信号到收到反馈信号, 其间必有一个时间差. 随着高新技术的发展, 在实际工程中对控制系统不断提出新的要求, 且对系统模型以及控制器的响应速度要求越来越高. 而泛函微分双方程

$$\begin{aligned} \dot{x}(t) &= f(t, x(t), y_t) \\ y(t) &= g(t, x(t), y_t) \end{aligned}$$

表示一类非常一般的滞后系统, 许多滞后系统均可作为它的特例, 例如:

通常的滞后型系统

$$\dot{x}(t) = f(t, x(t), x_t)$$

中立型时滞系统

$$\frac{\mathrm{d}}{\mathrm{d}t}[x(t) - g(t, x_t)] = f(t, x(t), x_t)$$

奇异型时滞系统

$$E\dot{x}(t) = f(t, x(t), x_t)$$

下面就泛函微分双时滞系统的工程应用背景、研究现状、研究意义几方面加以阐述.

1.1　泛函微分双时滞系统的工程背景及研究意义

泛函微分双时滞系统在工程实际中有着广泛的应用, 主要来源于电力电子系统无损传输线模型、涡轮机热电生产中的蒸汽的无损传输问题、水坝中水的压力传输问题、气体的管道无损传输问题, 以及网络通信信号的传输问题. 这些系统的动态模型起初由双曲偏微分方程参数化表达式来描述, 相关的参考文献对无损传输线模型的提及最早可追溯到 1968 年 Brayton 的文章 [1]、1978 年 Karaev 的著作[2]、1991 年 Marinov 和 Neittaanmäki 的著作 [3], 早在 1946 年文献 [4] 就提出了热电生产蒸汽管道输送以及水坝的水输送问题. 下面给出几个用泛函微分时滞方程描述的实际系统.

例 1.1[5]　如图 1.1 为 Brayton[1] 考虑的无损传输线连接, 问题由下述偏微分方程描述

$$L\frac{\partial i}{\partial t}=-\frac{\partial v}{\partial x},\quad C\frac{\partial v}{\partial t}=-\frac{\partial i}{\partial x},\quad 0<x<1,\quad t>0$$

边界条件为

$$E-v(0,t)-Ri(0,t)=0$$

$$C_1\frac{\mathrm{d}v(1,t)}{\mathrm{d}t}=i(1,t)-g(v(1,t))$$

其中, $g(v)$ 是 v 的非线性函数.

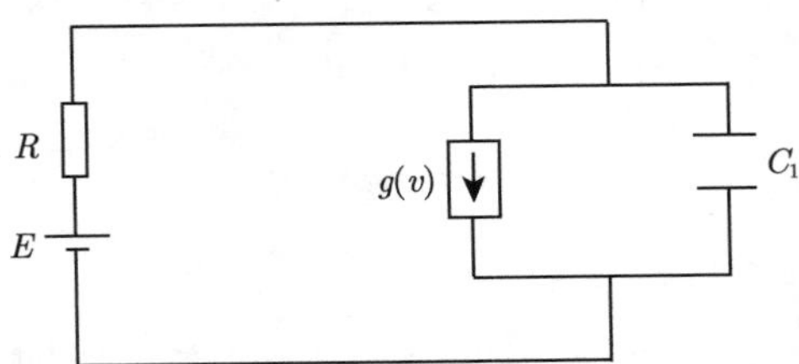

图 1.1　无损传输线连接图

下面介绍如何转化这个问题为具有时滞的微分差分双方程, 如果 $s=(LC)^{-\frac{1}{2}}$, $z=(LC)^{\frac{1}{2}}$, 那么偏微分方程的一般解为

$$v(x,t)=\phi(x-st)+\psi(x+st)$$

$$i(x,t)=\frac{1}{z}[\phi(x-st)-\psi(x+st)]$$

或者

$$2\phi(x-st)=v(x,t)+zi(x,t)$$

$$2\psi(x+st)=v(x,t)-zi(x,t)$$

进一步有

$$2\phi(-st)=v\left(1,t+\frac{1}{z}\right)+zi\left(1,t+\frac{1}{z}\right)$$

$$2\psi(st)=v\left(1,t-\frac{1}{z}\right)-zi\left(1,t-\frac{1}{z}\right)$$

利用一般解表示以及在点 $t-\dfrac{1}{s}$ 的第一边值条件, 即得

$$i(1,t)-Ki\left(1,t-\frac{2}{s}\right)=\alpha-\frac{1}{z}v(1,t)-\frac{K}{z}v\left(1,t-\frac{2}{s}\right)$$

其中, $K=\dfrac{z-R}{z+R},\alpha=\dfrac{2E}{z+R}$. 插入第二边值条件并让

$$y(t) = v(1,t), \quad x(t) = v(1,t) - Kv\left(1, t - \frac{2}{s}\right)$$

则得方程

$$\begin{aligned}\dot{x}(t) &= f\left(x(t), y\left(t - \frac{2}{s}\right)\right)\\ y(t) &= x(t) + Ky\left(t - \frac{2}{s}\right)\end{aligned}$$

其中, $s = \sqrt{LC}$.

$$C_1 f(x(t), y(t-r)) = \alpha - \frac{1}{z}x(t) - g(x(t) + Ky(t-r)) + Ky(t-r)$$

例 1.2[6] 考虑具有两根蒸汽排管两根蒸汽管道的热电生产模型

$$\begin{aligned}
T_a\frac{\mathrm{d}s}{\mathrm{d}t} &= \sum_{i=1}^{3}\alpha_i\pi_i(t) - v_g\\
T_1\frac{\mathrm{d}\pi_1(t)}{\mathrm{d}t} &= \mu_1 - \pi_1(t)\\
T_{p1}\frac{\mathrm{d}\pi_{s1}(t)}{\mathrm{d}t} &= \pi_1(t) - \beta_{11}\mu_2\pi_{s1}(t) - \beta_{12}\mu_2\xi_{w1}(0,t)\\
T_{c1}\frac{\partial\xi_{p1}}{\partial t} + \frac{\partial\xi_{w1}}{\partial\lambda} &= 0, \quad \psi_{c1}^2 T_{c1}\frac{\partial\xi_{w1}}{\partial t} + \frac{\partial\xi_{p1}}{\partial\lambda} = 0\\
\xi_{w1}(0,t) + \alpha_{p1}\xi_{p1}(0,t) &= \alpha_{p1}\pi_{s1}(t)\\
\xi_{w1}(1,t) &= \psi_{s1}\xi_{p1}(1,t)\\
T_2\frac{\mathrm{d}\pi_2(t)}{\mathrm{d}t} &= \mu_2\pi_{s1}(t) - \pi_2(t)\\
T_{p2}\frac{\mathrm{d}\pi_{s2}(t)}{\mathrm{d}t} &= \pi_2(t) - \beta_{12}\mu_3\pi_{s2}(t) - \beta_{22}\xi_{w2}(0,t)\\
T_{c2}\frac{\partial\xi_{p2}}{\partial t} + \frac{\partial\xi_{w2}}{\partial\lambda} &= 0, \quad \psi_{c2}^2 T_{c2}\frac{\partial\xi_{w2}}{\partial t} + \frac{\partial\xi_{p2}}{\partial\lambda} = 0\\
\xi_{w2}(0,t) + \alpha_{p2}\xi_{p2}(0,t) &= \alpha_{p2}\pi_{s2}(t)\\
\xi_{w2}(1,t) &= \psi_{s2}\xi_{p2}(1,t)\\
T_3\frac{\mathrm{d}\pi_3(t)}{\mathrm{d}t} &= \mu_3\pi_{s2}(t) - \pi_3(t)
\end{aligned}$$

其中, s 为涡轮机旋转速度与同步速率的额定偏差 (50 Hz 的网格频率); π_i $(i = 1,2,3)$ 为涡轮机蒸汽循环的额定压强; π_{si} $(i = 1,2)$ 为涡轮机正规的蒸汽排放的额定压强; ξ_{wi} $(i = 1,2)$ 为通过蒸汽排放管道的额定流量; ξ_{pi} $(i = 1,2)$ 为沿着蒸汽排放管道的额定蒸汽压强; $T_a, T_i(i = 1,2,3), T_{ci}(i = 1,2), T_{pi}(i = 1,2)$ 为时间常数; μ_i $(i = 1,2,3)$ 为额定控制信号, 即涡轮机蒸汽循环之间蒸汽流量的可控横截面积.

方程中的所有物理参数均为正. 定义关于上述系统的 Riemann 不变量为

$$\xi_{wi}(t,\lambda)=\xi_{1i}(\lambda,t)-\xi_{2i}(\lambda,t),\quad i=1,2 \tag{1.1}$$

$$\xi_{pi}(t,\lambda)=\psi_{ci}[\xi_{1i}(\lambda,t)+\xi_{2i}(\lambda,t)],\quad i=1,2 \tag{1.2}$$

于是导出下面的双曲偏微分方程

$$\frac{\partial\xi_{1i}}{\partial t}+\frac{1}{\psi_{ci}T_{ci}}\frac{\partial\xi_{2i}}{\partial\lambda}=0 \tag{1.3}$$

$$\frac{\partial\xi_{1i}}{\partial t}-\frac{1}{\psi_{ci}T_{ci}}\frac{\partial\xi_{2i}}{\partial\lambda}=0,\quad i=1,2 \tag{1.4}$$

以及边界条件

$$(1+\alpha_{pi}\psi_{ci})\xi_{1i}(0,t)-(1-\alpha_{pi}\psi_{ci})\xi_{2i}(0,t)=\alpha_{pi}\pi_{si}(t)$$

$$(1-\psi_{si}\psi_{ci})\xi_{1i}(1,t)=(1+\psi_{si}\psi_{ci})\xi_{2i}(1,t)$$

从而由系统方程即得具有上述偏微分方程的两个表达式

$$T_{pi}\frac{\mathrm{d}\pi_{si}(t)}{\mathrm{d}t}=\pi_i(t)-\beta_{i1}\mu_{i+1}\pi_{si}(t)-\beta_{i2}[\xi_{1i}(0,t)-\xi_{2i}(0,t)],\quad i=1,2$$

以及初值条件

$$\xi_{1i}(\lambda,0)=\frac{1}{2}[\gamma_{wi}(\lambda)+\frac{1}{\psi_{si}}\gamma_{pi}(\lambda)]$$

$$\xi_{2i}(\lambda,0)=\frac{1}{2}[-\gamma_{wi}(\lambda)+\frac{1}{\psi_{si}}\gamma_{pi}(\lambda)],\quad i=1,2$$

令 $\eta_{1i}(t)=\xi_{1i}(0,t),\eta_{2i}(t)=\xi_{2i}(1,t),i=1,2$, 则得

$$\xi_{1i}(1,t)=\eta_{1i}(t-\psi_{ci}T_{ci})$$

$$\xi_{2i}(0,t)=\eta_{2i}(t-\psi_{ci}T_{ci}),\quad i=1,2$$

接着, 易于看出函数 $\eta_{ki},k,i=1,2$ 满足系统方程

$$\eta_{1i}(t)=\frac{1-\alpha_{pi}\psi_{ci}}{1+\alpha_{pi}\psi_{ci}}\eta_{2i}(t-\psi_{ci}T_{ci})+\frac{\alpha_{pi}\psi_{ci}}{1+\alpha_{pi}\psi_{ci}}\pi_{si}(t)$$

$$\eta_{2i}(t)=\frac{1-\alpha_{si}\psi_{ci}}{1+\alpha_{si}\psi_{ci}}\eta_{1i}(t-\psi_{ci}T_{ci})$$

和

$$T_{pi}\frac{\mathrm{d}\pi_{si}(t)}{\mathrm{d}t}=\pi_i(t)-\beta_{i1}\mu_{i+1}\pi_{si}(t)-\beta_{i2}[\eta_{1i}(t)-\eta_{2i}(t-\psi_{ci}T_{ci})],\quad i=1,2$$

且具有初值条件

$$\eta_{1i}^0(\theta)=\frac{1}{2}\left[\gamma_{wi}\left(\frac{-\theta}{\psi_{ci}T_{ci}}\right)+\frac{1}{\psi_{ci}}\gamma_{pi}\left(\frac{-\theta}{\psi_{ci}T_{ci}}\right)\right]$$

$$\eta_{2i}^0(\theta)=\frac{1}{2}\left[\gamma_{wi}\left(\frac{-\theta}{\psi_{ci}T_{ci}}\right)+\frac{1}{\psi_{ci}}\gamma_{pi}\left(\frac{-\theta}{\psi_{ci}T_{ci}}\right)\right],\quad \theta\in[-\psi_{ci}T_{ci},0]$$

注意到 η_{2i} 能被消除, 于是得

$$\eta_{1i}(t)=\frac{1-\alpha_{pi}\psi_{ci}}{1+\alpha_{pi}\psi_{ci}}\frac{1-\alpha_{si}\psi_{ci}}{1+\alpha_{si}\psi_{ci}}\eta_{1i}(t-2\psi_{ci}T_{ci})+\frac{\alpha_{pi}\psi_{ci}}{1+\alpha_{pi}\psi_{ci}}\pi_{si}(t)$$

$$T_{pi}\frac{\mathrm{d}\pi_{si}(t)}{\mathrm{d}t}=\pi_i(t)-\beta_{i1}\mu_{i+1}\pi_{si}(t)-\beta_{i2}\left[\eta_{1i}(t)-\frac{1-\alpha_{si}\psi_{ci}}{1+\alpha_{si}\psi_{ci}}\eta_{1i}(t-2\psi_{ci}T_{ci})\right]$$

$i=1,2$. 且初值条件被延伸到 $[-2\psi_{ci}T_{ci},0]$ 为

$$\eta_{1i}^0(\theta)=\frac{1-\alpha_{si}\psi_{ci}}{1+\alpha_{si}\psi_{ci}}\eta_{2i}^0(\theta+\psi_{ci}T_{ci}),\quad \forall\theta\in[-2\psi_{ci}T_{ci},-\psi_{ci}T_{ci}],\quad i=1,2$$

最终得到

$$\begin{aligned}
T_a\frac{\mathrm{d}s}{\mathrm{d}t}&=\sum_{i=1}^{3}\alpha_i\pi_i(t)-v_g\\
T_1\frac{\mathrm{d}\pi_1(t)}{\mathrm{d}t}&=\mu_1-\pi_1(t)\\
T_{pi}\frac{\mathrm{d}\pi_{si}(t)}{\mathrm{d}t}&=\pi_i(t)-\left(\beta_{i1}\mu_{i+1}+\frac{\beta_{i2}\alpha_{pi}}{1+\alpha_{pi}\psi_{ci}}\right)\pi_{si}(t)\\
&\quad+\frac{2\beta_{i2}\alpha_{pi}\psi_{ci}}{1+\alpha_{pi}\psi_{ci}}\frac{1-\psi_{si}\psi_{ci}}{1+\psi_{si}\psi_{ci}}\eta_{1i}(t-2\psi_{ci}T_{ci})\\
\eta_{1i}(t)&=\frac{\alpha_{pi}\psi_{ci}}{1+\alpha_{pi}\psi_{ci}}\pi_{si}(t)+\frac{1-\alpha_{pi}\psi_{ci}}{1+\alpha_{pi}\psi_{ci}}\frac{1-\psi_{si}\psi_{ci}}{1+\psi_{si}\psi_{ci}}\eta_{1i}(t-2\psi_{ci}T_{ci})\\
T_{i+1}\frac{\mathrm{d}\pi_{i+1}(t)}{\mathrm{d}t}&=\mu_{i+1}\pi_{si}(t)-\pi_{i+1}(t)\\
i&=1,2
\end{aligned}$$

具有初值条件 $s(0),\pi_k(0),k=1,2,3,\pi_{si}(0),i=1,2$, 且

$$\eta_{1i}^0(t)=\begin{cases}\dfrac{1}{2}\left[\gamma_{wi}\left(\dfrac{-\theta}{\psi_{ci}T_{ci}}\right)+\dfrac{1}{\psi_{ci}}\gamma_{pi}\left(\dfrac{-\theta}{\psi_{ci}T_{ci}}\right)\right],\quad t\in[-\psi_{ci}T_{ci},0]\\[2ex] \dfrac{1}{2}\cdot\dfrac{1+\psi_{si}\psi_{ci}}{1-\psi_{si}\psi_{ci}}\left[-\gamma_{wi}\left(2-\dfrac{t}{\psi_{ci}T_{ci}}\right)+\dfrac{1}{\psi_{ci}}\gamma_{pi}\left(2-\dfrac{t}{\psi_{ci}T_{ci}}\right)\right],\\ \qquad t\in[-2\psi_{ci}T_{ci},-\psi_{ci}T_{ci}]\end{cases}$$

例 1.3[7] 在电力、热力以及水压工程中经常遇到下述动力学模型

$$\frac{\partial v}{\partial \lambda}+a(\lambda)\frac{\partial i}{\partial t}=0$$

$$\frac{\partial i}{\partial \lambda}+b(\lambda)\frac{\partial v}{\partial t}=0,\quad 0\leqslant\lambda\leqslant 1,\quad t>0$$

$$\begin{bmatrix} i(0,t)\\ v(0,t)\end{bmatrix}=G\begin{bmatrix} i(1,t)\\ v(1,t)\end{bmatrix}+\begin{bmatrix}\psi_1(t,x(t))\\ \psi_2(t,x(t))\end{bmatrix}$$

$$\dot{x}(t)=F(t,x(t),m(t),i(0,t),v(0,t))$$

初值条件

$$x(t_0)=x_0$$

$$i(\lambda,t_0)=i_0(\lambda)$$

$$v(\lambda,t_0)=v_0(\lambda),\quad 0\leqslant\lambda\leqslant 1$$

且满足假设条件

$$a(\lambda)b(\lambda)>0,\quad \forall\lambda\in[0,1]$$

可以转化为下述双方程结构

$$\dot{x}(t)=f(t,x(t),m(t),\eta_1(t-h),\eta_2(t-h))$$

$$\begin{bmatrix}\eta_1(t)\\ \eta_2(t)\end{bmatrix}=\hat{G}\begin{bmatrix}\eta_1(t-h)\\ \eta_2(t-h)\end{bmatrix}+g(t,x(t))$$

其中

$$h=\int_0^1\sqrt{a(r)b(r)}\mathrm{d}r$$

例 1.4[7] 在核反应理论中, 核反应堆循环燃料动态由下述偏微分方程描述

$$\frac{\mathrm{d}}{\mathrm{d}t}n(t)=\rho n(t)+\sum_{i=1}^{m}\beta_i(\bar{c}_i(t)-n(t))$$

$$\bar{c}_i(t)=\int_0^h\phi(\eta)c_i(\eta,t)\mathrm{d}\eta,\quad i=1,2,\cdots,m$$

$$\frac{\partial c_i}{\partial t}+\frac{\partial c_i}{\partial \eta}+\sigma_i c_i=\sigma_i\phi(\eta)n(t)$$

$$c_i(0,t)=c_i(h,t),\quad i=1,2,\cdots,m,\quad t\geqslant t_0$$

$$c_i(\eta,t_0)=q_i^0(\eta),\quad n(t_0)=n_0,\quad 0\leqslant\eta\leqslant h$$

注意到上述边界条件是周期性的, 可被转换为下述双方程结构

$$\frac{\mathrm{d}n}{\mathrm{d}t}=\left(\rho-\sum_{i=1}^{m}\beta_i\right)n(t)+\sum_{i=1}^{m}\beta_i\sigma_i\int_{-h}^{0}\mathrm{e}^{\lambda\sigma_i}\left[\int_{-\lambda}^{h}\phi(\lambda)\phi(\eta+\lambda)\mathrm{d}\eta\right]n(t+\lambda)\mathrm{d}\lambda$$
$$+\sum_{i=1}^{m}\beta_i\int_{-h}^{0}\mathrm{e}^{\eta\sigma_i}\phi(-\eta)q_i(t+\eta)\mathrm{d}\eta$$
$$q_i(t+h)=\mathrm{e}^{-h\eta_i}\left[q_i(t)+\eta_i\int_{0}^{h}\mathrm{e}^{\lambda\sigma_i}\phi(\lambda)n(t+\lambda)\mathrm{d}\lambda\right]$$

例 1.5[8, 9] 考虑如图 1.2 所示的双级溶解槽 (DT). 在料斗中的溶质由传输带输送到料口. 如果在料斗处加大送料量, 则当增加的溶质由料斗传送到加料口且落入 DT1 时, DT2 的溶液浓度将会变化, 即 DT1 中的溶液浓度的改变比加料量的改变落后一个从料斗到加料口的输送时间 τ_1. 此外, DT1 的溶液要流到 DT2 中也需要一段时间 τ_2. 由文献 [8] 知, 溶解槽 $i(i=1,2)$ 的溶解浓度满足下述控制系统

$$T_1\dot{x}_1(t)+x_1(t)=K_1u(t-\tau_1)$$
$$T_2\dot{x}_2(t)+x_2(t)=K_2u(t-\tau_2)+R_2\dot{x}_1(t-\tau_2)$$

其中, $T_i,K_i>0(i=1,2),R_2>0$, 且均为常数; u 为送料量.

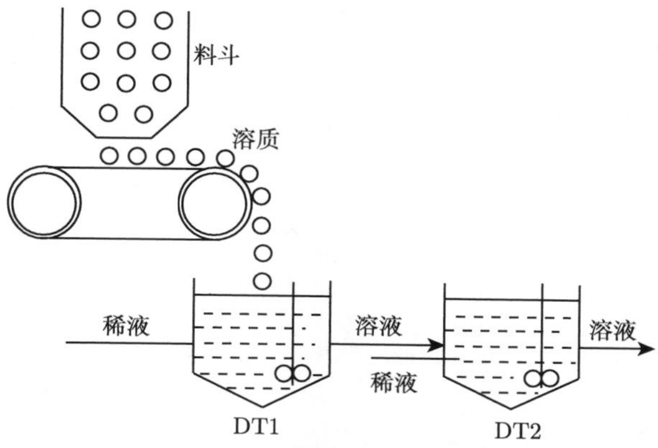

图 1.2 化工过程中的双级溶解槽示意图

令 $\tilde{x}_1(t)=T_1x_1(t),\tilde{x}_2(t)=T_2x_2(t)-R_2x_2(t-\tau_2),y(t)=x_2(t)$, 那么系统就可转换为下述两时滞的双系统

$$\dot{\tilde{x}}_1(t)=-\frac{1}{T_1}\tilde{x}_1+K_1u(t-\tau_1)$$
$$\dot{\tilde{x}}_2(t)=-\frac{1}{T_2}\tilde{x}_2-\frac{R_2}{T_2}y(t-\tau_2)+K_2u(t-\tau_2)$$

$$y(t) = \tilde{x}_2(t) + \frac{R_2}{T_2} y(t - \tau_2)$$

一般来说, 仅需要控制 DT1 中的溶液浓度, 所以可设计如下控制输入

$$u(t) = Fx_1(t)$$

诸多实例反映出泛函微分双时滞系统广泛存在于工程实际中, 况且大多时滞系统均可转换为双时滞系统. 另外, 我们可以将双时滞系统表达为

$$\begin{aligned} \dot{x}(t) &= f(t, x(t), u(t)) \\ y(t) &= g(t, x(t), u(t)) \end{aligned}$$

并且控制输入一般来说维数较低, 只与状态变量 y 有关且有一定的滞后, 可表达为

$$u(t) = \sum_{i=1}^{m} K_i y(t - r_i)$$

由此可以看出, 对泛函微分双时滞系统进行研究的重要意义是不言而喻的.

1.2 泛函微分双时滞系统的研究现状及方法

1.2.1 系统的转换

对于双方程表示的时滞系统的研究, 以前多数研究人员是将其转化为中立型时滞系统加以处理的 [10−13]. 如线性系统

$$\dot{x}(t) = Ax(t) + By(t - \tau) \tag{1.5}$$

$$y(t) = Cx(t) + Dy(t - \tau) \tag{1.6}$$

它的解可以从初值条件 $(x_0, y_0(\theta), -\tau \leqslant \theta < 0)$ 出发, 一步步地逐段构造, 但值得注意的是, 如此构造的解对于 y 来说在 $k\tau, k = 1, 2, \cdots$ 处是不连续的. 对于非线性中立型方程这也是典型的现象, 且习惯地称这类泛函微分方程为 Kamenskii 类 FDE[14]. 易于看出, 如果满足匹配条件

$$y_0(0) = Cx_0 + Dy_0(-\tau)$$

那么 y 就给定的初值条件处处连续. 进而, 如果考虑系统的特征方程

$$\det \begin{pmatrix} sI_n - A & -B\mathrm{e}^{-s\tau} \\ -C & I_m - D\mathrm{e}^{-s\tau} \end{pmatrix} = 0 \tag{1.7}$$

可以说明就会出现所谓的 Bellmen 和 Cooke 文献 [15] 意义下的中立型根链, 如此就如把系统变为中立型泛函微分方程一般.

如果按照 Hale 和 Martinez 的建议 [16] 将一般形式的非线性双时滞系统

$$\dot{x}(t)=f(t,x(t),y_t) \tag{1.8}$$

$$\mathcal{D}y_t=g(t,x(t),y_t) \tag{1.9}$$

改写为下述形式的中立型系统

$$\dot{x}(t) = f(t,x(t),y_t) \tag{1.10}$$

$$\frac{\mathrm{d}}{\mathrm{d}t}[\mathcal{D}y_t - g(t,x(t),y_t)] = 0 \tag{1.11}$$

其中, $\mathcal{D}$ 表示线性差分算子.

如果按照 Răsvan 的方法 [17, 18], 令

$$z(t) = \int_{-\tau}^{t} y(\theta)\mathrm{d}\theta \tag{1.12}$$

其中, τ 表示最大时滞, 那么原始系统就变为

$$\dot{x}(t)=f(t,x(t),\dot{z}_t)$$

$$\mathcal{D}\dot{z}_t=g(t,x(t),\dot{z}_t)$$

易见上述系统为中立型的.

1.2.2 基本理论及状态空间

对于系统的研究均依赖于相关微分方程的基本理论, 从数学的观点来看, 不仅包括关于相关参数和初值条件的方程解的存在性、唯一性、延拓性、连续性及光滑性, 而且包括一些不变集的存在性, 如正向性, 以及系统变量的一些特殊性质, 这些也许可直接从动态模型所表达的物理意义得到. 关于系统解的存在性、唯一性、延拓性、连续性以及光滑性完全取决于其所选择的状态空间. 其中有两个方面在这里必须加以说明: ①时滞系统所在的状态空间是一个函数空间, 因此它是无穷维空间, 导致可能的拓扑不再像有限维向量空间那样具有等价性; ②在选择适合的函数状态空间中, 主要关心的是有界集的紧性; 运用不动点理论或别的工具证明解的存在性和唯一性定理这是至关重要的; 在有限维空间闭有界集是紧集, 但是这在函数空间不再成立. 因此, 在选取的状态空间中, 相应的紧性原则就成了实质性问题.

从上述观点来说, 最适合的选择有 $\mathcal{C}([-\tau,0];\mathbb{R}^n)$. 对于滞后型泛函微分方程如文献 [19]~ 文献 [22]. 对于中立型泛函微分方程有研究人员试图考虑不同的函数空

间, 其中富有成效的、具有深远意义的是 Hale 的思想, 在 1966 年的莫斯科世界数学大会上首次被报告, 次年发表文献 [23]. 其思想是应用差分算子的作用, 取缔

$$\frac{\mathrm{d}}{\mathrm{d}t}x(t) = f(t, x_t)$$

为中立型系统

$$\frac{\mathrm{d}}{\mathrm{d}t}\mathcal{D}x(t) = f(t, x_t)$$

进一步, Hale 在 1971 年 [21] 和 1993 年 [22] 的两部专著里基于上述思想不仅完善了基本理论, 而且讨论了 Lyapunov 稳定性、振动性以及其他问题. 然而, 对于双方程表达的非线性系统 (1.8)-(1.9) 就如它的线性情形式 (1.5) 和式 (1.6) 一样, 由于元件 y 一般来说是不连续的, 导致莫名其妙地与 Hale 的上述思想不相适应. 这个问题有多种处理方法, 其中之一是 Hale 和 Martinez 在 1977 年提出的方法 [16], 分析了系统的特征方程 (1.7), 使得在状态空间 $\mathcal{C}$ 上相关理论的一些标准结果得以十分简单的应用. 此方法的主要缺点是把不连续解不加以处理. 由于这样的系统本来源于 IBVP 型的双曲偏微分方程, 且两类数学模型的解是一一对应的, 那么很显然把系统 (1.8)-(1.9) 的不连续解丢在一边就意味着把对应的 PDE 的一般解丢在一边. 关于这个问题, 式 (1.12) 引入的变量 $z(t)$ 是一个积分表达式, 易见 $z(t)$ 是光滑的, 因此也是连续的. 进而, 对于导出系统 (1.10)-(1.11), 其基本理论 [24] 建立在 Sobolev 空间 $\mathcal{W}_2^{(1)}([-\tau, 0]; \mathbb{R}^{n_2})$ 上, 而在此 Sobolev 空间中允许相关 PDE 的一般解.

对于基本理论, 还有另外一条线, 建立在 Graz 群 (Kappel F, Kunisch K, Schappacher W) 上. 此方法的主要特征是考虑 $\mathbb{R}^n \times L^p([\tau, 0]; \mathbb{R}^n)$ 作为 FDE 的状态空间; 这是将 Delfour 和 Mitter 的 $\mathcal{M}^2$ 方法 (可追溯到文献 [25]) 拓展到非线性系统, 也是非常适合于处理系统 (1.8)-(1.9) 的不连续解. 最适合于系统 (1.8)-(1.9) 的基本理论是文献 [26], 其中考虑了非线性中立型 FDE

$$\frac{\mathrm{d}}{\mathrm{d}t}[x(t) - g(x_t)] = f(x(t), x_t) + h(t) \tag{1.13}$$

它与文献 [16] 给出的方法是一致的. 文献 [25] 作的差分是对 L^p 空间的延伸, 是通过引入平均逼近方程

$$x(t) = x(0) - \frac{1}{\varepsilon}\int_0^{\varepsilon}[g(U_s\varphi) + g(U_s x_t)]\mathrm{d}s + \int_0^t [f(x(s), x_s) + h(s)]\mathrm{d}s \tag{1.14}$$

其中, $U_s : \mathcal{L}^p([0, \infty); \mathbb{R}^n \mapsto \mathcal{L}^p([0, \infty); \mathbb{R}^n$ 定义为

$$(U_s\varphi)(\theta) = \begin{cases} \varphi(s+\theta), & s+\theta < 0 \\ 0, & s+\theta > 0 \end{cases}$$

平均逼近方程的作用在于允许方程 (1.13) 的解是好的定义, 即与 φ 的选择无关.

1.2.3 线性系统的稳定性

对于线性时滞系统的研究主要有两种方法, 一种是频域法, 另一种是时域法. 频域法是一种纯代数方法, 是基于讨论系统的传递函数或者特征方程的; 优点是运用其可以得到稳定时滞上下界的精确解, 缺点是要求系统为时不变常时滞系统, 且基本上只能计算单时滞的情形 [27-29], 文献 [30] 和文献 [31] 是例外, 考虑了一些较特殊的包含两个时滞的系统. 时域法是从系统状态空间表达式出发, 基于 Lyapunov 稳定性理论的; 优点是可以估计多时滞、变时滞以及一些时变系统的稳定时滞界, 缺点是难以得到精确解, 且结果的好坏取决于 Lyapunov 泛函的选取. 1997 年 Gu[32] 提出离散化 Lyapunov 泛函方法, 使得时域法大放光彩, 其结果完全可以逼近精确解.

频域法主要在于判断系统特征方程的所有根是否位于左半复平面 $\mathbb{C}^-$. 线性双时滞系统 (1.5)-(1.6)($D \neq 0, D = 0$ 的情形可归集为通常的滞后型系统) 的特征方程 (1.7) 是关于时滞 τ 的超越多项式. 首先, 在任意有限区域内, 仅存在有限个特征根, 这是因为特征函数是整函数. 换句话说, 特征根集没有聚点. 其次, 具有充分大模的所有特征根属于所包含的中立型根链. 而中立型根链可渐近地逼近虚轴 $\mathrm{j}\mathbb{R}$, 这就使中立型根链与虚轴 $\mathrm{j}\mathbb{R}$ 的交叉问题值得注意, 也就是要确定系数有扰动时一对与虚轴交叉的特征根. 由于特征方程中包含项 $\mathrm{e}^{-\mathrm{j}w\tau}$, 使得在某些点 $(w\tau)_k$ 处产生与虚轴交叉的事实. 如果扰动参数是时滞, 那么对于交叉值 $(w\tau)_k$ 也许涉及几个时滞量, 最小的就是所谓的时滞值的稳定估计. 这个问题的讨论涉及复函数的分析方法和技巧, 文献 [33] 中包含一种较好的观点, 文献 [34] 针对式 (1.7) 讨论了一种特定系统. 此外, 还有一种感兴趣的方法是基于稳定性半径的. 对于具有结构不确定性的系统 (1.5)-(1.6), Halanay 和 Răsvan 分别在文献 [35]~ 文献 [37] 进行了说明.

时域法对线性双系统稳定性的研究最重要的就在于 Lyapunov 泛函的选择, 其结果是基于线性矩阵不等式 (LMI)[38] 的充分条件. 对于系统 (1.5)-(1.6), Niculescu 在文献 [33] 中给出了最流行的 Lyapunov 泛函

$$V(x,\phi) = x^*Px + \int_{-\tau}^{0} \phi^*(\theta)S\phi(\theta)\mathrm{d}\theta$$

其中, $P > 0, S > 0$ 是常数矩阵. 它被称为退化的 Lyapunov 泛函. Pepe 等在文献 [39]~ 文献 [41] 的 L^2 空间考虑了状态方程中含有 $x(t-\tau)$ 项的非线性以及线性双时滞系统, 这类系统在第 2 章中我们说明了可将它看作本书所研究系统的特殊情况. 作者采用了离散化上述流行的 Lyapunov 泛函方法, 建立了系统的稳定性条件. 由于上述文献选取的是简单的 Lyapunov 泛函, 此泛函对于系统的稳定性只是充分的, 所以由其计算出的稳定时滞界距解析结果还相差较远. 而本书建立的

Lyapunov 泛函相对标称系统而言既是充分的又是必要的, 所以离散化结果可以逼近解析结果.

1.3 本书论述的主要问题

本书主要研究泛函微分双时滞方程的稳定性. 全书共 9 章; 第 1 章绪论; 第 2 章简述一般泛函微分双时滞方程的稳定性基本理论以及涉及的差分方程的稳定性; 第 3 章讨论单时滞微分差分双时滞系统的一致稳定性; 第 4 章研究多时滞的情形; 第 5 章探讨具有分布时滞的微分差分双时滞系统的稳定性; 第 6 章讨论分段连续分布时滞泛函微分双时滞系统的精细化稳定性; 第 7 章探讨具有多个已知和未知离散和分布时滞泛函微分双时滞系统的稳定性; 第 8 章研究一类微分差分双时滞大系统的稳定性; 第 9 章研究微分差分双时滞系统的 $\mathcal{H}_\infty$ 性能. 本书主要探讨下述几个问题.

(1) 一般泛函微分双时滞方程的 Lyapunov 稳定性基本理论, 以及两类差分方程的稳定性条件.

(2) 微分差分双时滞方程表述的标称系统的基本解及其解的表达式.

(3) 给出保证标称系统稳定的充分且必要的 Lyapunov-Krasovskii 泛函.

(4) 运用离散化 Lyapunov-Krasovskii 泛函方法, 基于 LMI 给出单时滞、多时滞、含分布时滞系统的稳定性条件.

(5) 利用示例说明利用本书结果计算稳定时滞量的界可逼近实际解析解.

(6) 充分说明泛函微分双时滞方程描述的系统模型的优越性, 使之在计算速度上的优点被充分体现.

第 2 章　一般泛函微分双时滞系统的稳定性条件

这章主要讨论一般泛函微分双时滞系统的稳定性条件. 首先说明泛函微分双时滞系统标准形式的结构特点和计算上的优点, 其次利用 Lyapunov-Krasovskii 泛函方法给出一般泛函微分双时滞方程的稳定性理论, 并且讨论两类连续时间差分方程的稳定性.

2.1　引　　言

早在 20 世纪 70 年代, 微分差分双方程

$$\dot{x}(t)=f(t,x(t),y(t-r_1),y(t-r_2),\cdots,y(t-r_K)) \tag{2.1}$$

$$y(t)=g(t,x(t),y(t-r_1),y(t-r_2),\cdots,y(t-r_K)) \tag{2.2}$$

就引起了部分研究人员的注意, 特别是俄罗斯的一些研究人员在最早引领了这方面的研究. 只是早期多采用双曲偏微分方程来描述此系统, 主要的例子有输电线路、煤气管道、蒸汽以及水管等动力系统无损传输模型 [17,33,42-44]. 另外, 通常讨论的微分差分双方程是

$$\dot{x}(t)=f(t,x(t),x_d(t),y_d(t)) \tag{2.3}$$

$$y(t)=g(t,x(t),x_d(t),y_d(t)) \tag{2.4}$$

其中

$$x_d(t)=(x(t-r_1),x(t-r_2),\cdots,x(t-r_K))$$

$$y_d(t)=(y(t-r_1),y(t-r_2),\cdots,y(t-r_K))$$

早期大多数研究是把这样的系统转变成标准的中立型微分差分方程, 认为微分差分双方程是中立型微分方程的一种特殊情形, 通过研究中立型微分方程进而解决此类问题, 如文献 [45] 和文献 [46], 而文献 [17] 是一个例外.

近年来, 我们注意到越来越多的学者重新开始对微分差分双方程感兴趣, 并且大多应用 Lyapunov-Krasovskii 泛函方法讨论和研究之, 如文献 [39]、文献 [41]、文献 [44]、文献 [47]∼ 文献 [49], 以及 Răsvan 的讲演和评论[7]. 同时, 许多研究看起来似乎讨论的是更一般形式的微分差分双方程 (2.3)-(2.4). 这里, 应该指出的是

式 (2.1) 和式 (2.2) 的描述与式 (2.3)和式 (2.4) 相比并没有失去一般性. 事实上, 引入附加变量

$$z(t) = x(t)$$

系统 (2.3)-(2.4) 就能被表达成

$$\begin{aligned}\dot{x}(t) &= f(t, x(t), z_d(t), y_d(t))\\ y(t) &= g(t, x(t), z_d(t), y_d(t))\\ z(t) &= x(t)\end{aligned}$$

由此可见, 式 (2.1) 和式 (2.2) 描述的微分差分双方程包括了式 (2.3) 和式 (2.4) 描述的微分差分方程的形式.

使人非常感兴趣的是文献 [50] 和文献 [51] 建议重构滞后型微分方程, 那么形如式 (2.1) 和式 (2.2) 的微分差分双方程为标准的微分差分双方程, 式 (2.3) 和式 (2.4) 描述的方程仅是一种特殊形式, 并在工程实际应用中对它有了一个深刻的全新的有重要意义的认识. 事实上, 大多实际系统即使状态变量的维数很高, 仅有少量的状态变量涉及时间滞后. 类似于文献 [52] 和文献 [53] 描述的“拉出不确性”过程一样, 允许我们“拉出时滞”将系统写成所有的时滞仅出现在反馈频道上的结构. 在文献 [50] 和文献 [51] 里, 单时滞或等比例多时滞的情形从 u 到 y 被描述成

$$\begin{aligned}\dot{x}(t) &= \hat{f}(t, x(t), u(t))\\ y(t) &= \hat{g}(t, x(t), u(t))\end{aligned}$$

以及时滞构成的反馈

$$u(t) = y(t - r)$$

这里要指出的是, “反馈”不一定具有任何控制器的实际作用. 实际上, 它通常只是个元器件, 集中所有的时滞在反馈频道中是模型的选择. 在本章中, 我们考虑更一般的多时滞情形

$$u(t) = h(y(t - r_1), y(t - r_2), \cdots, y(t - r_K))$$

这样就构成了微分差分双方程 (2.1)-(2.2) 的标准形式, 其中 x 的维数也许比 y 的维数大许多. 后面将要说明的是, 至少对线性系统的情形, 应用 Lyapunov-Krasovskii 泛函方法进行系统的稳定性分析在计算量上会比 Hale 型一般的微分差分方程

$$\begin{aligned}&\frac{\mathrm{d}}{\mathrm{d}t}\bar{g}(t, x(t), x(t - r_1), x(t - r_2), \cdots, x(t - r_K))\\ &= \bar{f}(t, x(t), x(t - r_1), x(t - r_2), \cdots, x(t - r_K))\end{aligned} \tag{2.5}$$

的计算量小得多.

无疑义, 已有的微分差分双方程 (2.1)-(2.2) (或更一般的微分差分双方程) 的稳定性结果与标准中立型微分差分方程 (2.5) (或更一般形式的泛函微分方程) 的结果是平行的. 由于实际系统建模的可塑性使得这样的系统模型成为实际应用的理想结构, 并且相关于这样的系统根据它的内部子结构具有的特点发展进一步的结果. 这章内容包括微分差分双方程 (2.1)-(2.2) 以及一般化和特殊化线性时滞系统的一些重要的稳定性结果.

2.2 泛函微分双方程的稳定性

本节将给出泛函微分双方程的稳定性基本理论.

对于泛函微分双方程

$$\dot{x}(t)=f(t,x(t),y_t) \tag{2.6}$$

$$y(t)=g(t,x(t),y_t) \tag{2.7}$$

其中, $x(t)\in\mathbb{R}^m$, $y(t)\in\mathbb{R}^n$; $y_t\in\mathcal{PC}$ 表示一类定义在 $[t-r,t)$ 上的函数 $y(t)$, 并具有下述表示

$$y_t(\theta)=y(t+\theta),\quad \theta\in[-r,0)$$

且 $r\in\mathbb{R}_+$ 是最大时滞. 很明显, 系统 (2.6)-(2.7) 包括了系统 (2.1)-(2.2), 系统 (2.1)-(2.2) 只是一类特殊情况.

给定可能的最小初始时间 σ, 对于任意 $t_0\geqslant\sigma$, 定义初值条件为

$$x(t_0)=\psi$$

$$y_{t_0}=\phi$$

其中, $\psi\in\mathbb{R}^m$, $\phi\in\mathcal{PC}$. 为了便于稳定性研究, 假定实函数 f 和 g 满足 $f(t,0,0)=g(t,0,0)=0$.

对于泛函微分双方程的一般表达式 (2.6) 和式 (2.7). 如果 f 和 g 是线性的, 那么按照 Riesz 表示定理可表示为

$$f(t,x(t),y_t)=A(t)x(t)+\int_{-r}^{0}\mathrm{d}_\theta\mu(t,\theta)y(t+\theta) \tag{2.8}$$

$$g(t,x(t),y_t)=C(t)x(t)+\int_{-r}^{0}\mathrm{d}_\theta\eta(t,\theta)y(t+\theta) \tag{2.9}$$

其中, 下标 θ 表示 θ 是积分变量; 矩阵函数 μ 和 η 是关于 θ 对固定的 t 的有界变差, 这里的积分是 Riemann-Stieltjes 积分. 实际上, 通常只限于考虑下述形式的线

性系统

$$f(t,x(t),y_t)=A(t)x(t)+\sum_{i=1}^{K}B_i(t)y(t-r_i)+\int_{-r}^{0}B(t,\theta)y(t+\theta)\mathrm{d}\theta \qquad (2.10)$$

$$g(t,x(t),y_t)=C(t)x(t)+\sum_{i=1}^{K}D_i(t)y(t-r_i)+\int_{-r}^{0}D(t,\theta)y(t+\theta)\mathrm{d}\theta \qquad (2.11)$$

其中, $0<r_i\leqslant r$, $i=1,2,\cdots,K$, 且

$$\int_{-r}^{0}||B(t,\theta)||\mathrm{d}\theta<\infty,\quad \int_{-r}^{0}||D(t,\theta)||\mathrm{d}\theta<\infty$$

如果离散时滞的个数 K 允许趋于 ∞ , 且满足

$$\sum_{i=1}^{\infty}||B_i(t)||<\infty,\quad \sum_{i=1}^{\infty}||D_i(t)||<\infty$$

由式 (2.8) 和式 (2.9) 描述的系统与式 (2.10) 和式 (2.11) 描述的系统是等价的.

对于任意初值条件 $t_0\geqslant\sigma$, $\psi\in\mathbb{R}^m$, 以及 $\phi\in\mathcal{PC}$, 假定方程在无穷时间区间 $[t_0,+\infty)$ 中存在唯一解 $(x(t),y_t)$. 当方程的解与初值条件明确相关时, 这样的解通常被表示为 $x(t;t_0,\psi,\phi)$ 和 $y_t(t_0,\psi,\phi)$.

尽管方程解的存在性和唯一性不是本节内容研究的目的, 但是至少说明利用类似于 Hale 和 Cruz 给出的步骤 [54], 若 $f(t,\psi,\phi)$ 和 $g(t,\psi,\phi)$ 关于变量 t 连续, 关于变量 ψ 和 ϕ 是 Lipschitz 的, 且函数 g 在 0 处是一致非原子的, 那么方程有唯一解. 函数 g 在 0 处是一致非原子的指的是, 如果存在标量 $\mu>0$, $s_0>0$ 以及一个严格增函数 $\zeta(\cdot)$, 对 $s\in[0,s_0)$, $0\leqslant\zeta(s)<1$, 使得对所有 $\phi,\tilde{\phi}\in\mathcal{PC}$, 当 $||\phi-\tilde{\phi}||\leqslant\mu$ ($\tilde{\phi}(\theta)=\phi(\theta)$, $\theta\in[-r,-s)$) 时, 有

$$||g(t,x,\phi)-g(t,x,\tilde{\phi})||\leqslant\zeta(s)||\phi-\tilde{\phi}||$$

本书中系统的状态变量 $(x(t),y_t)$ 隶属于空间 $\mathbb{R}^m\times\mathcal{PC}$, 其中 $\mathcal{C}$ 表示定义在 $[-r,0)$ 上的连续有界 $\mathbb{R}^n$- 值函数. 这里状态空间 $\mathbb{R}^m\times\mathcal{PC}$ 有别于通常讨论的状态空间. 通常文献中限制状态变量属于下述空间

$$\{(\psi,\phi)\in\mathbb{R}^m\times\mathcal{C}\mid \lim_{\theta\to0}\phi(\theta)=\lim_{\theta\to0}g(t,\psi,\phi(\theta))\}$$

事实上, 如果初值条件满足上述限制, 则状态变量也满足上述限制 [45]. 本节几乎所有的结论都是在状态空间 $\mathbb{R}^m\times\mathcal{PC}$ 中给出的.

另外一种可能性是松弛状态属于空间 $\mathbb{R}^m\times L_2$, 如文献 [39] 和文献 [40]. 本节的理论也许不能直接应用于空间 $\mathbb{R}^m\times L_2$, 原因主要是使用的范数不同.

关于稳定性的定义类似于通常的时滞系统, 由下述给出.

定义 2.1 若对任意 $t_0 \geqslant \sigma$ 以及任意 $\varepsilon > 0$, 存在 $\delta = \delta(t_0, \varepsilon) > 0$, 使得当 $||(x(t_0), y_{t_0})|| < \delta$ 时, 对所有 $t > t_0$, 有

$$||(x(t), y_t)|| < \varepsilon$$

则称系统的平凡解 $x(t) = y(t) = 0$ 是稳定的.

定义 2.2 如果系统是稳定的且对任意 $t_0 \in \mathbb{R}$, 存在 $\delta_a = \delta_a(t_0) > 0$, 使得当 $||(x(t_0), y_{t_0})|| < \delta_a$ 时, 有

$$\lim_{t\to\infty} x(t) = 0$$

$$\lim_{t\to\infty} y(t) = 0$$

则称系统的平凡解是渐近稳定的.

定义 2.3 如果系统是稳定的且 $\delta(t_0, \varepsilon)$ 能被选择与 t_0 无关, 则称系统是一致稳定的.

如果系统是一致稳定的且存在 $\delta_a > 0$ 与 t_0 无关, 使得对任意 $\eta > 0$, 存在 $T = T(\delta_a, \eta)$, 当 $||(x(t_0), y_{t_0})|| < \delta_a$ 时, 对所有的 $t \geqslant t_0 + T$ 以及 $t_0 \geqslant \sigma$, 有

$$||(x(t), y_t)|| < \eta$$

则称系统是一致渐近稳定的.

如果系统是 (一致) 渐近稳定的, 且 δ_a 也许是任意大的有限数, 则称系统是 (一致) 全局渐近稳定的.

对由双方程 (2.6)-(2.7) 描述的全系统的稳定性研究, 对子系统 (2.7) 的理解是非常重要的. 单独来看, 式 (2.7) 可以被认为是 x 作为输入, y_t 作为状态, 由函数 g 描述的系统. 从这个观点来看, y_t 取决于初值条件 $y_{t_0} = \phi$ 和输入 $x_{[t_0,t)}$, 且能被表示为 $y_t(t_0, \phi, x)$, 由此引入下述定义.

定义 2.4 如果对任意 t_0, 存在一个 $\mathcal{KL}$ 函数 β ($\beta : \bar{\mathbb{R}}_+ \times \bar{\mathbb{R}}_+ \to \bar{\mathbb{R}}_+$, $\beta(\alpha, t)$ 是连续的, 关于 α 是严格增的, 关于 t 是严格减的, $\beta(0, t) = 0$, 且 $\lim_{t\to\infty} \beta(\alpha, t) = 0$) 和一个 $\mathcal{K}$ 函数 γ ($\gamma : \bar{\mathbb{R}}_+ \to \bar{\mathbb{R}}_+$ 是连续的、严格增的, 且 $\gamma(0) = 0$), 使得解 $y_t(t_0, \phi, x)$ 关于初值条件 $y_{t_0} = \phi$ 和输入 $x(t)$ 满足

$$||y_t(t_0, \phi, x)|| \leqslant \beta(||\phi||, t - t_0) + \gamma(||x_{[t_0,t)}||) \tag{2.12}$$

则称函数 g 或者子系统 (2.7) 是input-to-state 稳定的.

如果 β 和 γ 能被选择与 t_0 无关, 则称系统是一致 input-to-state 稳定的.

沿着 input-to-state 稳定性定义这条线, 对连续时间系统见文献 [55] 和文献 [56], 对离散时间系统见文献 [57]. 一个熟知的关于 input-to-state 稳定的例子是

$$g(t, x(t), y_t) = Cx(t) + Dy(t - r)$$

要求 D 满足 $\rho(D)<1$. 这种情形, 对任意 $0<\delta<\dfrac{-\ln\rho(D)}{r}$, 存在 $M>0$ 使得

$$||y_t(t_0,x,\phi)||\leqslant M[||y_{t_0}||\mathrm{e}^{-\delta(t-t_0)}+\sup_{t_0\leqslant\tau<t}||x(\tau)||]$$

那么置

$$\beta(\alpha,t)=M\alpha\mathrm{e}^{-\delta t}$$
$$\gamma(\alpha)=M\alpha$$

则 input-to-state 稳定性被建立.

下面我们将用给出的 Lyapunov-Krasovskii 泛函方法研究系统 (2.6)-(2.7) 的稳定性. 设 $V(t,\psi,\phi)$ 是可微的, 且定义

$$\begin{aligned}\dot V(\tau,\psi,\phi)&\triangleq\frac{\mathrm{d}}{\mathrm{d}t}V(t,x(t),y_t)\bigg|_{t=\tau,\ x(\tau)=\psi,\ y_\tau=\phi}\\&=\limsup_{t\to\tau^+}\frac{V(t,x(t;\tau,\psi,\phi),y_t(\tau,\psi,\phi))-V(\tau,\psi,\phi)}{t-\tau}\end{aligned}$$

我们有下面的定理.

定理 2.1　*假定 f 和 g 分别映 $\mathbb{R}\times(\mathbb{R}^m\times\mathcal{PC}$ 上的有界集) 到 $\mathbb{R}^m$ 和 $\mathbb{R}^n$ 的有界集上, 且 g 是一致 input to state 稳定的; $u,v,w:\bar{\mathbb{R}}_+\to\bar{\mathbb{R}}_+$ 是连续不减函数, 且满足 $s>0$, $u(s)>0$ 及 $v(s)>0$, $u(0)=v(0)=0$. 如果存在一个连续可微的泛函 $V:\mathbb{R}\times\mathbb{R}^n\times\mathcal{PC}\to\mathbb{R}$, 使得*

$$u(||\psi||)\leqslant V(t,\psi,\phi)\leqslant v(||(\psi,\phi)||)\tag{2.13}$$

及

$$\dot V(t,\psi,\phi)\leqslant -w(||\psi||)\tag{2.14}$$

成立, 则泛函微分双方程 (2.6)-(2.7) 的平凡解是一致稳定的.

如果对 $s>0$ 又有 $w(s)>0$, 那么泛函微分双方程 (2.6)-(2.7) 是一致渐近稳定的.

如果再附加 $\lim_{s\to\infty}u(s)=\infty$, 那么泛函微分双方程 (2.6)-(2.7) 就是全局一致渐近稳定的.

证明　首先证明一致稳定性. 对任意给定的 $\varepsilon>0$, 我们依照下述步骤找一个相关的 $\delta=\delta(\varepsilon)$: 选取 $\hat\varepsilon>0$, $\hat\varepsilon<\varepsilon$, 使得 $\beta(\hat\varepsilon,0)<\varepsilon/2$, $\gamma(\hat\varepsilon)<\varepsilon/2$, 并且让 $\delta>0$ 满足 $\delta\leqslant\hat\varepsilon$ 及 $v(\delta)<u(\hat\varepsilon)$. 那么对任意 $||(\psi,\phi)||<\delta$, 由式 (2.13) 和式 (2.14), 我们有

$$u(||x(t)||)\leqslant V(t,x(t),y_t)\leqslant V(t_0,\psi,\phi)\leqslant v(||(\psi,\phi)||)\leqslant v(\delta)<u(\hat\varepsilon)$$

这暗示着 $||x(t)|| < \hat{\varepsilon} < \varepsilon$. 进一步又有

$$\begin{aligned}||y_t(t_0,\phi,x)|| &\leqslant \beta(||\phi||,t)+\gamma(||x_{[t_0,t)}||)\\ &<\varepsilon/2+\varepsilon/2\\ &=\varepsilon\end{aligned}$$

因此 $||(x(t),y_t)|| < \varepsilon$. 一致稳定性得以证明.

现在让 $\varepsilon_a = 1$. 由一致稳定性知, 存在 $\delta_a = \delta(\varepsilon_a)$ 使得对任意 $t_0 \geqslant \sigma$ 以及 $||(\psi,\phi)|| < \delta_a$, 有 $||(x(t),y_t)|| < \varepsilon_a$. 要证明一致渐近稳定性, 我们需进一步说明对任意的 $\eta > 0$, 我们能找到一个 $T = T(\delta_a,\eta)$, 使得对所有的 $t \geqslant t_0 + T$ 以及 $||(\psi,\phi)|| < \delta_a$, 有 $||(x(t),y_t)|| < \eta$. 由一致稳定性知, 在证明一致稳定性时可以选取 $\delta = \delta(\eta)$, 使得存在 $t \in (t_0, t_0+T]$ 满足 $||(x(t),y_t)|| < \delta$.

选取 T_a 使得

$$\beta(\varepsilon_a, T_a) \leqslant \delta/2 \tag{2.15}$$

以及

$$\alpha = \min\{\gamma^{-1}(\delta/2), \delta\} \tag{2.16}$$

由于 f 映有界集到有界集, 所以存在 $L > 0$ 使得对所有 $t \geqslant t_0$, 有

$$||f(t,x(t),y_t)|| < L \tag{2.17}$$

以及

$$||(x(t),y_t)|| \leqslant \varepsilon_a$$

如果有必要我们也可以减小 L 使之满足

$$\alpha/L < T_a$$

那么可选取

$$T = (2K+1)T_a$$

其中, K 是满足 $K > \dfrac{Lv(\varepsilon_a)}{\alpha w(\alpha/2)}$ 的最小整数. 我们将说明显然这是矛盾的. 如若不然, 即对所有的 $t \in (t_0, t_0+T]$ 有

$$||(x(t),y_t)|| \geqslant \delta \tag{2.18}$$

那么说明存在序列 $s_k \in [t_k - T_a, t_k]$, $t_k = t_0 + 2kT_a$, $k = 1,2,\cdots,K$, 使得

$$||x(s_k)|| \geqslant \alpha \tag{2.19}$$

事实上, 式 (2.18) 既暗示着

$$||x(t_k)|| \geqslant \delta$$

导致式 (2.19) 被满足, 也暗示着对 $s = t_k - T_a$, 有

$$\begin{aligned}\delta \leqslant & ||y_{t_k}|| \\ \leqslant & \beta(||y_s||, t-s) + \gamma(||x_{[s,t_k)}||) \\ \leqslant & \beta(\varepsilon_a, T_a) + \gamma(||x_{[s,t_k)}||) \\ \leqslant & \delta/2 + \gamma(||x_{[s,t_k)}||)\end{aligned}$$

这导致 $\gamma(||x_{[s,t_k)}||) \geqslant \delta/2$ 或 $||x_{[s,t_k)}|| \geqslant \alpha$. 也就是说, 存在 $s_k \in [t_k - T_a, t_k)$ 使得式 (2.19) 被满足.

根据式 (2.19)、式 (2.17) 以及式 (2.6) 计算知, 对 $t \in I_k = \left[s_k - \dfrac{\alpha}{2L}, s_k + \dfrac{\alpha}{2L}\right]$, 有

$$||x(t)|| \geqslant ||x(s_k)|| - L \cdot \frac{\alpha}{2L} \geqslant \alpha/2$$

这暗示着

$$\dot{V}(t, x(t), y_t) \leqslant -w(\alpha/2), \quad t \in I_k, \quad k = 1, 2, \cdots, K$$

及 $\dot{V}(t, x(t), y_t) \leqslant 0$. 否则, 对于不同的 k, I_k 没有重叠. 这暗示着对 $t = t_0 + T$, 有

$$\begin{aligned}V(t, x(t), y_t) \leqslant & V(t_0, \psi, \phi) - Kw(\alpha/2)\alpha/L \\ \leqslant & v(\varepsilon_a) - K\alpha w(\alpha/2)/L \\ < & 0\end{aligned}$$

这与 $V(t, x(t), y_t) \geqslant 0$ 矛盾. 渐近稳定性得以证明.

最后, 如果 $\lim_{s\to\infty} u(s) = \infty$, 则上述 δ_a 也许是任意大的, 且 ε_a 能在 δ_a 之后被选定满足 $v(\delta_a) < u(\varepsilon_a)$. 因此全局渐近稳定性被完全证明.

这个定理来自 Gu 和 Liu 的文献 [51], 并且非常类似于文献 [58]、文献 [59] 中给出的中立型泛函微分方程的对应结论. 此外, 在文献 [50] 中, 渐近的、非一致的稳定性在假设 g 是 input-to-state 稳定的条件下被证明. 文献 [41] 建立了具有多个离散时滞的渐近稳定性.

本节主要致力于线性系统的稳定性研究, 对线性系统而言, 一致稳定性等价于指数稳定性.

2.3　连续时间差分方程的稳定性

对于线性微分差分双方程的稳定性, 首先必须保证所涉及的差分算子的稳定性, 因此本节单独考虑两类差分方程的稳定性.

2.3.1 差分方程 I 的稳定性

考虑差分方程

$$y(t) = \sum_{i=1}^{K} D_i y(t - r_i) + h(t) \tag{2.20}$$

的稳定性. 相应的奇次方程为

$$y(t) = \sum_{i=1}^{K} D_i y(t - r_i) \tag{2.21}$$

其中, $y(t) \in \mathbb{R}^m$, $D_i \in \mathbb{R}^{m\times m}$. 让

$$r = \max_{1\leqslant i\leqslant K} r_i$$

那么初值条件表示为

$$y_{t_0} = \phi$$

y_t 定义为

$$y_t(\theta) = y(t+\theta), \quad -r \leqslant \theta < 0$$

系统的特征方程是

$$\Delta(\lambda) = \det\left[I - \sum_{i=1}^{K} \mathrm{e}^{-r_i\lambda} D_i\right] = 0 \tag{2.22}$$

我们知道, 若

$$a_D = \sup\{Re(\lambda) \mid \Delta(\lambda) = 0\} < \infty \tag{2.23}$$

那么对任意 $\delta > a_D$, 存在 $M > 0$ 使得方程 (2.20) 的解满足

$$||y_t(t_0, \phi, h)|| \leqslant M[||\phi||\mathrm{e}^{\delta(t-t_0)} + \sup_{t_0\leqslant\tau\leqslant t} ||h(\tau)||]$$

参见文献 [5] 的定理 3.4 以及定理前的讨论. 式 (2.21) 是指数稳定的, 导致式 (2.20) 是一致 input-to-state 稳定的当且仅当 $a_D < 0$.

值得注意的是, 差分方程的稳定性不像滞后型时滞系统那样时滞有微小的变化会引起系统稳定性的剧烈变化. 下述引进一个必要的概念.

定义 2.5 对正实数组 $r_1, r_2, \cdots, r_K$, 若对有理数组 α_i, $i = 1, 2, \cdots, K$, 方程

$$\sum_{i=1}^{K} \alpha_i r_i = 0$$

仅当 $\alpha_i = 0$, $i = 1, 2, \cdots, K$ 时成立, 则称数组 $r_1, r_2, \cdots, r_K$ 是有理数独立的.

很明显, 不失一般性, α_i 可以被整数组所替代.

定理 2.2 对于给定系数矩阵 $D_i, i=1,2,\cdots,K$, 且“稳定的”意味着 $a_D<0$, 则对系统 (2.21) 而言, 下面的叙述是等价的:

(i) 对有理数独立的时滞数组 $r_i, i=1,2,\cdots,K$, 系统是稳定的;

(ii) 对标称时滞数组 $r_i^0, i=1,2,\cdots,K$, 存在充分小的标量 $\varepsilon>0$, 使得对满足

$$|r_i-r_i^0|<\varepsilon$$

的任意 $r_i, i=1,2,\cdots,K$, 系统是稳定的.

(iii) 对所有的

$$r_i>0,\quad i=1,2,\cdots,K$$

系统是稳定的.

(iv) 系数矩阵满足

$$\sup\{\rho\left(\sum_{i=1}^{K}\mathrm{e}^{\mathrm{j}\theta_i}A_i\right)\mid\theta_i\in[0,2\pi],\ \ i=1,2,\cdots,K\}<1$$

其中, j 是虚单位.

上述定理出自 Hale 文献 [60], 也能在文献 [61] 和文献 [5] 的第 9 章的定理找到. 上述定理表明: 如果差分方程对时滞存在任意小的独立的偏差时是指数稳定的, 则它一定对任意的时滞是稳定的.

另一方面, 实际中对于没有误差的、有理相关的时滞系统, 由于系统结构问题, 通常这种情况系统能被转换为一个不同的结构, 使得系统中仅仅出现有理数无关的时滞参数. 这将在后面的章节里加以叙述和讨论.

下述定理给出了一个类似 Lyapunov 形式的稳定性条件.

定理 2.3 如果存在对称正定矩阵 $S_1,S_2,\cdots,S_K$, 使得

$$\begin{pmatrix} D_1^{\mathrm{T}}\\ D_2^{\mathrm{T}}\\ \vdots\\ D_K^{\mathrm{T}}\end{pmatrix}\sum_{i=1}^{K}S_i\begin{pmatrix} D_1 & D_2 & \cdots & D_K\end{pmatrix}-\mathrm{diag}\begin{pmatrix} S_1 & S_2 & \cdots & S_K\end{pmatrix}<0 \tag{2.24}$$

则对系统 (2.21) 有 $a_D<0$.

易见, 上述定理等价于文献 [62] 中的定理 6.1, 那里定理的证明使用了定理 2.2 中的 (iv). 下面我们将给出更直接的证明.

证明 如果式 (2.24) 为真, 则对充分小的 $\varepsilon > 0$, 有

$$\begin{pmatrix} D_1^{\mathrm{T}} \\ D_2^{\mathrm{T}} \\ \vdots \\ D_K^{\mathrm{T}} \end{pmatrix} \sum_{i=1}^{K} S_i \begin{pmatrix} D_1 & D_2 & \cdots & D_K \end{pmatrix} - \mathrm{diag}\begin{pmatrix} S_1 & S_2 & \cdots & S_K \end{pmatrix}$$
$$\leqslant -\varepsilon \mathrm{diag}\begin{pmatrix} S_1 & S_2 & \cdots & S_K \end{pmatrix} \tag{2.25}$$

令 λ 表示特征方程 (2.22) 的解, 则存在 $\zeta \neq 0$ 使得

$$\left(I - \sum_{i=1}^{K} \mathrm{e}^{-r_i\lambda} D_i\right)\zeta = 0$$

或

$$\sum_{i=1}^{K} \mathrm{e}^{-r_i\lambda} D_i \zeta = \zeta \tag{2.26}$$

用下式

$$\begin{pmatrix} \mathrm{e}^{-r_1\lambda}\zeta \\ \mathrm{e}^{-r_2\lambda}\zeta \\ \vdots \\ \mathrm{e}^{-r_K\lambda}\zeta \end{pmatrix}$$

右乘以式 (2.25) 且左乘以它的共轭转置, 则有

$$\left(\sum_{i=1}^{K} \mathrm{e}^{-r_i\lambda} D_i \zeta\right)^* \left(\sum_{i=1}^{K} S_i\right) \left(\sum_{i=1}^{K} \mathrm{e}^{-r_i\lambda} D_i \zeta\right) - \sum_{i=1}^{K} \mathrm{e}^{-2r_i\sigma} \zeta^* S_i \zeta$$
$$\leqslant -\varepsilon \sum_{i=1}^{K} \mathrm{e}^{-2r_i\sigma} \zeta^* S_i \zeta$$

应用式 (2.26), 且令 $\sigma = Re(\lambda)$, 上式变为

$$\zeta^* \left(\sum_{i=1}^{K} S_i\right) \zeta - (1-\varepsilon) \sum_{i=1}^{K} \mathrm{e}^{-2r_i\sigma} \zeta^* S_i \zeta \leqslant 0$$

或

$$\zeta^* \left[\sum_{i=1}^{K} \left(1 - (1-\varepsilon)\mathrm{e}^{-2r_i\sigma}\right) S_i\right] \zeta \leqslant 0 \tag{2.27}$$

由于 $\zeta \neq 0$, 以及对所有 i, $S_i > 0$, 所以仅当

$$1 - (1-\varepsilon)\mathrm{e}^{-2r_i\sigma} \leqslant 0$$

或

$$\sigma \leqslant -\min_{1\leqslant i\leqslant K} \frac{\ln\left(\dfrac{1}{1-\varepsilon}\right)}{2r_i} \triangleq -\delta \tag{2.28}$$

成立时, 式 (2.37) 才能被满足. 而对特征方程 (2.22) 的所有解, 式 (2.38) 自然成立, 因而 $a_D \leqslant -\delta$. 证毕.

2.3.2 差分方程 II 的稳定性

考虑一类不同于差分方程 I 的差分方程

$$y_i(t) = \sum_{j=1}^{K} D_{ij} y_j(t-r_j) + C_i h(t), \quad i=1,2,\cdots,K \tag{2.29}$$

相应的奇次方程为

$$y_i(t) = \sum_{j=1}^{K} D_{ij} y_j(t-r_j), \quad i=1,2,\cdots,K \tag{2.30}$$

其中, $y_i(t) \in \mathbb{R}^{m_i}$, $D_{ij} \in \mathbb{R}^{m_i\times m_j}, i,j=1,2,\cdots,K$.

特征超越多项式为

$$\Delta(s) = \det\left[I - \begin{pmatrix} e^{-r_1 s}D_{11} & e^{-r_2 s}D_{12} & \cdots & e^{-r_K s}D_{1K} \\ e^{-r_1 s}D_{21} & e^{-r_2 s}D_{22} & \cdots & e^{-r_K s}D_{2K} \\ \vdots & \vdots & & \vdots \\ e^{-r_1 s}D_{K1} & e^{-r_2 s}D_{K2} & \cdots & e^{-r_K s}D_{KK} \end{pmatrix}\right]. \tag{2.31}$$

我们知道

$$a_D = \sup\{Re(s) \mid \Delta(s) = 0\} < \infty \tag{2.32}$$

则对任意 $\alpha > a_D$, 存在 $M > 0$ 使得方程 (2.29) 的解满足

$$y_i(t) \leqslant M\left[||(\phi_1, \phi_2, \cdots, \phi_K)||e^{\alpha t} + ||h_{[t_0,t)}||\right]$$

参见文献 [5] 的定理 3.4 以及第 9 章定理前的讨论. 导致奇次差分方程 (2.30) 是指数稳定的以及非奇次差分方程 (2.29) 是一致 input-to-state 稳定的当且仅当 $a_D < 0$.

类似于 2.3.1 节, 由 Hale 文献 [60] 可得下述结论.

定理 2.4　下面的叙述是等价的:

(i) 对有理数独立的时滞组, 方程 (2.30) 是指数稳定的;

(ii) 对所有的 $r_i > 0$, 方程 (2.30) 是指数稳定的;

(iii) 下述条件被满足

$$\sup_{\substack{0\leqslant\theta_i\leqslant 2\pi\\ 1\leqslant i\leqslant K}} \rho\begin{pmatrix} e^{j\theta_1}D_{11} & e^{j\theta_2}D_{12} & \cdots & e^{j\theta_K}D_{1K} \\ e^{j\theta_1}D_{21} & e^{j\theta_2}D_{22} & \cdots & e^{j\theta_K}D_{2K} \\ \vdots & \vdots & & \vdots \\ e^{j\theta_1}D_{K1} & e^{j\theta_2}D_{K2} & \cdots & e^{j\theta_K}D_{KK} \end{pmatrix} < 1 \tag{2.33}$$

其中, ρ 表示谱半径, 即矩阵所有特征值的绝对值最大者;

(iv) 对给定的标称时滞组 r_{i0}, $i=1,2,\cdots,K$, 存在小的 $\varepsilon>0$, 对所有的满足 $i=1,2,\cdots,K$

$$|r_i - r_{i0}| < \varepsilon,\ i=1,2,\cdots,K$$

的任意 r_i, 系统 (2.30) 是指数稳定的.

在实际中, 如果时滞是独立参数, 那么我们希望至少对于一个微小的变动, 叙述 (iv) 可以利用. 然而, 上述定理表明这等价于叙述 (ii), 即差分方程对任意的时滞保持稳定.

有趣的是可观测到条件 (2.33) 可被作为一个结构奇异值问题来考虑. 对下述结构不确定性 [52]

$$\Delta = \{\mathrm{diag}\,(\delta_1 I_{m_1}, \delta_2 I_{m_2}, \cdots, \delta_{m_K} I_{m_K}) \mid \delta_i \in \mathbb{C}\}$$

有

$$\mu(D) < 1$$

其中

$$D = \begin{pmatrix} D_{11} & D_{12} & \cdots & D_{1K} \\ D_{21} & D_{22} & \cdots & D_{2K} \\ \vdots & \vdots & & \vdots \\ D_{K1} & D_{K2} & \cdots & D_{KK} \end{pmatrix} \tag{2.34}$$

于是可得下述定理.

定理 2.5 如果存在矩阵 $\hat{S}_i \in \mathbb{R}^{m_i\times m_i}$, $\hat{S}_i^{\mathrm{T}} = \hat{S}_i > 0$, $i=1,2,\cdots,K$, 使得

$$D^{\mathrm{T}}\bar{S}D - \bar{S} < 0 \tag{2.35}$$

其中

$$\bar{S} = \mathrm{diag}\begin{pmatrix} \hat{S}_1 & \hat{S}_2 & \cdots & \hat{S}_K \end{pmatrix}$$

则差分方程 (2.30) 是指数稳定的.

证明 如果式 (2.35) 为真, 则对充分小的 $\varepsilon > 0$, 有

$$D^{\mathrm{T}}\bar{S}D - \bar{S} \leqslant -\varepsilon\bar{S} \tag{2.36}$$

令 λ 表示特征方程 (2.31) 的任一解, 则相应地存在非零特征向量

$$\xi = \begin{pmatrix} \zeta_1 \\ \zeta_2 \\ \vdots \\ \zeta_K \end{pmatrix}$$

使得

$$\begin{pmatrix} \mathrm{e}^{-r_1 s}D_{11} & \mathrm{e}^{-r_2 s}D_{12} & \cdots & \mathrm{e}^{-r_K s}D_{1K} \\ \mathrm{e}^{-r_1 s}D_{21} & \mathrm{e}^{-r_2 s}D_{22} & \cdots & \mathrm{e}^{-r_K s}D_{2K} \\ \vdots & \vdots & & \vdots \\ \mathrm{e}^{-r_1 s}D_{K1} & \mathrm{e}^{-r_2 s}D_{K2} & \cdots & \mathrm{e}^{-r_K s}D_{KK} \end{pmatrix}\xi = \xi \tag{2.37}$$

用下式

$$\begin{pmatrix} \mathrm{e}^{-r_1\lambda}\zeta_1 \\ \mathrm{e}^{-r_2\lambda}\zeta_2 \\ \vdots \\ \mathrm{e}^{-r_K\lambda}\zeta_K \end{pmatrix}$$

右乘以式 (2.36) 且左乘以它的共轭转置, 并应用式 (2.37), 则有

$$\sum_{i=1}^{K}\zeta_i^*[1-(1-\varepsilon)\mathrm{e}^{-2r_i\sigma}]\hat{S}_i\zeta_i \leqslant 0 \tag{2.38}$$

其中 $\sigma = Re(\lambda)$. 由于 $\xi \neq 0$, 即至少存在一个 i_0, 使得 $\zeta_{i_0} \neq 0$. 且对 $\hat{S}_i > 0, i = 1, 2, \cdots, K$, 有

$$\zeta_{i_0}^*[1-(1-\varepsilon)\mathrm{e}^{-2r_{i_0}\sigma}]\hat{S}_{i_0}\zeta_{i_0} \leqslant 0$$

或

$$\sigma \leqslant -\min_{1\leqslant i\leqslant K}\frac{\ln\left(\dfrac{1}{1-\varepsilon}\right)}{2r_i} \triangleq -\delta \tag{2.39}$$

成立. 从而由式 (2.39) 以及特征根选取的任意性得 $a_D \leqslant -\delta$. 证毕.

上述结论也可被认为是文献 [62] 的特殊形式, 这里类似于文献 [63] 给出了命题的直接证明. 上述条件对 $K = 1$ 也是必要的, 但是按照已知的奇异值理论 [63], 一般来说它是不必要的.

2.3.3 两类差分方程的相关性

前面分别研究了奇次差分方程 (2.21) 和方程 (2.30) 的稳定性, 定理 2.3 和定理 2.5 分别给出了线性矩阵不等式 (2.24) 和式 (2.35) 表述的稳定性充分条件. 对于差分方程 (2.21), 从定理 2.3 的证明过程可以看出, 如果差分方程 (2.21) 的特征方程存在至少 m 个线性无关的特征向量, 那么线性矩阵不等式 (2.24) 又是方程 (2.21) 稳定的必要条件. 同样, 如果差分方程 (2.30) 的特征方程存在至少 m 个线性无关的特征向量, 那么式 (2.35) 又是方程 (2.30) 稳定的必要条件. 并且, 差分方程 (2.21) 和差分方程 (2.30) 又可以在形式上相互转化, 如此不难得到下述命题.

命题 2.1 *由差分方程* I (2.21) *的稳定性条件* (2.24), *可以得到差分方程* II (2.30) *的稳定性条件* (2.35); *反之, 由差分方程* II (2.30) *的稳定性条件* (2.35) *可以得到差分方程* I (2.21) *的稳定性条件* (2.24).

证明 首先, 对于差分方程 II (2.30), 为了应用定理 2.3, 令

$$y=\begin{pmatrix} y_1^{\mathrm{T}} & y_2^{\mathrm{T}} & \cdots & y_K^{\mathrm{T}} \end{pmatrix}^{\mathrm{T}}$$

$$u=\begin{pmatrix} u_1^{\mathrm{T}} & u_2^{\mathrm{T}} & \cdots & u_K^{\mathrm{T}} \end{pmatrix}^{\mathrm{T}}$$

$$D_i=\begin{pmatrix} D_{11}^i & D_{12}^i & \cdots & D_{1K}^i \\ D_{21}^i & D_{22}^i & \cdots & D_{2K}^i \\ \vdots & \vdots & & \vdots \\ D_{K1}^i & D_{K2}^i & \cdots & D_{KK}^i \end{pmatrix}$$

且让

$$u_i(t) = C_i x(t)$$

以及

$$D_{jk}^k = D_{jk}$$

$$D_{jk}^k = 0, \quad j \neq k$$

若选取

$$S_i = \mathrm{diag}\begin{pmatrix} S_1^i & S_2^i & \cdots & S_K^i \end{pmatrix}$$

且让

$$S_i^i = \hat{S}_i$$

$$S_j^i \to 0, \quad j \neq i$$

那么由定理 2.3 的式 (2.24) 即得式 (2.35).

其次, 对于方程 (2.21), 为了应用定理 2.5, 让

$$y_i = y, \quad i = 1, 2, \cdots, K$$

于是, 方程 (2.21) 可以等价地写成

$$y_i(t) = \sum_{j=1}^{K} D_j y_j(t - r_j), \quad i = 1, 2, \cdots, K \tag{2.40}$$

而易见上述方程只是方程 (2.30) 的一种特殊情况, 也就是说, 方程 (2.21) 可看成方程 (2.30) 的特殊情形. 如此, 对于方程 (2.40) 运用定理 2.5 即可得 LMI 稳定性条件 (2.24).

第 3 章　单时滞微分差分双系统的一致稳定性

本章将考虑单时滞微分差分双系统的稳定性问题. 3.1 节讨论线性微分差分双方程的特殊情形, 给出了方程解的表达式. 且一个完全二次 Lyapunov-Krasovskii 泛函被构造, 从而对系统的稳定性建立了二次 Lyapunov-Krasovskii 泛函存在的必要性条件. 3.2 节利用离散二次 Lyapunov-Krasovskii 泛函方法给出了不确定时变系统稳定的 LMI 条件. 3.3 节讨论了双系统模型的一般性及其优点, 并通过示例说明了方法的有效性. 3.4∼ 3.6 节分别讨论了多顶点、等比例多时滞以及模有界不确定系统的情形. 3.7 节通过多个例子一方面说明了本章方法的可靠性, 另一方面说明了双微分差分系统模型的一般性, 滞后型线性时滞微分系统、线性中立型时滞系统、线性奇异时滞系统都是它的特例.

3.1 引　　言

微分差分双方程表示一类非常一般的时滞系统, 就线性系统而言, 它包含滞后型线性时滞微分系统、线性中立型时滞系统、奇异时滞系统. 对于时滞微分系统

$$\dot{x}(t) = Ax(t) + Bx(t-r)$$

若矩阵 B 有满秩分解式 $B = B_1B_2$(B_1 为列满秩的,B_2 为行满秩的), 那么令 $y(t) = B_2x(t)$, 上述系统就变成了双方程结构

$$\begin{aligned}\dot{x}(t) &= Ax(t) + B_1y(t-r)\\ y(t) &= B_2x(t)\end{aligned}$$

对于中立型系统

$$\dot{x}(t) - G\dot{x}(t-\tau) = Ax(t) + A_1x(t-\tau)$$

令 $y(t) = x(t) - Gx(t-\tau), z(t) = x(t)$, 则中立型系统就转化为标准的双方程结构

$$\begin{aligned}\dot{y}(t) &= Ay(t) + (A_1 + AG)z(t-\tau)\\ z(t) &= y(t) + Gz(t-\tau)\end{aligned}$$

而奇异系统

$$E\dot{x}(t) = A_0x(t) + A_dx(t-d)$$

其中, 具有形式 $E=\begin{pmatrix} I & 0 \\ 0 & 0 \end{pmatrix}$, 对不是此结构的 E, 总可通过适当的变换化成这种形式. 这样, 系统就可重新写为

$$\begin{aligned} \dot{x}_1(t) &= A_{01}x_1(t)+A_{02}x_2(t)+A_{d1}x_1(t-d)+A_{d2}x_2(t-d) \\ 0 &= A_{03}x_1(t)+A_{04}x_2(t)+A_{d3}x_1(t-d)+A_{d4}x_2(t-d) \end{aligned}$$

这时, 必然有 A_{04} 为非奇异矩阵, 否则此系统就不满足正则性. 因此, 作变换

$$\begin{aligned} \tilde{x}(t) &= x_1(t) \\ \tilde{y}(t) &= \begin{pmatrix} x_1(t) \\ x_2(t) \end{pmatrix} \end{aligned}$$

系统就变为标准的双方程结构

$$\begin{aligned} \dot{\tilde{x}}(t) &= \tilde{A}\tilde{x}(t)+\tilde{B}\tilde{y}(t-d) \\ \tilde{y}(t) &= \tilde{C}\tilde{x}(t)+\tilde{D}\tilde{y}(t-d) \end{aligned}$$

其中

$$\begin{aligned} \tilde{A} &= A_{01}+A_{02}A_{04}^{-1}A_{03} \\ \tilde{B} &= \begin{pmatrix} A_{d1}+A_{02}A_{04}^{-1}A_{d3} & A_{d2}+A_{02}A_{04}^{-1}A_{d4} \end{pmatrix} \\ \tilde{C} &= \begin{pmatrix} I \\ A_{04}^{-1}A_{03} \end{pmatrix} \\ \tilde{D} &= \begin{pmatrix} 0 & 0 \\ A_{04}^{-1}A_{d3} & A_{04}^{-1}A_{d4} \end{pmatrix} \end{aligned}$$

此外, 单时滞微分差分双方程还包含具有等比例多时滞系统的情形, 本章 3.5 节专门对此作了讨论.

对于时滞系统的稳定性研究无外乎两种方法, 即时域法和频域法, 均有大量的研究结果. 对于单时滞时不变线性系统频域法有很多好的结论 (如文献 [28]、文献 [45]、文献 [64]～ 文献 [67]), 但是频域法的研究缺点是非常致命的, 对于存在不确定性的系统显得无能为力. 而时域法恰恰显示了这方面的优势, 但是时域法的缺点在于很难达到系统稳定的时滞边界. 自从 20 世纪末 Gu 在文献 [32] 和文献 [68] 中给出离散 Lyapunov-Krasovskii 方法以来, 导致时域法很难达到系统稳定的时滞边界的缺点不复存在. 事实上, 只要很少的几步迭代就可接近解析解. 这样使得时域法变得极为活跃, 并涌现出许多好的研究结果.

3.2 线性微分差分双方程的解

本节讨论下述线性微分差分双方程描述的系统

$$\dot{x}(t) = Ax(t) + By(t-r) \tag{3.1}$$

$$y(t) = Cx(t) + Dy(t-r) \tag{3.2}$$

很明显, 这是系统 (2.6)-(2.7) 的特殊情形. 类似于简单线性时滞系统, 若系统是渐近稳定的, 对给定的 $m \times m$ 阶对称正定矩阵 W, 可以找到一个 Lyapunov-Krasovskii 泛函满足

$$\dot{V}(x(t), y_t) = -x^{\mathrm{T}}(t)Wx(t) \tag{3.3}$$

事实上, 这样一个 Lyapunov-Krasovskii 泛函在文献 [69] 中已经被描述, 文献 [50] 中对其中的一个错误进行了修正. 下面给出基本的归纳.

定义 3.1 用 $X_x(t)$ 和 $Y_x(t)$ 表示方程

$$\dot{x}(t) = Ax(t) + By(t-r) + \delta(t)I \tag{3.4}$$

$$y(t) = Cx(t) + Dy(t-r) \tag{3.5}$$

的零初值条件的解. $X_y(t)$ 和 $Y_y(t)$ 表示方程

$$\dot{x}(t) = Ax(t) + By(t-r) \tag{3.6}$$

$$y(t) = Cx(t) + Dy(t-r) + \delta(t)I \tag{3.7}$$

的零初值条件的解, 并且知道这些解是系统的基本解. 对所有的 $t < 0$, 让 $X_x(t) = 0$, $Y_x(t) = 0$, $X_y(t) = 0$, $Y_y(t) = 0$.

X_x 和 Y_x 也可以被解释成系统 (3.1)-(3.2) 在初值条件 $x(0) = I$, $y_0 = 0$ 下的解. 类似地, X_y 和 Y_y 可以被解释成系统 (3.1)-(3.2) 在初值条件 $x(0) = 0$, $y_0(\theta) = \delta(\theta - \varepsilon)I$ 下 $\varepsilon \to 0^-$ 的解. 对于这样的解释, 容易看出系统 (3.1)-(3.2) 对于任意初值条件 $x(0) = \psi$, $y_0 = \phi$ 的解可以被表达成

$$x(t) = X_x(t)\psi + \int_{-r}^{0} X_y(t+\theta)\phi(\theta)\mathrm{d}\theta \tag{3.8}$$

$$y(t) = Y_x(t)\psi + \int_{-r}^{0} Y_y(t+\theta)\phi(\theta)\mathrm{d}\theta \tag{3.9}$$

进一步, 可以将 X_y 和 Y_y 表示成关于 X_x 和 Y_x 的表达式. 让

$$Y_y(t) = Y_i(t) + Y_c(t)$$

其中, $Y_i(t)$ 是

$$Y_i(t) = DY_i(t-r) + \delta(t)I$$

的解, 且有如下显式表达式

$$Y_i(t) = \sum_{k=0}^{\infty} \delta(t-kr)D^k \tag{3.10}$$

那么容易看出 X_y 和 Y_c 必须满足

$$\begin{aligned} \dot{X}_y(t) &= AX_y(t) + BY_c(t-r) + B\sum_{k=0}^{\infty}\delta(t-kr-r)D^k \\ Y_c(t) &= CX_y(t) + DY_c(t-r) \end{aligned}$$

综上可以归纳得出

$$X_y(t) = \sum_{k=0}^{\infty} X_x(t-kr-r)BD^k \tag{3.11}$$

$$Y_y(t) = \sum_{k=0}^{\infty} Y_x(t-kr-r)BD^k + Y_i(t) \tag{3.12}$$

在文献 [69] 中, 式 (3.11) 和式 (3.12) 的表达式在矩阵 D^k 的位置存在一处错误.

由 $X_x(t)$ 和 $X_y(t)$ 以及 $Y_x(t)$ 和 $Y_c(t)$ 表达式可知, 很明显 $X_x(t)$ 是连续的, $X_y(t)$、$Y_x(t)$ 以及 $Y_c(t)$ 对于 $t \geqslant 0$ 是分片连续的. 如果系统是指数稳定的且 $\rho(D) < 1$, 那么下述 Lyapunov-Krasovskii 泛函

$$\begin{aligned} V(\psi,\phi) = {} & \psi^{\mathrm{T}}U_{xx}\psi + 2\psi^{\mathrm{T}}\int_{-r}^{0}U_{xy}(\eta)\phi(\eta)\mathrm{d}\eta \\ & + \int_{-r}^{0}\int_{-r}^{0}\phi^{\mathrm{T}}(\xi)U_{yy}(\xi,\eta)\phi(\eta)\mathrm{d}\eta \end{aligned}$$

满足式 (3.3), 其中

$$\begin{aligned} U_{xx} &= \int_0^{\infty} X_x^{\mathrm{T}}(\theta)WX_x(\theta)\mathrm{d}\theta \\ U_{xy}(\eta) &= \int_0^{\infty} X_x^{\mathrm{T}}(\theta)WX_y(\theta-\eta)\mathrm{d}\theta \\ U_{yy}(\xi,\eta) &= \int_0^{\infty} X_y^{\mathrm{T}}(\theta-\xi)WX_y(\theta-\eta)\mathrm{d}\theta \end{aligned}$$

注意到上述 Lyapunov-Krasovskii 泛函 V 是关于 ψ 和 ϕ 的一个二次表达式, 这说明上述形式的二次 Lyapunov-Krasovskii 泛函的存在性是系统 (3.1)-(3.2) 指数稳定的必要条件.

3.3 不确定时变系统

本节考虑不确定系统的稳定性问题. 系统由下述微分差分双方程表达

$$\dot{x}(t)=A(t)x(t)+B(t)y(t-r) \tag{3.13}$$

$$y(t)=C(t)x(t)+D(t)y(t-r) \tag{3.14}$$

其中, 系统矩阵是不确定的、时变的且属于一个已知有界闭集 Ω

$$(A(t),B(t),C(t),D(t))\in\Omega$$

为了便于表示, 将时变矩阵简写成 A、B、C、D, 考虑二次 Lyapunov-Krasovskii 泛函

$$\begin{aligned}V(\psi,\phi)=&\psi^{\mathrm{T}}P\psi+2\psi^{\mathrm{T}}\int_{-r}^{0}Q(\eta)\phi(\eta)\mathrm{d}\eta\\&+\int_{-r}^{0}\int_{-r}^{0}\phi^{\mathrm{T}}(\xi)R(\xi,\eta)\phi(\eta)\mathrm{d}\xi\mathrm{d}\eta\\&+\int_{-r}^{0}\phi^{\mathrm{T}}(\eta)S(\eta)\phi(\eta)\mathrm{d}\eta\end{aligned} \tag{3.15}$$

其中, 对于所有的 ξ 和 η, 有

$$\begin{aligned}P&=P^{\mathrm{T}}\in\mathbb{R}^{m\times m}\\Q(\eta)&\in\mathbb{R}^{m\times n}\\R(\xi,\eta)&=R^{\mathrm{T}}(\eta,\xi)\in\mathbb{R}^{n\times n}\\S(\eta)&=S^{\mathrm{T}}(\eta)\in\mathbb{R}^{n\times n}\end{aligned}$$

则它沿着系统轨迹的导数为

$$\begin{aligned}\dot{V}(t,\psi,\phi)=&\psi^{\mathrm{T}}[A^{\mathrm{T}}P+PA+Q(0)C+C^{\mathrm{T}}Q^{\mathrm{T}}(0)+C^{\mathrm{T}}S(0)C]\psi\\&+2\psi^{\mathrm{T}}[PB+Q(0)D-Q(-r)+C^{\mathrm{T}}S(0)D]\phi(-r)\\&+2\psi^{\mathrm{T}}\int_{-r}^{0}[A^{\mathrm{T}}Q(\eta)-\dot{Q}(\eta)+C^{\mathrm{T}}R^{\mathrm{T}}(\eta,0)]\phi(\eta)\mathrm{d}\eta\\&+2\phi^{\mathrm{T}}(-r)\int_{-r}^{0}[B^{\mathrm{T}}Q(\eta)+D^{\mathrm{T}}R^{\mathrm{T}}(\eta,0)+R^{\mathrm{T}}(\eta,-r)]\phi(\eta)\mathrm{d}\eta\\&+\phi^{\mathrm{T}}(-r)[D^{\mathrm{T}}S(0)D-S(-r)]\phi(-r)\\&-\int_{-r}^{0}\phi^{\mathrm{T}}(\xi)\int_{-r}^{0}\left[\frac{\partial}{\partial\xi}R(\xi,\eta)+\frac{\partial}{\partial\eta}R(\xi,\eta)\right]\phi(\eta)\mathrm{d}\eta\mathrm{d}\xi\\&-\int_{-r}^{0}\phi^{\mathrm{T}}(\eta)\dot{S}(\eta)\phi(\eta)\mathrm{d}\eta\end{aligned} \tag{3.16}$$

由定理 2.1 知, 如果式 (3.14) 是 input-to-state 稳定的且 Lyapunov-Krasovskii 泛函以及它的导数对 $\varepsilon > 0$, $M > 0$ 满足

$$\varepsilon||\psi||^2 \leqslant V(t,\psi,\phi) \leqslant M||(\psi,\phi)||^2 \tag{3.17}$$

$$\dot{V}(t,\psi,\phi) \leqslant -\varepsilon||\psi||^2 \tag{3.18}$$

就可得出系统是渐近稳定的.

类似于文献 [70], 下面我们将限定函数 Q、R 及 S 为分片线性的. 特别地, 分割时滞区间 $[-r,0]$ 为 N 个等长度 $h=r/N$ 的小区间 $\mathcal{I}_i=[\theta_{i-1},\theta_i]$, 其中

$$\theta_i = -r + ih$$

让

$$Q(\theta_{i-1}+\alpha h) = (1-\alpha)Q_{i-1} + \alpha Q_i \tag{3.19}$$

$$S(\theta_{i-1}+\alpha h) = (1-\alpha)S_{i-1} + \alpha S_i \tag{3.20}$$

及

$$\begin{aligned}&R(\theta_{i-1}+\alpha h, \theta_{j-1}+\beta h)\\ =&\begin{cases}(1-\alpha)R_{i-1,j-1}+\beta R_{ij}+(\alpha-\beta)R_{i,j-1}, & \alpha \geqslant \beta\\ (1-\beta)R_{i-1,j-1}+\alpha R_{ij}+(\beta-\alpha)R_{i-1,j}, & \alpha < \beta\end{cases}\end{aligned} \tag{3.21}$$

且 $0 \leqslant \alpha \leqslant 1$, $0 \leqslant \beta \leqslant 1$. 那么 V 由矩阵 $P=P^{\mathrm{T}}$, Q_i, $S_i=S_i^{\mathrm{T}}$, $R_{ij}=R_{ji}^{\mathrm{T}}$, $i=0,1,\cdots,N$, $j=1,2,\cdots,N$ 所完全决定. 这样稳定性问题就变成了一个确定式 (3.14) 的 input-to-state 稳定性问题, 以及使得满足式 (3.17) 和式 (3.18) 的这些矩阵的存在性问题. 下述引理建立满足式 (3.17) 的条件.

引理 3.1　对于式 (3.15) 中具有式 (3.19)~ 式 (3.21) 表达的分片线性矩阵 Q、S 和 R 的 Lyapunov-Krasovskii 泛函 V , 如果

$$S_i > 0, \quad i=0,1,\cdots,N \tag{3.22}$$

及

$$\begin{pmatrix} P & \tilde{Q} \\ \tilde{Q}^{\mathrm{T}} & \tilde{R}+\dfrac{1}{h}\tilde{S}\end{pmatrix} > 0 \tag{3.23}$$

成立, 则 Lyapunov-Krasovskii 泛函条件式 (3.17) 被满足. 其中

$$\tilde{Q} = \begin{pmatrix} Q_0 & Q_1 & \cdots & Q_N \end{pmatrix}$$

$$\tilde{R} = \begin{pmatrix} R_{00} & R_{01} & \cdots & R_{0N} \\ R_{10} & R_{11} & \cdots & R_{1N} \\ \vdots & \vdots & & \vdots \\ R_{N0} & R_{N1} & \cdots & R_{NN} \end{pmatrix}$$

$$\tilde{S} = \mathrm{diag}\begin{pmatrix} S_0 & S_1 & \cdots & S_N \end{pmatrix}$$

证明 Lyapunov-Krasovskii 泛函式 (3.15) 完全类似于文献 [70]所讨论过的 Lyapunov-Krasovskii 泛函. 上述方程 (3.22) 和方程 (3.23) 对应于文献 [70] 中命题 3 的方程 (31) 和方程 (32). 证明过程是相同的.

下述引理建立了 Lyapunov-Krasovskii 泛函的导数条件 (3.18).

引理 3.2 对由式 (3.16) 所表达的 Lyapunov-Krasovskii 泛函导数 $\dot{V}(t,\psi,\phi)$, 且具有式 (3.19)~ 式 (3.21) 表示的分片线性矩阵 Q、S 和 R, 如果对所有的 $(A,B,C,D)\in\Omega$, 有 LMI

$$\begin{pmatrix} \bar{\Delta} & Y^s & Y^a \\ * & R_d + \frac{1}{h}S_d & 0 \\ * & * & \frac{3}{h}S_d \end{pmatrix} > 0 \tag{3.24}$$

成立, 则 Lyapunov-Krasovskii 导数条件 (3.18) 被满足. 其中

$$\bar{\Delta} = \begin{pmatrix} \bar{\Delta}_{11} & \bar{\Delta}_{12} \\ \bar{\Delta}_{12}^{\mathrm{T}} & \bar{\Delta}_{22} \end{pmatrix}$$

$$\bar{\Delta}_{11} = -(A^{\mathrm{T}}P + PA + Q_N C + C Q_N + C^{\mathrm{T}} S_N C)$$

$$\bar{\Delta}_{12} = -(PB + Q_N D - Q_0 + C^{\mathrm{T}} S_N D)$$

$$\bar{\Delta}_{22} = S_0 - D^{\mathrm{T}} S_N D$$

$$Y^s = \begin{pmatrix} Y_{11}^s & Y_{12}^s & \cdots & Y_{1N}^s \\ Y_{21}^s & Y_{22}^s & \cdots & Y_{2N}^s \end{pmatrix} \tag{3.25}$$

$$Y_{1i}^s = -\frac{1}{2}A^{\mathrm{T}}(Q_{i-1}+Q_i) - \frac{1}{2}C^{\mathrm{T}}(R_{i-1,N}^{\mathrm{T}} + R_{i,N}^{\mathrm{T}}) + \frac{1}{h}(Q_i - Q_{i-1})$$

$$Y_{2i}^s = -\frac{1}{2}B^{\mathrm{T}}(Q_{i-1}+Q_i) - \frac{1}{2}D^{\mathrm{T}}(R_{i-1,N}^{\mathrm{T}} + R_{i,N}^{\mathrm{T}}) + \frac{1}{2}(R_{i-1,0}^{\mathrm{T}} + R_{i,0}^{\mathrm{T}})$$

$$Y^a = \begin{pmatrix} Y_{11}^a & Y_{12}^a & \cdots & Y_{1N}^a \\ Y_{21}^a & Y_{22}^a & \cdots & Y_{2N}^a \end{pmatrix}$$

$$Y_{1i}^a = \frac{1}{2}A^{\mathrm{T}}(Q_i - Q_{i-1}) + \frac{1}{2}C^{\mathrm{T}}(R_{i,N}^{\mathrm{T}} - R_{i-1,N}^{\mathrm{T}})$$

$$Y_{2i}^a = \frac{1}{2}B^{\mathrm{T}}(Q_i - Q_{i-1}) + \frac{1}{2}D^{\mathrm{T}}(R_{i,N}^{\mathrm{T}} - R_{i-1,N}^{\mathrm{T}}) - \frac{1}{2}(R_{i,0}^{\mathrm{T}} + R_{i-1,0}^{\mathrm{T}})$$

$$R_d = \begin{pmatrix} R_{d11} & R_{d12} & \cdots & R_{d1N} \\ R_{d21} & R_{d22} & \cdots & R_{d2N} \\ \vdots & \vdots & & \vdots \\ R_{dN1} & R_{dN2} & \cdots & R_{dNN} \end{pmatrix}$$

$$R_{dij} = \frac{1}{h}(R_{ij} - R_{i-1,j-1})$$

$$S_d = \mathrm{diag}\begin{pmatrix} S_{d1} & S_{d2} & \cdots & S_{dN} \end{pmatrix}$$

$$S_{di} = \frac{1}{h}(S_i - S_{i-1}), \quad i = 1, 2, \cdots, N \tag{3.26}$$

证明　由于 $\dot{V}$ 的表达式类似于文献 [70], 所以我们可按照文献 [70] 中命题 4 的证明步骤完成证明.

从上述两个引理容易得出下述定理.

定理 3.1　对式 (3.13) 和式 (3.14) 所描述的系统, 如果存在矩阵 $P = P^{\mathrm{T}} \in \mathbb{R}^{m\times m}$, $Q_i \in \mathbb{R}^{m\times n}$, $S_i = S_i^{\mathrm{T}} \in \mathbb{R}^{n\times n}$ 和 $R_{ij} = R_{ji}^{\mathrm{T}} \in \mathbb{R}^{n\times n}$, $i = 0, 1, \cdots, N$, $j = 0, 1, \cdots, N$, 使得对所有的 $(A, B, C, D) \in \Omega$, 有 LMI 以及

$$\begin{pmatrix} \Delta & Y^s & Y^a & Z \\ * & R_d + \frac{1}{h}S_d & 0 & 0 \\ * & * & \frac{3}{h}S_d & 0 \\ * & * & * & S_N \end{pmatrix} > 0 \tag{3.27}$$

成立, 则系统 (3.13)-(3.14) 是一致渐近稳定的. 其中

$$\Delta = \begin{pmatrix} \Delta_{11} & \Delta_{12} \\ \Delta_{12}^{\mathrm{T}} & \Delta_{22} \end{pmatrix}$$

$$\Delta_{11} = -(A^{\mathrm{T}}P + PA + Q_N C + C Q_N)$$

$$\Delta_{12} = -(PB + Q_N D - Q_0)$$

$$\Delta_{22} = S_0$$

及

$$Z = \begin{pmatrix} C^{\mathrm{T}} S_N \\ D^{\mathrm{T}} S_N \end{pmatrix}$$

证明 首先, 观测到式 (3.27) 暗示着 $\Delta_{22} = S_0 > 0$ 以及

$$S_{di} = S_i - S_{i-1} > 0, \quad i = 1, 2, \cdots, N \tag{3.28}$$

而上式又暗示着式 (3.22) 成立. 联系到式 (3.23), 则由引理 3.1 得知 Lyapunov-Krasovskii 泛函条件 (3.17) 被满足. 接着, 我们观测到式 (3.27) 等价于式 (3.24), 则由 Schur 补易得, $S_N > 0$ 及

$$\bar{\Delta} = \Delta - ZS_N^{-1}Z^{\mathrm{T}} > 0$$

于是, 根据引理 3.2, Lyapunov-Krasovskii 泛函导数条件 (3.18) 也被满足. 最后, 我们观测到式 (3.24) 暗示着

$$\bar{\Delta}_{22} = S_0 - D^{\mathrm{T}}S_N D > 0$$

与式 (3.28) 相联系 $S_0 < S_N$, 从而有

$$S_N - D^{\mathrm{T}}S_N D > 0 \tag{3.29}$$

注意到 $S_N > 0$ 以及式 (3.29) , 则知式 (3.14) 是 input-to-state 稳定的. 这样就建立了定理 2.1 的所有条件, 所以系统 (3.13)-(3.14) 是一致渐近稳定的.

3.4 多顶点不确定系统

基于上述定理的系统稳定性分析是著名的离散化 Lyapunov 泛函方法. 一般来说, 不确定性集 Ω 包含无穷个点, 那么稳定性条件 (3.27) 就表示无穷个线性矩阵不等式. 然而, 一些特殊的情形允许我们减少式 (3.27) 中的线性矩阵不等式数目为有限个. 例如, 如果 Ω 是多顶点的, 那么 Ω 是它的一个顶点 ω_k, $k = 1, 2, \cdots, n_v$ 的凸壳. 如此就导致不确定矩阵在式 (3.27) 中线性地出现. 因此, 我们只需要在顶点处检验是否满足式 (3.27). 此外, 也能说明对模有界不确定性的情形也可减少式 (3.27) 表达的线性矩阵不等式的数目为有限个.

例 3.1 考虑具有两个顶点的不确定系统

$$\begin{aligned}\dot{x}(t) &= A(t)x(t) + B(t)y(t-r)\\ y(t) &= C(t)x(t) + D(t)y(t-r)\end{aligned}$$

同时, $\Omega = \{\alpha\omega^{(1)} + (1-\alpha)\omega^{(2)} \mid 0 \leqslant \alpha \leqslant 1\}$. 两个顶点为

$$\omega^{(k)} = (A^{(k)}, B^{(k)}, C^{(k)}, D^{(k)})$$

其中

$$A^{(1)} = \begin{pmatrix} -1 & 0 & 0 \\ 0 & -0.8 & 0 \\ 0 & 0 & -0.8 \end{pmatrix}$$

$$B^{(1)} = \begin{pmatrix} -2.2 & -1 \\ -1 & 0 \\ -0.9 & -1.1 \end{pmatrix}$$

$$C^{(1)} = \begin{pmatrix} 1.1 & 0.4 & 0 \\ 0 & 0 & 1.1 \end{pmatrix}$$

$$D^{(1)} = \begin{pmatrix} 0.4 & 0 \\ 0 & 0.6 \end{pmatrix}$$

$$A^{(2)} = \begin{pmatrix} -1.1 & 0 & 0 \\ 0 & -1 & 0 \\ 0 & 0 & -0.5 \end{pmatrix}$$

$$B^{(2)} = \begin{pmatrix} -2 & -1 \\ -1 & 0 \\ -1.1 & -0.9 \end{pmatrix}$$

$$C^{(2)} = \begin{pmatrix} 0.9 & 0.4 & 0 \\ 0 & 0 & 0.9 \end{pmatrix}$$

$$D^{(2)} = \begin{pmatrix} 0.6 & 0 \\ 0 & 0.4 \end{pmatrix}$$

利用二分法, 按照定理 3.1 所得结论, 对于确定的分割 N, 时滞最大估计 r_N 见表 3.1, 这里时滞区间的初始长度是 2, 通过 25 次等长度的划分, 最终区间长度小于 6×10^{-8}.

表 3.1　系统稳定允许的最大时滞

N	1	2	3	4
$r_{\max}$	0.393082	0.393410	0.393428	0.393430

3.5　等比例多时滞系统

具有多个等比例时滞的滞后型系统或中立型系统在文献 [69] 中已有讨论. 这

里我们考虑更一般的情形

$$\dot{x}(t) = Ax(t) + \sum_{k=1}^{K} B_k y(t-kr)$$
$$y(t) = Cx(t) + \sum_{k=1}^{K} D_k y(t-kr)$$

引入变量

$$z_k(t) = z_{k-1}(t-r), \quad k = 2, \cdots, K$$
$$z_1(t) = y(t)$$

则方程转化为单时滞标准双系统

$$\dot{x}(t) = Ax(t) + Bz(t-r)$$
$$z(t) = \hat{C}x(t) + Dz(t-r)$$

其中

$$z(t) = \begin{pmatrix} z_1^{\mathrm{T}}(t) & z_2^{\mathrm{T}}(t) & \cdots & z_K^{\mathrm{T}} \end{pmatrix}^{\mathrm{T}}$$
$$B = \begin{pmatrix} B_1 & B_2 & \cdots & B_K \end{pmatrix}$$
$$\hat{C} = \begin{pmatrix} C^{\mathrm{T}} & 0 & \cdots & 0 \end{pmatrix}^{\mathrm{T}}$$
$$D = \begin{pmatrix} D_1 & D_2 & \cdots & D_{k-1} & D_k \\ I & 0 & \cdots & 0 & 0 \\ 0 & I & \cdots & 0 & 0 \\ \vdots & \vdots & & \vdots & \vdots \\ 0 & 0 & \cdots & I & 0 \end{pmatrix}$$

例 3.2 考虑具有两个时滞的系统

$$\dot{x}(t) = \begin{pmatrix} 0 & 1 \\ -1 & 0.1 \end{pmatrix} x(t) + \begin{pmatrix} 0 & 0 \\ -1 & 0 \end{pmatrix} x(t-r) + \begin{pmatrix} 0 & 0 \\ 1 & 0 \end{pmatrix} x(t-2r)$$

这个系统已在文献 [71] 中被讨论. 令

$$y_1(t) = \begin{pmatrix} 1 & 0 \end{pmatrix} x(t)$$
$$y_2(t) = y_1(t-r)$$

则上述系统可重新写为

$$\dot{x}(t)=\begin{pmatrix}0 & 1\\ -1 & 0.1\end{pmatrix}x(t)+\begin{pmatrix}0 & 0\\ -1 & 1\end{pmatrix}y(t-r)$$

$$y(t)=\begin{pmatrix}1 & 0\\ 0 & 0\end{pmatrix}x(t)+\begin{pmatrix}0 & 0\\ 1 & 0\end{pmatrix}y(t-r)$$

已知对于时滞 $r\in(r_{\min},r_{\max})$, 系统是稳定的, 其中 $r_{\min}=0.10123$, $r_{\max}=0.68615$. 对不同的分割 N, 应用定理 3.1, $r_{\min}$ 和 $r_{\max}$ 的估计值分别被表示为 $r_{\min,N}$ 和 $r_{\max,N}$. 利用二分法, 初始区间长度为 0.1, 直到包含 $r_{\min,N}$ 或 $r_{\max,N}$ 的区间长度小于 3×10^{-9}.

计算结果见表 3.2.

表 3.2　系统稳定允许的最小时滞与最大时滞

N	1	2	3	4
$r_{\min,N}$	0.10158	0.10131	0.10127	0.10125
$r_{\max,N}$	0.68429	0.68613	0.68614	0.68615

3.6　模有界不确定系统

考虑具有模有界不确定性的微分差分系统

$$\dot{x}(t)=(A+\Delta A)x(t)+(B+\Delta B)y(t-r) \tag{3.30}$$

$$y(t)=(C+\Delta C)x(t)+(D+\Delta D)y(t-r) \tag{3.31}$$

其中, $x(t)\in\mathbb{R}^m$, $y(t)\in\mathbb{R}^n$, $A\in\mathbb{R}^{m\times m}, B\in\mathbb{R}^{m\times n}$, $C\in\mathbb{R}^{n\times m}, D\in\mathbb{R}^{n\times n}$, 且不确定性描述为

$$\begin{pmatrix}\Delta A & \Delta B\\ \Delta C & \Delta D\end{pmatrix}=\begin{pmatrix}E_1\\ E_2\end{pmatrix}F(t)\begin{pmatrix}G_1 & G_2\end{pmatrix} \tag{3.32}$$

其中, $E_1\in\mathbb{R}^{m\times p}$, $E_2\in\mathbb{R}^{n\times p}$, $G_1\in\mathbb{R}^{q\times m}$, $G_2\in\mathbb{R}^{q\times n}$ 是已知实矩阵, $F(t)\in\mathbb{R}^{p\times q}$ 为时变实矩阵且满足

$$\|F(t)\|\leqslant 1$$

定理 3.2　对于式 (3.30)、式 (3.31) 及式 (3.32) 描述的系统, 如果存在矩阵 $P=P^{\mathrm{T}}; Q_i, S_i=S_i^{\mathrm{T}}, i=0,1,\cdots,N$; $R_{i,j}=R_{j,i}^{\mathrm{T}}, i=0,1,\cdots,N, j=0,1,\cdots,N$ 使得 LMI(3.23) 以及

$$\begin{pmatrix} \Delta - G & Y^s & Y^a & Z & E_p \\ * & R_d + \frac{1}{h}S_d & 0 & 0 & E_s \\ * & * & \frac{3}{h}S_d & 0 & E_a \\ * & * & * & S_N & E_z \\ * & * & * & * & I \end{pmatrix} > 0 \tag{3.33}$$

成立, 则系统 (3.30)-(3.31) 是渐近稳定的. 其中 $\tilde{Q}$、$\tilde{R}$、$\tilde{S}$、Δ、R_d、S_d、Y^a、Y^s、Z 分别在引理 3.1、引理 3.2 和定理 3.1 中定义, 且有

$$G = \begin{pmatrix} G_1^{\mathrm{T}}G_1 & G_1^{\mathrm{T}}G_2 \\ G_2^{\mathrm{T}}G_1 & G_2^{\mathrm{T}}G_2 \end{pmatrix}$$

$$E_p = \begin{pmatrix} PE_1 + Q_N E_2 \\ 0 \end{pmatrix}$$

$$E_s = \begin{pmatrix} \frac{1}{2}(Q_0^{\mathrm{T}} + Q_1^{\mathrm{T}})E_1 + \frac{1}{2}(R_{0N} + R_{1N})E_2 \\ \frac{1}{2}(Q_1^{\mathrm{T}} + Q_2^{\mathrm{T}})E_1 + \frac{1}{2}(R_{1N} + R_{2N})E_2 \\ \vdots \\ \frac{1}{2}(Q_{N-1}^{\mathrm{T}} + Q_N^{\mathrm{T}})E_1 + \frac{1}{2}(R_{N-1,N} + R_{NN})E_2 \end{pmatrix}$$

$$E_a = \begin{pmatrix} -\frac{1}{2}(Q_1^{\mathrm{T}} - Q_0^{\mathrm{T}})E_1 - \frac{1}{2}(R_{1N} - R_{0N})E_2 \\ -\frac{1}{2}(Q_2^{\mathrm{T}} - Q_1^{\mathrm{T}})E_1 - \frac{1}{2}(R_{2N} - R_{1N})E_2 \\ \vdots \\ -\frac{1}{2}(Q_N^{\mathrm{T}} - Q_{N-1}^{\mathrm{T}})E_1 - \frac{1}{2}(R_{NN} - R_{N-1,N})E_2 \end{pmatrix}$$

$$E_z = (\, S_N E_2 \,)$$

证明 证明过程类似于文献 [72] 命题 6.20 的证明. 依照定理 3.1, 如果式 (3.23) 被满足, 且对具有不确定性的系数矩阵

$$\begin{pmatrix} A + \Delta A & B + \Delta B \\ C + \Delta C & D + \Delta D \end{pmatrix} = \begin{pmatrix} A & B \\ C & D \end{pmatrix} + \begin{pmatrix} E_1 \\ E_2 \end{pmatrix} F(t) \,(\, G_1 \quad G_2 \,)$$

以及

$$||F(t)|| \leqslant 1$$

式 (3.27) 也被满足, 那么系统 (3.30)-(3.31) 就是渐近稳定的. 下述我们将说明对所有范数小于等于 1 的 F 满足式 (3.27) 等价于满足单一的 LMI (3.33).

不难看出, 对于不确定系统 (3.30)-(3.31), 式 (3.27) 能被表示成

$$\bar{P} + \bar{E}F(t)\bar{G} + (\bar{E}F(t)\bar{G})^{\mathrm{T}} < 0 \tag{3.34}$$

其中

$$\bar{P} = -\begin{pmatrix} \Delta & Y^s & Y^a & Z \\ * & R_d + \dfrac{1}{h}S_d & 0 & 0 \\ * & * & \dfrac{3}{h}S_d & 0 \\ * & * & * & S_N \end{pmatrix}$$

$$\bar{E} = (\, E_p^{\mathrm{T}} \quad E_s^{\mathrm{T}} \quad E_a^{\mathrm{T}} \quad E_z^{\mathrm{T}} \,)^{\mathrm{T}}$$
$$\bar{G} = (\, G_1 \quad G_2 \quad 0 \quad \cdots \quad 0 \,)$$

又因为对于所有的 $||F(t)|| \leqslant 1$, 满足式 (3.34) 等价于存在 $\lambda > 0$ 使得矩阵不等式

$$\bar{P} + \lambda\bar{E}\bar{E}^{\mathrm{T}} + \frac{1}{\lambda}\bar{G}^{\mathrm{T}}\bar{G} < 0$$

成立. 上式两边乘以 λ 并应用 Schur 补, 则知上式等价于

$$\begin{pmatrix} \lambda\bar{P} + \bar{G}^{\mathrm{T}}\bar{G} & \lambda\bar{E} \\ \lambda\bar{E}^{\mathrm{T}} & -I \end{pmatrix} < 0$$

对于上述矩阵不等式, 收缩因子 λ 实际可以被置为 1, 且不会引入任何保守性. 这是因为 λ 能被变量矩阵 $P = P^{\mathrm{T}}; Q_i, S_i = S_i^{\mathrm{T}}$, $i = 0, 1, \cdots, N$; $R_{i,j} = R_{j,i}^{\mathrm{T}}, i = 0, 1, \cdots, N, j = 0, 1, \cdots, N$ 所吸收. 因此, 让 $\lambda = 1$ 即得式 (3.33). 证毕.

3.7　讨论及相关示例

本节主要包括两方面的内容: 一方面, 通过讨论说明微分差分双方程表达的时滞系统在模型上的优点; 另一方面, 正如文献 [69] 所述, 线性微分差分双方程模型包括几种类型的线性单时滞系统, 如滞后型时滞系统、中立型时滞系统、奇异时滞系统, 还包括含多个等比例时滞的系统. 这里我们将用几个示例说明该模型的一般性.

首先, 将展示双微分差分方程模型的优势所在, 提及下述两类系统.

偏微分方程　正如文献 [33] 和文献 [44] 描述的一样, 许多由偏微分方程表示的动力系统可以被简化为由双微分差分方程所描述的数学模型, 也就是人们熟知的无损传输线模型.

大系统 在大量的实际工程中, 有多个子系统连接的大系统, 一般来说仅仅少数几个典型的子系统或者仅有少数几个元件含有时滞. 对于这种情形, 微分差分双时滞方程与传统的时滞模型相比提供了很重要的优点. 我们可以依照 Doyle 等 [52, 53] 提出的"拉出不确定性"的思路及方法, 不过只是让时滞元出现在反馈路径中而不是不确定元. 如此就导出由双方程描述的反馈系统

$$\dot{x}(t) = Ax(t) + Bu(t) \tag{3.35}$$

$$y(t) = Cx(t) + Du(t) \tag{3.36}$$

并且系统反馈

$$u(t) = y(t - r) \tag{3.37}$$

具有纯时滞结构. 很明显, 将式 (3.37) 代入式 (3.35) 和式 (3.36) 导出一个标准的微分差分双方程 (3.1)- (3.2) 的形式. 典型地, 对一个有少量时滞元的大系统, $m \gg n$, 那么对系统如此的描述意义就非同寻常. 特殊情形, $D = 0$ 时, 系统被表达成

$$\dot{x}(t) = Ax(t) + BCx(t - r) \tag{3.38}$$

然而, 即使这种情况, 在利用离散化 Lyapunov 泛函方法进行系统的稳定性分析时, 模型 (3.1)-(3.2) 提供的优点也远胜于式 (3.38). 事实上, 线性矩阵不等式 (3.23) 和式 (3.27) 应用于系统 (3.1)-(3.2) 的阶数分别是 $m + (N+1)n$ 和 $2m + (2N+1)n$, 远比文献 [70] 中线性矩阵不等式 (32) 和式 (46) 应用于系统 (3.38) 的阶数 $(N + 2)m$ 和 $(2N + 2)m$ 小得多.

接下来给出几个数值例子来说明微分差分双方程描述的系统的一般性, 以及说明所给方法的有效性. 所有的数值计算都是利用 MATLAB 7.0 的 LMI 工具箱 [73] 完成的.

例 3.3 考虑一个远程控制系统 [74] 的两种情况, 系统反馈考虑了人的操作能力. 对于自由空间 $Z_e = 0$ 的情形, 系统能被写为状态空间表达式

$$\dot{x} = \begin{pmatrix} -\frac{121}{2} & 1 & 0 & 0 \\ -875 & 0 & 1 & 0 \\ -605 & 0 & 0 & 1 \\ -100 & 0 & 0 & 0 \end{pmatrix} x + \begin{pmatrix} 0 \\ -160 \\ -1040 \\ -1050 \end{pmatrix} y(t - 2\tau) + \begin{pmatrix} 0 & 0 \\ 20 & 20 \\ 305 & 105 \\ 350 & 100 \end{pmatrix} u$$

$$y = \begin{pmatrix} 1 & 0 & 0 & 0 \end{pmatrix} x$$

相关的物理量有 $x_s = y$ 及 $u(t) = \begin{pmatrix} x_d(t-\tau) & f_d(t-\tau) \end{pmatrix}^{\mathrm{T}}$.

由定理 3.1 知, 最大允许的稳定性时滞被计算, 结果见表 3.3.

表 3.3 $Z_e = 0$ 和 $Z_e = 40$ 时系统稳定允许的最大时滞

N	1	2	3	4
$\tau_{\max}$ $(Z_e = 0)$	1.11936	1.12731	1.12741	1.12743
$\tau_{\max}$ $(Z_e = 40)$	1.62745	1.62100	1.62705	1.62737

文献 [74] 应用图示法报告的最大时滞是 1.14, 而我们应用分析方法得出的最大时滞应该是 1.12744. 可以看出, 本章给出的方法能快速地逼近解析结果.

这里也计算了 $Z_e = 40$ lb/in 时的情形, 其状态方程变为

$$\dot{x} = \begin{pmatrix} -\dfrac{61}{2} & 1 & 0 & 0 \\ -200 & 0 & 1 & 0 \\ -305 & 0 & 0 & 1 \\ -100 & 0 & 0 & 0 \end{pmatrix} x + \begin{pmatrix} 0 \\ 0 \\ -200 \\ -250 \end{pmatrix} y(t-2\tau) + \begin{pmatrix} 0 & 0 \\ 20 & 20 \\ 305 & 105 \\ 350 & 100 \end{pmatrix} u$$

$$y = \begin{pmatrix} 1 & 0 & 0 & 0 \end{pmatrix} x$$

计算结果见表 3.3. 另外, 分析方法得出 $\tau_{\max} = 1.62745$, 这与文献 [74] 的图示估计值 1.7 稍有不同. 值得注意的是, 这个例子也能被写成通常的滞后型时滞系统, 但是两者计算的效率有很大差别. 例如, $N = 4$ 时, LMI(3.23) 和式 (3.27) 的阶数分别是 9 和 17, 而作为通常的时滞系统来看, 利用 Gu 的文献 [70] 或 Gu 的文献 [72] 的方法, 相关阶数分别是 24 和 40.

例 3.4 *考虑文献 [72] 给出的例 6.3 和例 6.4 描述的系统*

$$\dot{x}(t) = \left(\begin{pmatrix} -2 & 0 \\ 0 & -0.9 \end{pmatrix} + E_1 F(t) G_1 \right) x(t) + \left(\begin{pmatrix} -1 & 0 \\ -1 & -1 \end{pmatrix} + E_2 F(t) G_2 \right) x(t-r)$$

其中

$$E_1 = E_2 = 0.2I, \quad G_1 = G_2 = I$$

系统能被等价地写成线性微分差分双时滞系统

$$\dot{x}(t) = \left(\begin{pmatrix} -2 & 0 \\ 0 & -0.9 \end{pmatrix} + E_1 F(t) G_1 \right) x(t) + \left(\begin{pmatrix} -1 & 0 \\ -1 & -1 \end{pmatrix} + E_2 F(t) G_2 \right) y(t-r)$$

$$y(t) = \begin{pmatrix} 1 & 0 \\ 0 & 1 \end{pmatrix} x(t) + \begin{pmatrix} 0 & 0 \\ 0 & 0 \end{pmatrix} y(t-r)$$

计算结果见表 3.4.

表 3.4 系统稳定允许的最大时滞

N	1	2	3	4
$r_{\max}$	3.098039	3.131468	3.133247	3.133546

上述不确定系统已经被文献 [72] 所讨论, 应用简单 Lyapunov-Krasovskii 泛函方法 (见文献 [72] 的例 6.3), 计算得 $r < r_{\max} = 0.5935$ 系统是渐近稳定的. 应用离散化 Lyapunov-Krasovskii 泛函方法分割初始区间为 3 份, 得出的最大时滞估值 $r_{\max} = 3.133$(见文献 [72] 的例 6.4). 这里, 利用离散化方法得出了与文献 [72] 的例 6.4 同样的结果 (表 3.4), 说明我们的系统模型具有一般性.

例 3.5 考虑具有模有界不确定性的标准线性微分差分系统 (3.30)-(3.31) 及式 (3.32), 且系数矩阵为

$$A = \begin{pmatrix} -1 & 0 & 0 \\ 0 & -0.9 & 0 \\ 0 & 0 & -0.6 \end{pmatrix}, \quad B = \begin{pmatrix} -2 & -1 \\ -1 & 0 \\ -1 & -1 \end{pmatrix}$$

$$C = \begin{pmatrix} 1 & 0.4 & 0 \\ 0 & 0 & 1 \end{pmatrix}, \quad D = \begin{pmatrix} 0.5 & 0 \\ 0 & 0.5 \end{pmatrix}$$

及不确定性矩阵

$$E_1 = \begin{pmatrix} 0.2 & 0 \\ 0 & 0.3 \\ 0.4 & 0 \end{pmatrix}, \quad E_2 = \begin{pmatrix} 0.4 & 0 \\ 0 & 0.4 \end{pmatrix}$$

$$G_1 = \begin{pmatrix} 0.1 & 0.2 & 0 \\ 0 & 0 & 0.3 \end{pmatrix}, \quad G_2 = \begin{pmatrix} 0.2 & 0 \\ 0 & 0.2 \end{pmatrix}$$

计算结果见表 3.5.

表 3.5 系统稳定允许的最大时滞

N	1	2	3
$r_{\max}$	0.458860	0.466227	0.480176

比较没有不确定性的结果 ($r_{\max}$ 对不同的 N, 结果见表 3.6), 很明显, 不确定性导致更苛刻的估计值 $r_{\max}$.

表 3.6 系统允许的最大时滞

N	1	2	3
$r_{\max}$	0.534866	0.535043	0.535052

例 3.6 考虑中立型时滞系统

$$\begin{aligned} \dot{x}(t) - \begin{pmatrix} 0.5 & 0 \\ 0 & 0.5 \end{pmatrix} \dot{x}(t-r) = & \left(\begin{pmatrix} -2 & 0 \\ 0 & -0.9 \end{pmatrix} + E_1 F(t) G_1 \right) x(t) \\ & + \left(\begin{pmatrix} -1 & 0 \\ -1 & -1 \end{pmatrix} + E_2 F(t) G_2 \right) x(t-r) \end{aligned}$$

当 $E_1 = E_2 = 0$ 和 $G_1 = G_2 = 0$ 时, 中立型系统没有不确定性, 这样的系统已被 Han 和 Yu 在文献 [75] 所讨论. 得出系统在时滞区间 $[0, r_{\max}]$ 内是渐近稳定的, 这里 $r_{\max} = 4.7388$ 是解析解. 在文献 [72] 中, Gu 利用离散化方法再次讨论了上述系统, 并得出了 $r_{\max}$ 的估计值, $N = 4$ 时 $r_{\max} = 4.7385$. 可以看出, 这个估计值已经非常接近于它的解析值. 这里, 我们将进一步讨论此中立型具有不确定性时的情形, 探讨它的稳定时滞边界值. 作变换

$$z(t) = x(t) - \begin{pmatrix} 0.5 & 0 \\ 0 & 0.5 \end{pmatrix} x(t-r)$$
$$y(t) = x(t)$$

则不确定中立型系统被写成一个标准的双方程结构的微分差分系统

$$\dot{z}(t) = \left(\begin{pmatrix} -2 & 0 \\ 0 & -0.9 \end{pmatrix} + \Delta\tilde{A} \right) z(t) + \left(\begin{pmatrix} -2 & 0 \\ -1 & -1.45 \end{pmatrix} + \Delta\tilde{B} \right) y(t-r)$$
$$y(t) = \begin{pmatrix} 1 & 0 \\ 0 & 1 \end{pmatrix} z(t) + \begin{pmatrix} 0.5 & 0 \\ 0 & 0.5 \end{pmatrix} y(t-r)$$

其中, 不确定矩阵 $\Delta\tilde{A} = E_1 F(t) G_1, \Delta\tilde{B} = 0.5 E_1 F(t) G_1 + E_2 F(t) G_2$.

下面我们将依照不确定矩阵的结构 [76] 特点分两种情形加以讨论.

情形 1: 若 $E_1 = E_2$, 则系统的不确定性可用与式 (3.32) 相同的形式来描述

$$\begin{pmatrix} \Delta\tilde{A} & \Delta\tilde{B} \\ 0 & 0 \end{pmatrix} = \begin{pmatrix} E_1 \\ 0 \end{pmatrix} F(t) \begin{pmatrix} G_1 & 0.5G_1 + G_2 \end{pmatrix}$$

情形 2: 若 $E_1 \neq E_2$, 则不确定性由下式来描述

$$\begin{pmatrix} \Delta\tilde{A} & \Delta\tilde{B} \\ 0 & 0 \end{pmatrix} = \begin{pmatrix} [E_1 & E_2] \\ [0 & 0] \end{pmatrix} \begin{pmatrix} F(t) & 0 \\ 0 & F(t) \end{pmatrix} \left(\begin{bmatrix} G_1 \\ 0 \end{bmatrix} \quad \begin{bmatrix} 0.5G_1 \\ G_2 \end{bmatrix} \right)$$

让

$$E_1 = E_2 = 0.2I, \quad G_1 = G_2 = I$$

数值结果对两种不同形式的不确定性描述分别显示在表 3.7 中, 其中 C_1 表示情形 1 的稳定时滞 r 的最大估计结果, 相应地, C_2 表示情形 2 的结果.

表 3.7　系统允许的最大时滞

N	1	2	3	4
$r_{\max}(C_1)$	1.1336	1.3390	1.3392	1.3392
$r_{\max}(C_2)$	0.9690	0.9703	0.9704	0.9704

表 3.7 明确显示, 情形 2 的数值结果比情形 1 的结果更保守, 而分析保守性主要是由于不确定性扰动源涉及分块对角矩阵造成的. 对于这种情形, 文献 [77] 中专门作了讨论.

例 3.7 考虑奇异时滞系统

$$\dot{x}_1(t)=-2x_1(t)+2\mu x_1(t-r) \tag{3.39}$$

$$0=x_2(t)-\mu x_1(t-r) \tag{3.40}$$

其中, $\mu\in(0,1]$.

文献 [78] 讨论了上述系统, 并且说明 $r\leqslant 0.0056$ 时系统是渐近稳定的, 即给出系统稳定最大时滞估计值是 0.0056. 下面我们将变换奇异时滞系统 (3.39)-(3.40) 为形如系统 (3.30)-(3.31) 的标准双系统结构, 并且运用本节给出的结果估计允许的最大时滞值.

令

$$x(t)=x_1(t),\quad y(t)=x_2(t),\quad z(t)=x_1(t)$$

则系统 (3.39)-(3.40) 表示为

$$\begin{aligned}\dot{x}(t)&=-2x(t)-2\mu z(t-r)\\ y(t)&=\mu z(t-r)\\ z(t)&=x(t)\end{aligned}$$

进一步写成

$$\dot{X}(t)=\begin{pmatrix}-2&0\\0&-2\end{pmatrix}X(t)+\begin{pmatrix}0&-2\mu\\0&-2\mu\end{pmatrix}Y(t-r) \tag{3.41}$$

$$Y(t)=\begin{pmatrix}0&0\\1&0\end{pmatrix}X(t)+\begin{pmatrix}0&\mu\\0&0\end{pmatrix}Y(t-r) \tag{3.42}$$

其中, $X(t)=\begin{pmatrix}x^{\mathrm{T}}(t) & x^{\mathrm{T}}(t)\end{pmatrix}^{\mathrm{T}}, Y(t)=\begin{pmatrix}y^{\mathrm{T}}(t) & z^{\mathrm{T}}(t)\end{pmatrix}^{\mathrm{T}}$.

由于不确定性函数 $\mu\in(0,1]$, 为了充分利用它的特点以便减小保守性, 我们重新描述不确定性如下

$$\mu=0.5+\rho,\quad \rho\in(-0.5,0.5]$$

这样, 系统 (3.39)-(3.40) 就被转化为如下标准形式

$$\begin{aligned}\dot{X}(t)&=\begin{pmatrix}-2&0\\0&-2\end{pmatrix}X(t)+(C+\Delta C)Y(t-r)\\ Y(t)&=\begin{pmatrix}0&0\\1&0\end{pmatrix}X(t)+(D+\Delta D)Y(t-r)\end{aligned}$$

其中

$$C=\begin{pmatrix}0&-1\\0&-1\end{pmatrix},\quad D=\begin{pmatrix}0&0.5\\0&0\end{pmatrix}$$

且不确定性被描述为

$$\begin{pmatrix} 0 & \Delta C \\ 0 & \Delta D \end{pmatrix} = \begin{pmatrix} E_1 \\ E_2 \end{pmatrix} \begin{pmatrix} 2\rho & 0 \\ 0 & 2\rho \end{pmatrix} \begin{pmatrix} G_1 & G_2 \end{pmatrix}$$

其中

$$E_1 = \begin{pmatrix} -1 & 0 \\ 0 & -1 \end{pmatrix}, \quad E_2 = \begin{pmatrix} 0 & 0.5 \\ 0 & 0 \end{pmatrix}$$
$$G_1 = \begin{pmatrix} 0 & 0 \\ 0 & 0 \end{pmatrix}, \quad G_2 = \begin{pmatrix} 0 & 1 \\ 0 & 1 \end{pmatrix}$$

对于 $N = 1, 2, 3, 4$ 的结果 $r_{\max}$ 被分别列在表 3.8 中.

表 3.8 系统允许的最大时滞

N	1	2	3	4
$r_{\max}$	1. 8065	1. 8268	1. 8279	1. 8281

这个例子不仅说明了本书研究的双系统模型相当广泛, 奇异时滞系统是其特例, 而且说明了本章结果大大好于已有结果, 事实上已是相当接近于解析结果.

例 3.8 考虑有两个比例时滞的线性不确定系统

$$\dot{x}(t) = \begin{pmatrix} 0 & 1+\eta \\ -1+\eta & 0.1 \end{pmatrix} x(t) + \begin{pmatrix} \eta & 0 \\ -1+\eta & 0 \end{pmatrix} x(t-r) + \begin{pmatrix} 0 & \eta \\ 1 & 0 \end{pmatrix} x(t-2r) \quad (3.43)$$

其中, η 是不确定量, 且满足 $|\eta| \leqslant \bar{\eta}$.

前面我们已经应用特殊技巧 [51, 71] 讨论了系统 (3.43) 没有不确定性 ($\bar{\eta} = 0$) 的情形, 结果说明本章得出的结论接近于解析结果, $r_{\min} = 0.10123$, $r_{\max} = 0.68615$. 这里, 我们将按照由文献 [50] 和文献 [51] 给出的一般变换技巧重新表示系统 (3.43) 为标准形式. 引入变量

$$y_1(t) = x(t)$$
$$y_2(t) = y_1(t-r)$$

则系统转换为形如系统 (3.30)-(3.31) 的标准不确定双系统, 其中

$$A = \begin{pmatrix} 0 & 1 \\ -1 & 0.1 \end{pmatrix}, \quad B = \begin{pmatrix} 0 & 0 & 0 & 0 \\ -1 & 0 & 1 & 0 \end{pmatrix}$$

$$C=\begin{pmatrix}1&0\\0&1\\0&0\\0&0\end{pmatrix},\quad D=\begin{pmatrix}0&0&0&0\\0&0&0&0\\1&0&0&0\\0&1&0&0\end{pmatrix}$$

$$\Delta A=\begin{pmatrix}0&\eta\\\eta&0\end{pmatrix},\quad \Delta B=\begin{pmatrix}\eta&0&0&\eta\\\eta&0&0&0\end{pmatrix}$$

$$\Delta C=0,\quad \Delta D=0$$

且不确定性描述为

$$(\,\Delta A\quad \Delta B\,)=\begin{pmatrix}\bar{\eta}&0\\0&\bar{\eta}\end{pmatrix}\begin{pmatrix}\dfrac{\eta}{\bar{\eta}}&0\\0&\dfrac{\eta}{\bar{\eta}}\end{pmatrix}\left(\begin{bmatrix}0&1\\1&0\end{bmatrix}\quad\begin{bmatrix}1&0&0&1\\1&0&0&0\end{bmatrix}\right)$$

$N=2$ 的结果见表 3.9.

表 3.9 $\bar{\eta}$ 取不同的值系统稳定允许的最大时滞与最小时滞

$\bar{\eta}$	0	0.01	0.03	0.05
$r_{\max}$	0.6861	0.6646	0.6135	0.5302
$r_{\min}$	0.1012	0.1461	0.2429	0.3739

从 $r_{\min}$ 和 $r_{\max}$ 在 $\bar{\eta}=0$ 时的数值来看, 我们的结果与文献 [71] 和文献 [72] 有相一致的收敛性. 同时, 它说明利用离散化方法对系统运用不同的变换技巧结果是相同的, 只是计算速度快慢的差别. 另外也显示随着不确定界 $\bar{\eta}$ 的增大, 保证系统稳定的时滞区间随之缩小. 当 $\bar{\eta}\geqslant 0.06$ 时, 对于系统 (3.43) 来说, LMI (3.23) 和式 (3.33) 没有可行解.

第 4 章　多时滞微分差分双系统的稳定性

本章将考虑多时滞微分差分双系统的稳定性问题. 4.1 节介绍多时滞双系统与单时滞双系统离散化过程的异同, 说明多时滞情形需要注意的地方; 4.2 节利用离散化 Lyapunov-Krasovskii 泛函方法对系统进行了稳定性分析, 基于线性矩阵不等式给出了系统的稳定性充分条件; 4.3 节针对所得结果, 通过示例说明了模型的优越性和结论的可行性.

4.1 引　　言

对于多时滞系统, 离散 Lyapunov-Krasovskii 泛函方法的基本思想类似于单时滞的情形. 主要的技巧和方法如下.

(1) 将时滞按从小到大顺序排列, 按照一个时滞区间 $[0, r_{\max}]$ 进行分割, 将中间的时滞作为分点来考虑.

(2) 对于存在有理数无关的时滞来说, 上述分割的不均匀性必然导致离散化网格的不一致性, 这在 Lyapunov-Krasovskii 导数条件中所表现. 所以在实际操作计算时, 需要人为地尽可能地使区间的分割接近均匀, 以便使网格更加趋于一致性, 这样计算的精度就会大大提高.

(3) 许多量涉及两类指标：一类联系到时滞, 用 i 或 j 表示；另一类联系到离散化, 用 p 或 q 表示. 本章多处需操作两类指标使之改变和的顺序.

此外, 需要说明的是, 由于时变差分算子的稳定性仍不能得出相应的结论, 所以这里对于多时滞系统只能讨论时不变的情形.

4.2 稳定性分析

本节利用离散 Lyapunov-Krasovskii 泛函方法对系统进行稳定性分析, 给出基于 LMI 的稳定性条件.

4.2.1 二次 Lyapunov-Krasovskii 泛函

讨论下述线性微分差分双方程描述的系统

$$\dot{x}(t) = Ax(t) + \sum_{i=1}^{K} B_i y(t - r_i) \tag{4.1}$$

$$y(t)=Cx(t)+\sum_{i=1}^{K}D_iy(t-r_i) \tag{4.2}$$

其中, $x(t)\in\mathbb{R}^m$,$y(t)\in\mathbb{R}^n$ 是状态变量; $A\in\mathbb{R}^{m\times m}$, $C\in\mathbb{R}^{n\times m}$, $B_i\in\mathbb{R}^{m\times n}$, $D_i\in\mathbb{R}^{m\times m}$, $i=1,2,\cdots,K$ 是系数矩阵. 初值条件定义为

$$x(t_0)=\psi$$
$$y_{t_0}=\phi$$

不失一般性, 排列时滞使得

$$0<r_1<r_2<\cdots<r_K=r$$

类似于文献 [79] 以及文献 [72] 的 7.5 节, 选择如下形式的 Lyapunov-Krasovskii 泛函

$$\begin{aligned}V(\psi,\phi)=&\psi^{\mathrm{T}}P\psi+2\psi^{\mathrm{T}}\sum_{i=1}^{K}\int_{-r_i}^{0}Q^i(\eta)\phi(\eta)\mathrm{d}\eta\\&+\sum_{i=1}^{K}\sum_{j=1}^{K}\int_{-r_i}^{0}\int_{-r_j}^{0}\phi^{\mathrm{T}}(\xi)R^{ij}(\xi,\eta)\phi(\eta)\mathrm{d}\xi\mathrm{d}\eta\\&+\sum_{i=1}^{K}\int_{-r_i}^{0}\phi^{\mathrm{T}}(\eta)S^i(\eta)\phi(\eta)\mathrm{d}\eta\end{aligned} \tag{4.3}$$

其中

$$\begin{aligned}P&=P^{\mathrm{T}}\in\mathbb{R}^{m\times m}\\Q^i(\eta)&\in\mathbb{R}^{m\times n}\\R^{ij}(\xi,\eta)&=R^{ji\mathrm{T}}(\eta,\xi)\in\mathbb{R}^{n\times n}\\S^i(\eta)&=S^{i\mathrm{T}}(\eta)\in\mathbb{R}^{n\times n}\end{aligned} \tag{4.4}$$

其中, $i,j=1,2,\cdots,K$; $\xi,\eta\in[-r,0]$. 函数 $Q^i(\xi)$、$S^i(\xi)$、$R^{ij}(\xi,\eta)$ 和 $R^{iK}(\xi,\eta)$, $i,j=1,2,\cdots,K-1$ 被引进是为了减小不连续性的影响. 因此, 不失一般性地限制这些函数具有下述特殊结构

$$Q^i(\xi)=Q^i$$
$$S^i(\xi)=S^i$$
$$R^{ij}(\xi,\eta)=R^{ij}$$

$$R^{iK}(\xi,\eta)=R^{iK}(\eta)=R^{Ki\mathrm{T}}(\eta),i,j=1,2,\cdots,K-1 \tag{4.5}$$

其中, Q^i、S^i、R^{ij} 均为常数矩阵, $R^{iK}(\xi,\eta)=R^{iK}(\eta)$ 是与 ξ 无关的.

下面将计算沿着系统的轨迹式 (4.3) 泛函 $V(\psi,\phi)$ 的导数. 为了便于计算, 改写式 (4.3) 为

$$V=V_1+V_2+V_3+V_4$$

其中

$$\begin{aligned}
V_1=&\psi^{\mathrm{T}}P\psi\\
V_2=&2\psi^{\mathrm{T}}\sum_{i=1}^{K}\int_{-r_i}^{0}Q^i(\eta)\phi(\eta)\mathrm{d}\eta\\
=&2\psi^{\mathrm{T}}\sum_{i=1}^{K-1}\int_{-r_i}^{0}Q^i\phi(\eta)\mathrm{d}\eta+2\psi^{\mathrm{T}}\int_{-r_K}^{0}Q^K(\eta)\phi(\eta)\mathrm{d}\eta\\
V_3=&\sum_{i=1}^{K}\sum_{j=1}^{K}\int_{-r_i}^{0}\int_{-r_j}^{0}\phi^{\mathrm{T}}(\xi)R^{ij}(\xi,\eta)\phi(\eta)\mathrm{d}\xi\mathrm{d}\eta\\
=&\sum_{i=1}^{K-1}\sum_{j=1}^{K-1}\int_{-r_i}^{0}\int_{-r_j}^{0}\phi^{\mathrm{T}}(\xi)R^{ij}\phi(\eta)\mathrm{d}\xi\mathrm{d}\eta\\
&+2\sum_{i=1}^{K}\int_{-r_i}^{0}\int_{-r_K}^{0}\phi^{\mathrm{T}}(\xi)R^{iK}(\eta)\phi(\eta)\mathrm{d}\xi\mathrm{d}\eta\\
&+\int_{-r_K}^{0}\int_{-r_K}^{0}\phi^{\mathrm{T}}(\xi)R^{KK}(\xi,\eta)\phi(\eta)\mathrm{d}\xi\mathrm{d}\eta\\
V_4=&\sum_{i=1}^{K}\int_{-r_i}^{0}\phi^{\mathrm{T}}(\eta)S^i(\eta)\phi(\eta)\mathrm{d}\eta\\
=&\sum_{i=1}^{K-1}\int_{-r_i}^{0}\phi^{\mathrm{T}}(\eta)S^i\phi(\eta)\mathrm{d}\eta+\int_{-r_K}^{0}\phi^{\mathrm{T}}(\eta)S^K(\eta)\phi(\eta)\mathrm{d}\eta
\end{aligned}$$

沿着系统 (4.1)-(4.2) 的轨迹求 V 的导数, 我们有

$$\dot{V}=\dot{V}_1+\dot{V}_2+\dot{V}_3+\dot{V}_4$$

其中

$$\dot{V}_1=2\psi^{\mathrm{T}}P\left[A\psi+\sum_{i=1}^{K}B_i\phi(-r_i)\right]$$

$$
\begin{aligned}
\dot{V}_2 =& 2\left[A\psi+\sum_{l=1}^{K}B_l\phi(-r_l)\right]^{\mathrm{T}}\sum_{i=1}^{K-1}\int_{-r_i}^{0}Q^i\phi(\eta)\mathrm{d}\eta \\
&+2\psi^{\mathrm{T}}\sum_{i=1}^{K-1}Q^i\left[C\psi+\sum_{l=1}^{K}D_l\phi(-r_l)-\phi(-r_i)\right] \\
&+2\left[A\psi+\sum_{l=1}^{K}B_l\phi(-r_l)\right]^{\mathrm{T}}\int_{-r_K}^{0}Q^K(\eta)\phi(\eta)\mathrm{d}\eta \\
&+2\psi^{\mathrm{T}}Q^K(0)\left[C\psi+\sum_{l=1}^{K}D_l\phi(-r_l)\right]-2\psi^{\mathrm{T}}Q^K(-r_K)\phi(-r_K) \\
&-2\psi^{\mathrm{T}}\int_{-r_K}^{0}\dot{Q}^K(\eta)\phi(\eta)\mathrm{d}\eta \\
\dot{V}_3 =& 2\left[C\psi+\sum_{l=1}^{K}D_l\phi(-r_l)\right]^{\mathrm{T}}\sum_{i=1}^{K-1}\sum_{j=1}^{K-1}\int_{-r_j}^{0}R^{ij}\phi(\eta)\mathrm{d}\eta \\
&-2\sum_{i=1}^{K-1}\sum_{j=1}^{K-1}\phi^{\mathrm{T}}(-r_i)\int_{-r_j}^{0}R^{ij}\phi(\eta)\mathrm{d}\eta \\
&+2\left[C\psi+\sum_{l=1}^{K}D_l\phi(-r_l)\right]^{\mathrm{T}}\sum_{i=1}^{K-1}\int_{-r_K}^{0}R^{iK}(\eta)\phi(\eta)\mathrm{d}\eta \\
&-2\sum_{i=1}^{K-1}\phi^{\mathrm{T}}(-r_i)\int_{-r_K}^{0}R^{iK}(\eta)\phi(\eta)\mathrm{d}\eta \\
&+2\left[C\psi+\sum_{l=1}^{K}D_l\phi(-r_l)\right]^{\mathrm{T}}\sum_{i=1}^{K-1}R^{iK\mathrm{T}}(0)\int_{-r_i}^{0}\phi(\eta)\mathrm{d}\eta \\
&-2\phi^{\mathrm{T}}(-r_K)\sum_{i=1}^{K-1}R^{iK\mathrm{T}}(-r_K)\int_{-r_i}^{0}\phi(\eta)\mathrm{d}\eta \\
&-2\sum_{i=1}^{K-1}\int_{-r_i}^{0}\phi^{\mathrm{T}}(\xi)\mathrm{d}\xi\int_{-r_K}^{0}\dot{R}^{iK}(\eta)\phi(\eta)\mathrm{d}\eta \\
&+2\left[C\psi+\sum_{l=1}^{K}D_l\phi(-r_l)\right]^{\mathrm{T}}\int_{-r_K}^{0}R^{KK}(0,\eta)\phi(\eta)\mathrm{d}\eta \\
&-2\phi^{\mathrm{T}}(-r_K)\int_{-r_K}^{0}R^{KK}(-r_K,\eta)\phi(\eta)\mathrm{d}\eta \\
&-\int_{-r_K}^{0}\int_{-r_K}^{0}\phi^{\mathrm{T}}(\xi)\left[\frac{\partial R^{KK}(\xi,\eta)}{\partial\xi}+\frac{\partial R^{KK}(\xi,\eta)}{\partial\eta}\right]\phi(\eta)\mathrm{d}\xi\mathrm{d}\eta
\end{aligned}
$$

$$\begin{aligned}\dot{V}_4 =& \sum_{i=1}^{K-1}\left[C\psi+\sum_{l_1=1}^{K}D_{l_1}\phi(-r_{l_1})\right]^{\mathrm{T}} S^i \left[C\psi+\sum_{l_2=1}^{K}D_{l_2}\phi(-r_{l_2})\right]\\ &-\sum_{i=1}^{K-1}\phi^{\mathrm{T}}(-r_i)S^i\phi(-r_i)-\phi^{\mathrm{T}}(-r_K)S^K(-r_k)\phi(-r_K)\\ &+\left[C\psi+\sum_{l_1=1}^{K}D_{l_1}\phi(-r_{l_1})\right]^{\mathrm{T}} S^K(0) \left[C\psi+\sum_{l_2=1}^{K}D_{l_2}\phi(-r_{l_2})\right]\\ &-\int_{-r_K}^{0}\phi^{\mathrm{T}}(\eta)\dot{S}^K(\eta)\phi(\eta)\mathrm{d}\eta\end{aligned}$$

整理得

$$\begin{aligned}\dot{V}(t,\psi,\phi) =& -\sum_{i=0}^{K}\sum_{j=0}^{K}\varphi^{\mathrm{T}}(-r_i)\bar{\Delta}_{ij}\varphi(-r_j)\\ &+2\sum_{i=0}^{K}\sum_{j=1}^{K}\varphi^{\mathrm{T}}(-r_i)\int_{-r_j}^{0}\Pi^{ij}(\eta)\phi(\eta)\mathrm{d}\eta\\ &-2\sum_{i=1}^{K}\int_{-r_i}^{0}\phi^{\mathrm{T}}(\xi)\mathrm{d}\xi\int_{-r}^{0}\dot{R}^{iK}(\eta)\phi(\eta)\mathrm{d}\eta\\ &-\int_{-r}^{0}\int_{-r}^{0}\phi^{\mathrm{T}}(\xi)\left[\frac{\partial}{\partial\xi}R^{KK}(\xi,\eta)+\frac{\partial}{\partial\eta}R^{KK}(\xi,\eta)\right]\phi(\eta)\mathrm{d}\eta\mathrm{d}\xi\\ &-\int_{-r}^{0}\phi^{\mathrm{T}}(\eta)\dot{S}^K(\eta)\phi(\eta)\mathrm{d}\eta\end{aligned}\tag{4.6}$$

其中

$$\varphi(-r_i)=\begin{cases}\psi, & i=0\\ \phi(-r_i), & 1\leqslant i\leqslant K\end{cases}$$

$$\begin{aligned}\bar{\Delta}_{00} =& -A^{\mathrm{T}}P-PA-\sum_{l=1}^{K-1}(Q^lC+C^{\mathrm{T}}Q^{l\mathrm{T}}+C^{\mathrm{T}}S^lC)\\ &-Q^K(0)C-C^{\mathrm{T}}Q^{K\mathrm{T}}(0)-C^{\mathrm{T}}S^K(0)C\end{aligned}\tag{4.7}$$

$$\begin{aligned}\bar{\Delta}_{0j} =& -PB_j-\sum_{l=1}^{K-1}Q^lD_j+Q^j-Q^K(0)D_j\\ &-\sum_{l=1}^{K-1}C^{\mathrm{T}}S^lD_j-C^{\mathrm{T}}S^K(0)D_j\end{aligned}$$

$$\bar{\Delta}_{0K} = -PB_K-\sum_{l=1}^{K-1}Q^lD_K+Q^K(-r)-Q^K(0)D_K$$

$$
\begin{aligned}
&-\sum_{l=1}^{K-1} C^{\mathrm{T}} S^{l} D_{K}-C^{\mathrm{T}} S^{K}(0) D_{K} \\
\bar{\Delta}_{ij}&=-D_{i}^{\mathrm{T}}\left[\sum_{l=1}^{K-1} S^{l}+S^{K}(0)\right] D_{j}, \quad 1 \leqslant i, \quad j \leqslant K, \quad i \neq j \\
\bar{\Delta}_{ii}&=S^{i}-D_{i}^{\mathrm{T}}\left[\sum_{l=1}^{K-1} S^{l}+S^{K}(0)\right] D_{i}, \quad 1 \leqslant i \leqslant K-1 \\
\bar{\Delta}_{KK}&=S^{K}(-r)-D_{K}^{\mathrm{T}}\left[\sum_{l=1}^{K-1} S^{l}+S^{K}(0)\right] D_{K}
\end{aligned} \tag{4.8}
$$

且

$$
\begin{aligned}
\Pi_{0j}&=A^{\mathrm{T}} Q^{j}+\sum_{l=1}^{K-1} C^{\mathrm{T}} R^{lj}+C^{\mathrm{T}} R^{jK\mathrm{T}}(0) \\
\Pi_{0K}&=A^{\mathrm{T}} Q^{K}(\eta)+\sum_{l=1}^{K-1} C^{\mathrm{T}} R^{lK}(\eta)+C^{\mathrm{T}} R^{KK}(0, \eta)-\dot{Q}^{K}(\eta) \\
\Pi_{ij}&=B_{i}^{\mathrm{T}} Q^{j}+D_{i}^{\mathrm{T}} \sum_{l=1}^{K-1} R^{lj}-R^{ij}+D_{i}^{\mathrm{T}} R^{jK\mathrm{T}}(0) \\
\Pi_{Kj}&=B_{K}^{\mathrm{T}} Q^{j}+D_{K}^{\mathrm{T}} \sum_{l=1}^{K-1} R^{lj}+D_{K}^{\mathrm{T}} R^{jK\mathrm{T}}(0)-R^{jK\mathrm{T}}(-r) \\
\Pi_{iK}&=B_{i}^{\mathrm{T}} Q^{K}(\eta)+D_{i}^{\mathrm{T}} \sum_{l=1}^{K-1} R^{lK}(\eta)-R^{iK}(\eta)+D_{i}^{\mathrm{T}} R^{KK}(0, \eta) \\
\Pi_{KK}&=B_{K}^{\mathrm{T}} Q^{K}(\eta)+D_{K}^{\mathrm{T}} \sum_{l=1}^{K-1} R^{lK}(\eta)+D_{K}^{\mathrm{T}} R^{KK}(0, \eta)-R^{KK}(-r, \eta) \\
&1 \leqslant i \leqslant K-1, \quad 1 \leqslant j \leqslant K-1
\end{aligned}
$$

依照定理 2.1 有下述结论.

定理 4.1 如果子系统 (4.2) 是一致 input-to-state 稳定的, 并且对于 $\varepsilon>0$, Lyapunov-Krasovskii 泛函式 (4.3) 满足

$$
\varepsilon\|\psi\|^{2} \leqslant V(t, \psi, \phi) \tag{4.9}
$$

且它的导数式 (4.6) 满足

$$
\dot{V}(t, \psi, \phi) \leqslant-\varepsilon\|\psi\|^{2} \tag{4.10}
$$

那么系统 (4.1)-(4.2) 是指数稳定的.

证明 很明显, 对于式 (4.3), 存在充分大的 M, 使得

$$V(t,\psi,\phi) \leqslant M||(\psi,\phi)||^2$$

联系到式 (4.9) 和式 (4.10), 以及式 (4.2) 的一致 input-to-state 稳定性, 按照定理 2.1 可知系统的一致渐近稳定性. 由于这是个线性系统, 所以一致渐近稳定性等价于指数稳定性.

上述定理将系统的稳定性问题转化为检验式 (4.9) 和式 (4.10) 满足与否, 并且式 (4.2) 是否是一致 input-to-state 稳定的问题. 对于特殊情形, $D_i = 0,\ i \neq K$, 结合文献 [51] 和文献 [72] 第 7 章的思想, 说明满足定理 4.1, 具有式 (4.3) 形式的 Lyapunov-Krasovskii 泛函的存在性是系统指数稳定的必要条件. 对于更一般的情形, 为了使条件也是必要的, 需要更多的间断以消除不连续性.

4.2.2 离散化

为了实施可计算定理 4.1 的条件, 类似于文献 [79], 引入离散化方法. 分割时滞区间 $[-r,0]$ 为相容的 N 段, 且使得时滞 $-r_i, i=1,2,\cdots,K-1$ 作为中间的分点. 换言之, 使 θ_p, $p=0,1,\cdots,N$ 成为分点

$$0=\theta_0>\theta_1>\cdots>\theta_N=-r$$

从而

$$-r_i=\theta_{N_i},\quad i=1,2,\cdots,K$$

区间 $[-r_i,0]$ 被分成了 N_i 个小区间. 让 h_p 表示第 p 段的长度

$$h_p=\theta_{p-1}-\theta_p$$

方便起见, 定义

$$N_0=0,\quad h_0=0,\quad h_{N+1}=0,\quad \theta_{N+1}=\theta_N=-r$$

就有

$$0=N_0<N_1<\cdots<N_K=N$$

以及

$$r_i=\sum_{p=1}^{N_i}h_p,\quad i=1,2,\cdots,K$$

函数 $Q^K(\xi)$、$S^K(\xi)$、$R^{iK}(\xi)$ 及 $R^{KK}(\xi,\eta)$ 选择为分片线性的, 且选择形式如下

$$Q^K(\theta_p+\alpha h_p)=(1-\alpha)Q_p^K+\alpha Q_{p-1}^K \tag{4.11}$$

$$S^K(\theta_p+\alpha h_p)=(1-\alpha)S_p^K+\alpha S_{p-1}^K \tag{4.12}$$

$$R^{iK}(\theta_p+\alpha h_p)=(1-\alpha)R_p^{iK}+\alpha R_{p-1}^{iK} \tag{4.13}$$

且 $0 \leqslant \alpha \leqslant 1,\ p=1,2,\cdots,N,\ i=1,2,\cdots,K-1$ 及

$$
\begin{aligned}
&R^{KK}(\theta_p+\alpha h_p,\theta_q+\beta h_q)\\
&=\begin{cases}(1-\alpha)R^{KK}_{pq}+\beta R^{KK}_{p-1,q-1}+(\alpha-\beta)R^{KK}_{p-1,q}, & \alpha\geqslant\beta\\ (1-\beta)R^{KK}_{pq}+\alpha R^{KK}_{p-1,q-1}+(\beta-\alpha)R^{KK}_{p,q-1}, & \alpha<\beta\end{cases}
\end{aligned}
\tag{4.14}
$$

且 $0\leqslant\alpha\leqslant 1,\ 0\leqslant\beta\leqslant 1,\ p,q=1,2,\cdots,N$.

如此 $V(\psi,\phi)$ 完全由矩阵 P、Q^i、Q^K_p、S^i、S^K_p、R^{ij}、R^{iK} 及 R^{KK}_{pq}, $i,j=1,\cdots,K-1$, $p,q=0,1,\cdots,N$ 所确定. 这样, 稳定性问题就变成了一个确定式 (4.2) 的 input-to-state 稳定性, 以及使得满足式 (4.9) 和式 (4.10) 的矩阵的存在性问题.

4.2.3 Lyapunov-Krasovskii 泛函条件

首先给出下述引理.

引理 4.1 矩阵 Q^K、S^K、R^{iK}、R^{KK} 分片线性如式 (4.11)-(4.14), 那么由式 (4.3) 表达的 Lyapunov-Krasovskii 泛函 $V(\psi,\phi)$ 可被重新表达成

$$
\begin{aligned}
V(\psi,\phi)=&\int_0^1\begin{pmatrix}\psi^{\mathrm T} & \varPhi^{\mathrm T} & \varPsi^{\mathrm T}(\alpha)\end{pmatrix}\begin{pmatrix}P & \bar Q & \tilde Q^K\\ \bar Q^{\mathrm T} & \bar R & \hat R^K\\ \tilde Q^{K\mathrm T} & \hat R^{K\mathrm T} & \tilde R^{KK}\end{pmatrix}\begin{pmatrix}\psi\\ \varPhi\\ \varPsi(\alpha)\end{pmatrix}\mathrm d\alpha\\
&+\sum_{i=1}^{K-1}\int_{-r_i}^0\phi^{\mathrm T}(\eta)S^i\phi(\eta)\mathrm d\eta+\sum_{p=1}^{N}\int_0^1\phi^{(p)\mathrm T}(\alpha)S^{K(p)}(\alpha)\phi^{(p)}(\alpha)\mathrm d\alpha
\end{aligned}
\tag{4.15}
$$

其中

$$
\bar Q=\begin{pmatrix}Q^1 & Q^2 & \cdots & Q^{K-1}\end{pmatrix}
$$

$$
\tilde Q^K=\begin{pmatrix}Q^K_0 & Q^K_1 & \cdots & Q^K_N\end{pmatrix}
$$

$$
\bar R=\begin{pmatrix}R^{11} & R^{12} & \cdots & R^{1,K-1}\\ R^{21} & R^{22} & \cdots & R^{2,K-1}\\ \vdots & \vdots & & \vdots\\ R^{K-1,1} & R^{K-1,2} & \cdots & R^{K-1,K-1}\end{pmatrix}
$$

$$
\hat R^K=\begin{pmatrix}R^{1K}_0 & R^{1K}_1 & \cdots & R^{1K}_N\\ R^{2K}_0 & R^{2K}_1 & \cdots & R^{2,K}_N\\ \vdots & \vdots & & \vdots\\ R^{K-1,K}_0 & R^{K-1,K}_1 & \cdots & R^{K-1,K}_N\end{pmatrix}
$$

$$\tilde{R}^{KK}=\begin{pmatrix} R_{00}^{KK} & R_{01}^{KK} & \cdots & R_{0N}^{KK} \\ R_{10}^{KK} & R_{11}^{KK} & \cdots & R_{1N}^{KK} \\ \vdots & \vdots & & \vdots \\ R_{N0}^{KK} & R_{N1}^{KK} & \cdots & R_{NN}^{KK} \end{pmatrix}$$

以及

$$\boldsymbol{\Phi}=\begin{pmatrix} \displaystyle\int_{-r_1}^{0}\phi(\eta)\mathrm{d}\eta \\ \displaystyle\int_{-r_2}^{0}\phi(\eta)\mathrm{d}\eta \\ \vdots \\ \displaystyle\int_{-r_{K-1}}^{0}\phi(\eta)\mathrm{d}\eta \end{pmatrix}$$

$$\boldsymbol{\Psi}(\alpha)=\begin{pmatrix} \Psi_{(0)}(\alpha) \\ \Psi_{(1)}(\alpha) \\ \Psi_{(2)}(\alpha) \\ \vdots \\ \Psi_{(N-1)}(\alpha) \\ \Psi_{(N)}(\alpha) \end{pmatrix}=\begin{pmatrix} \psi_{(1)}(\alpha) \\ \psi_{(2)}(\alpha)+\psi^{(1)}(\alpha) \\ \psi_{(3)}(\alpha)+\psi^{(2)}(\alpha) \\ \vdots \\ \psi_{(N)}(\alpha)+\psi^{(N-1)}(\alpha) \\ \psi^{(N)}(\alpha) \end{pmatrix}$$

$$\begin{aligned} \psi^{(1)}(\alpha)&=h_p\int_0^{\alpha}\phi^{(p)}(\beta)\mathrm{d}\beta \\ \psi_{(1)}(\alpha)&=h_p\int_{\alpha}^{1}\phi^{(p)}(\beta)\mathrm{d}\beta \\ \phi^{(p)}(\alpha)&=\phi(\theta_p+\alpha h_p),\quad p=1,2,\cdots,N \end{aligned}$$

证明　类似于单时滞的情形, 分割积分区间 $[-r,0]$ 为 N 个小区间 $[\theta_p,\theta_{p-1}]$, 我们有

$$\begin{aligned} V(\psi,\phi)=&\psi^{\mathrm{T}}P\psi \\ &+2\sum_{i=1}^{K-1}\psi^{\mathrm{T}}Q^i\int_{-r_i}^{0}\phi(\eta)\mathrm{d}\eta+2\sum_{p=1}^{N}\psi^{\mathrm{T}}V_{Q^{K(p)}} \\ &+\sum_{i=1}^{K-1}\int_{-r_i}^{0}\phi^{\mathrm{T}}(\eta)S^i\phi(\eta)\mathrm{d}\eta+\sum_{p=1}^{N}\psi^{\mathrm{T}}V_{S^{K(p)}} \\ &+\sum_{i=1}^{K-1}\sum_{j=1}^{K-1}\int_{-r_i}^{0}\mathrm{d}\xi\int_{-r_j}^{0}\phi^{\mathrm{T}}(\eta)R^{ij}\phi(\eta)\mathrm{d}\eta \end{aligned}$$

$$+2\sum_{i=1}^{K-1}\sum_{p=1}^{N}\int_{-r_i}^{0}\phi^{\mathrm{T}}(\eta)V_{R^{iK(p)}}\mathrm{d}\eta$$
$$+\sum_{p=1}^{N}\sum_{q=1}^{N}V_{R^{KK(pq)}}$$

其中

$$V_{Q^{K(p)}}=\int_0^1 Q^{K(p)}(\alpha)\phi^{(p)}h_p\mathrm{d}\alpha$$

$$V_{S^{K(p)}}=\int_0^1 \phi^{(p)\mathrm{T}}(\alpha)S^{K(p)}(\alpha)\phi^{(p)}h_p\mathrm{d}\alpha$$

$$V_{R^{iK(p)}}=\int_0^1 R^{iK(p)}(\alpha)\phi^{(p)}h_p\mathrm{d}\alpha$$

$$V_{R^{KK(pq)}}=\int_0^1\left[\int_0^1\phi^{(p)\mathrm{T}}R^{KK(pq)}(\alpha,\beta)\phi^{(q)}h_q\mathrm{d}\beta\right]h_p\mathrm{d}\alpha$$

对 $V_{Q^{K(p)}}$、$V_{R^{iK(p)}}$、$V_{R^{KK(pq)}}$ 进行分部积分得

$$V_{Q^{K(p)}}=\int_0^1[Q_{p-1}^{K}\psi_{(p)}(\alpha)+Q_p^{K}\psi^{(p)}]h_p\mathrm{d}\alpha$$

$$V_{R^{iK(p)}}=\int_0^1[R_{p-1}^{iK}\psi_{(p)}(\alpha)+Q_p^{iK}\psi^{(p)}]h_p\mathrm{d}\alpha,\quad i=1,2,\cdots,K-1$$

$$V_{R^{KK(pq)}}=\int_0^1[\psi_{(p)}^{\mathrm{T}}(\alpha)R_{p-1,q-1}^{KK}\psi_{(q)}(\alpha)+\psi_{(p)}^{\mathrm{T}}(\alpha)R_{p-1,q}^{KK}\psi^{(q)}$$
$$+\psi^{(p)\mathrm{T}}(\alpha)R_{p,q-1}^{KK}\psi_{(q)}(\alpha)+\psi^{(p)\mathrm{T}}(\alpha)R_{pq}^{KK}\psi^{(q)}]\mathrm{d}\alpha$$

以上表达式一起整理即得式 (4.15).

下述定理建立了满足式 (4.9) 的条件.

定理 4.2 对于由式 (4.3) 表达的 Lyapunov-Krasovskii 泛函 V，且 Q^K、S^K、R^{iK} 及 R^{KK} 分片线性且由式 (4.11)~ 式 (4.14) 描述, 如果

$$S^i>0,\quad i=0,1,\cdots,K-1 \tag{4.16}$$

$$S_p^K>0,\quad p=0,1,\cdots,N \tag{4.17}$$

及 LMI

$$\begin{pmatrix} P & \bar{Q} & \tilde{Q}^K \\ * & \bar{R}+\bar{S} & \hat{R}^K-\bar{S}F \\ * & * & \tilde{R}^{KK}+\tilde{S}'+F^{\mathrm{T}}\bar{S}F \end{pmatrix}>0 \tag{4.18}$$

成立, 则 Lyapunov-Krasovskii 泛函条件 (4.9) 被满足. 其中 $\bar{Q}$、$\tilde{Q}^K$、$\bar{R}$、$\tilde{R}^{KK}$ 定义见引理 4.1, 且

$$F=\begin{pmatrix} f_0^1 & f_1^1 & \cdots & f_N^1 \\ f_0^2 & f_1^2 & \cdots & f_N^2 \\ \vdots & \vdots & & \vdots \\ f_0^{K-1} & f_1^{K-1} & \cdots & f_N^{K-1} \end{pmatrix}$$

$$f_p^i=\begin{cases} I, & p \leqslant N_i-1(\text{或} i \geqslant \min i|N_i \geqslant p) \\ 0, & \text{其他} \end{cases}$$

$$\bar{S}=\operatorname{diag}\left(\frac{1}{h_{N_1}}S^1 \quad \frac{1}{h_{N_2}}S^2 \quad \cdots \quad \frac{1}{h_{N_{K-1}}}S^{K-1} \right)$$

$$\hat{S}'=\operatorname{diag}\left(\frac{1}{\tilde{h}_0}S'_0 \quad \frac{1}{\tilde{h}_1}S'_1 \quad \cdots \quad \frac{1}{\tilde{h}_N}S'_N \right)$$

$$\tilde{h}_p=\max\{h_p, h_{p+1}\},\quad p=1,2,\cdots,N-1$$

$$\tilde{h}_0=h_1,\quad \tilde{h}_N=h_N$$

$$S'_p=S_p^K+\sum_{i=M_{p+1}}^{K-1}S^i,\quad p=0,1,\cdots,N$$

证明 让

$$V_S=\sum_{i=1}^{K-1}\int_{-r_i}^{0}\phi^{\mathrm{T}}(\eta)S^i\phi(\eta)\mathrm{d}\eta+\sum_{p=1}^{N}\int_0^1\phi^{(p)\mathrm{T}}(\alpha)S^{K(p)}\phi^{(p)}(\alpha)h_p\mathrm{d}\alpha \tag{4.19}$$

类似于文献 [70], 有

$$\begin{aligned}&\int_{-r_i}^{0}\phi^{\mathrm{T}}(\eta)S^i\phi(\eta)\mathrm{d}\eta \\ =&\sum_{p=1}^{N_i-1}\int_0^1\phi^{(p)\mathrm{T}}(\alpha)[\alpha S^i+(1-\alpha)S^i]\phi^{(p)}(\alpha)h_p\mathrm{d}\alpha \\ &+\int_0^1\phi^{(N_i)\mathrm{T}}(\alpha)[\alpha S^i+(1-\alpha)0]\phi^{(N^i)}(\alpha)h_{N_i}\mathrm{d}\alpha \\ &+\int_0^1\phi^{(N_i)\mathrm{T}}(\alpha)(1-\alpha)S^i\phi^{(N_i)}(\alpha)h_{N_i}\mathrm{d}\alpha\end{aligned}$$

其中, 一二项是对 $S^{K(p)}$ 的数值表示, 连接上式中的一二项以及式 (4.19) 的最后一项, 可得

$$V_S=V_{S'}+V_{\bar{S}}$$

其中

$$V_{S'}=\sum_{p=1}^{N}\int_0^1\phi^{(p)\mathrm{T}}(\alpha)[\alpha S'_{p-1}+(1-\alpha)S'_p]\phi^{(p)}(\alpha)h_p\mathrm{d}\alpha$$

$$V_{\bar{S}}=\sum_{i=1}^{K-1}\int_0^1\phi^{(N_i)\mathrm{T}}(\alpha)(1-\alpha)S^i\phi^{(N_i)}(\alpha)h_{N_i}\mathrm{d}\alpha$$

应用二次积分不等式, 有

$$\begin{aligned}V_{S'}=&\sum_{p=0}^{N}\int_0^1[\alpha\phi^{(p+1)\mathrm{T}}(\alpha)S'_p\phi^{(p+1)}(\alpha)h_{p+1}+(1-\alpha)\phi^{(p)\mathrm{T}}(\alpha)S'_p\phi^{(p)}(\alpha)h_p]\mathrm{d}\alpha\\ \geqslant&\sum_{p=0}^{N}\int_0^1[\alpha h_{p+1}\phi^{(p+1)}(\alpha)]^{\mathrm{T}}\frac{1}{\tilde{h}_p}S'_p[h_{p+1}\phi^{(p+1)}(\alpha)]\\ &+(1-\alpha)[h_p\phi^{(p)}(\alpha)]^{\mathrm{T}}\frac{1}{\tilde{h}_p}S'_p[h_p\phi^{(p)}(\alpha)]\mathrm{d}\alpha\\ \geqslant&\sum_{p=0}^{N}\int_0^1[\psi_{(p+1)}(\alpha)+\psi^{(p)}(\alpha)]^{\mathrm{T}}\frac{1}{\tilde{h}_p}S'_p[\psi_{(p+1)}(\alpha)+\psi^{(p)}(\alpha)]\mathrm{d}\alpha\\ =&\int_0^1\varPsi^{\mathrm{T}}(\alpha)\tilde{S}\varPsi(\alpha)\mathrm{d}\alpha\end{aligned}$$

及

$$\begin{aligned}V_{\bar{S}}=&\sum_{i=1}^{K-1}\int_0^1\psi^{(N_i)\mathrm{T}}(\alpha)\frac{1}{h_{N_i}}S^i\psi^{(N_i)}(\alpha)h_{N_i}\mathrm{d}\alpha\\ =&\sum_{i=1}^{K-1}\int_0^1\left[\varPhi_i-\sum_{p=0}^{N_i-1}\varPsi_p(\alpha)\right]^{\mathrm{T}}\frac{1}{h_{N_i}}S^i\left[\varPhi_i-\sum_{p=0}^{N_i-1}\varPsi_p(\alpha)\right]\mathrm{d}\alpha\\ =&\int_0^1[\varPhi-F\varPsi(\alpha)]^{\mathrm{T}}\bar{S}[\varPhi-F\varPsi(\alpha)]\mathrm{d}\alpha\end{aligned}$$

将上式代入式 (4.15), 并引用前面的引理可得

$$\begin{aligned}V(\psi,\phi)\geqslant&\int_0^1\begin{pmatrix}\psi^{\mathrm{T}}(0) & \varPhi^{\mathrm{T}}(\alpha) & \varPsi^{\mathrm{T}}(\alpha)\end{pmatrix}\\ &\times\begin{pmatrix}P & \bar{Q} & \tilde{Q}^K\\ * & \bar{R}+\bar{S} & \hat{R}^K-\bar{S}F\\ * & * & \tilde{R}^{KK}+\tilde{S}'+F^{\mathrm{T}}\bar{S}F\end{pmatrix}\begin{pmatrix}\psi(0)\\ \varPhi(\alpha)\\ \varPsi(\alpha)\end{pmatrix}\mathrm{d}\alpha\end{aligned}$$

因此, 式 (4.16) ~ 式 (4.18) 对 Lyapunov-Krasovskii 条件 $V(\psi,\phi)\geqslant\varepsilon||\psi(0)||^2$ 是充分的.

4.2.4 Lyapunov-Krasovskii 导数条件

要实现 Lyapunov-Krasovskii 泛函导数条件, 注意到

$$\dot{Q}(\eta)=\frac{1}{h_p}(Q_{p-1}-Q_p)$$

$$\dot{S}^K(\eta)=\frac{1}{h_p}(S^K_{p-1}-S^K_p)$$

$$\dot{R}^{iK}(\eta)=\frac{1}{h_p}(R^{iK}_{p-1}-R^{iK}_p)$$

及

$$\begin{aligned}&\left(\frac{\partial}{\partial\xi}+\frac{\partial}{\partial\eta}\right)R^{KK}(\xi,\eta)\\ =&\begin{cases}\dfrac{1}{h_p}(R^{KK}_{p-1,q-1}-R^{KK}_{p,q-1})+\dfrac{1}{h_q}(R^{KK}_{p,q-1}-R^{KK}_{p,q}), & \alpha\leqslant\beta\\ \dfrac{1}{h_q}(R^{KK}_{p-1,q-1}-R^{KK}_{p-1,q})+\dfrac{1}{h_p}(R^{KK}_{p-1,q}-R^{KK}_{p,q}), & \alpha>\beta\end{cases}\end{aligned}$$

下面将应用它们到式 (4.6) 描述的 Lyapunov-Krasovskii 泛函的导数中.

离散化后, $\dot{V}$ 的表达式是十分复杂的. 然而, 经过一系列严格的代数计算, 可得下述引理.

引理 4.2　由式 (4.3) ~ 式 (4.5) 表达的 Lyapunov-Krasovskii 泛函 V, 具有 Q^K、S^K、R^{iK}、R^{KK} 分片线性如式 (4.11)~ 式 (4.14), 那么它沿着系统 (4.1)-(4.2) 轨迹的导数 $\dot{V}$ 满足

$$\begin{aligned}\dot{V}(\psi,\phi)=&-\hat{\varphi}^{\mathrm{T}}\bar{\Delta}\hat{\varphi}+2\hat{\varphi}^{\mathrm{T}}\int_0^1[Y^s+(1-2\alpha)Y^a]\tilde{\phi}(\alpha)\mathrm{d}\alpha\\&-\int_0^1\tilde{\phi}^{\mathrm{T}}(\alpha)S^K_d\tilde{\phi}(\alpha)\mathrm{d}\alpha\\&-\left[\int_0^1\tilde{\phi}(\alpha)\mathrm{d}\alpha\right]^{\mathrm{T}}(R^{KK}_{ds}+R^{\cdot K}_{ds})\left[\int_0^1\tilde{\phi}(\alpha)\mathrm{d}\alpha\right]\\&-\int_0^1\int_0^\alpha\begin{pmatrix}\tilde{\phi}(\alpha)\\\tilde{\phi}(\beta)\end{pmatrix}^{\mathrm{T}}\begin{pmatrix}0&R^{KK}_{da}\\R^{KKT}_{da}&0\end{pmatrix}\begin{pmatrix}\tilde{\phi}(\alpha)\\\tilde{\phi}(\beta)\end{pmatrix}\mathrm{d}\beta\mathrm{d}\alpha\end{aligned}\tag{4.20}$$

其中

$$\bar{\Delta}=\begin{pmatrix}\bar{\Delta}_{00}&\bar{\Delta}_{01}&\cdots&\bar{\Delta}_{0K}\\\bar{\Delta}_{10}&\bar{\Delta}_{11}&\cdots&\bar{\Delta}_{1K}\\\vdots&\vdots&&\vdots\\\bar{\Delta}_{K0}&\bar{\Delta}_{K1}&\cdots&\bar{\Delta}_{KK}\end{pmatrix}$$

且 $\bar{\Delta}_{ij}, i=0,1,\cdots,K, j=0,1,\cdots,K$, 由式 (4.7) 和式 (4.8) 定义

$$Y^s = \begin{pmatrix} Y_{01}^s & Y_{02}^s & \cdots & Y_{0N}^s \\ Y_{11}^s & Y_{12}^s & \cdots & Y_{1N}^s \\ \vdots & \vdots & & \vdots \\ Y_{K1}^s & Y_{K2}^s & \cdots & Y_{KN}^s \end{pmatrix} \tag{4.21}$$

$$\begin{aligned}
Y_{0p}^s =& \sum_{j=M_p}^{K} h_p \left(A^{\mathrm{T}} Q^j + \sum_{l=1}^{K-1} C^{\mathrm{T}} R^{lj} + C^{\mathrm{T}} R_0^{jK\mathrm{T}} \right) \\
&+ \frac{h_p}{2}[A^{\mathrm{T}}(Q_p^K + Q_{p-1}^K) + \sum_{l=1}^{K-1} C^{\mathrm{T}}(R_p^{lK} + R_{p-1}^{lK}) \\
&+ C^{\mathrm{T}}(R_{0p}^{KK} + R_{0,p-1}^{KK})] + (Q_p^K - Q_{p-1}^K) \\
Y_{ip}^s =& \sum_{j=M_p}^{K} h_p \left(B_i^{\mathrm{T}} Q^j + D_i^{\mathrm{T}} \sum_{l=1}^{K-1} R^{lj} + D_i^{\mathrm{T}} R_0^{jK\mathrm{T}} - R^{ij} \right) \\
&+ \frac{h_p}{2}[B_i^{\mathrm{T}}(Q_p^K + Q_{p-1}^K) + D_i^{\mathrm{T}} \sum_{l=1}^{K-1} (R_p^{lK} + R_{p-1}^{lK}) \\
&+ D_i^{\mathrm{T}}(R_{0p}^{KK} + R_{0,p-1}^{KK}) - (R_p^{iK} + R_{p-1}^{iK})] \\
Y_{Kp}^s =& \sum_{j=M_p}^{K} h_p \left(B_K^{\mathrm{T}} Q^j + D_K^{\mathrm{T}} \sum_{l=1}^{K-1} R^{lj} + D_K^{\mathrm{T}} R_0^{jK\mathrm{T}} - R_N^{iK\mathrm{T}} \right) \\
&+ \frac{h_p}{2}[B_K^{\mathrm{T}}(Q_p^K + Q_{p-1}^K) + D_i^{\mathrm{T}} \sum_{l=1}^{K-1} (R_p^{lK} + R_{p-1}^{lK}) \\
&+ D_i^{\mathrm{T}}(R_{0p}^{KK} + R_{0,p-1}^{KK}) - (R_{Np}^{KK} + R_{N,p-1}^{KK})]
\end{aligned}$$

$$Y^a = \begin{pmatrix} Y_{01}^a & Y_{02}^a & \cdots & Y_{0N}^a \\ Y_{11}^a & Y_{12}^a & \cdots & Y_{1N}^a \\ \vdots & \vdots & & \vdots \\ Y_{K1}^a & Y_{K2}^a & \cdots & Y_{KN}^a \end{pmatrix}$$

$$Y_{0p}^a = \frac{h_p}{2}\left[A^{\mathrm{T}}(Q_p^K - Q_{p-1}^K) + \sum_{l=1}^{K-1} C^{\mathrm{T}}(R_p^{lK} - R_{p-1}^{lK}) + C^{\mathrm{T}}(R_{0p}^{KK} - R_{0,p-1}^{KK}) \right]$$

$$Y_{ip}^a = \frac{h_p}{2}\left[B_i^{\mathrm{T}}(Q_p^K - Q_{p-1}^K) + D_i^{\mathrm{T}} \sum_{l=1}^{K-1} (R_p^{lK} - R_{p-1}^{lK}) \right.$$

$$
\begin{aligned}
&+ D_i^{\mathrm{T}}(R_{0p}^{KK} - R_{0,p-1}^{KK}) - (R_p^{iK} - R_{p-1}^{iK})] \\
Y_{Kp}^{a} = &\frac{h_p}{2}\left[B_K^{\mathrm{T}}(Q_p^K - Q_{p-1}^K) + D_i^{\mathrm{T}}\sum_{l=1}^{K-1}(R_p^{lK} - R_{p-1}^{lK})\right. \\
&+ D_i^{\mathrm{T}}(R_{0p}^{KK} - R_{0,p-1}^{KK}) - (R_{Np}^{KK} - R_{N,p-1}^{KK})]
\end{aligned}
$$

$$
S_d^K = \mathrm{diag}\begin{pmatrix} S_{d1}^K & S_{d2}^K & \cdots & S_{dN}^K \end{pmatrix}
$$

$$
S_{dp}^K = S_{p-1}^K - S_p^K,\quad 1 \leqslant p \leqslant N \tag{4.22}
$$

$$
R_{ds}^{\cdot K} = \begin{pmatrix} R_{ds11}^{\cdot K} & R_{ds12}^{\cdot K} & \cdots & R_{ds1N}^{\cdot K} \\ R_{ds21}^{\cdot K} & R_{ds22}^{\cdot K} & \cdots & R_{ds2N}^{\cdot K} \\ \vdots & \vdots & & \vdots \\ R_{dsN1}^{\cdot K} & R_{dsN2}^{\cdot K} & \cdots & R_{dsNN}^{\cdot K} \end{pmatrix}
$$

$$
R_{dspq}^{\cdot K} = \sum_{i=M_p}^{K-1}\left[h_p(R_{q-1}^{iK} - R_q^{iK}) + h_q(R_{p-1}^{iK\mathrm{T}} - R_p^{iK\mathrm{T}})\right]
$$

$$
R_{ds}^{KK} = \begin{pmatrix} R_{ds11}^{KK} & R_{ds12}^{KK} & \cdots & R_{ds1N}^{KK} \\ R_{ds21}^{KK} & R_{ds22}^{KK} & \cdots & R_{ds2N}^{KK} \\ \vdots & \vdots & & \vdots \\ R_{dsN1}^{KK} & R_{dsN2}^{KK} & \cdots & R_{dsNN}^{KK} \end{pmatrix}
$$

$$
R_{dspq}^{KK} = \frac{1}{2}\left[(h_p + h_q)(R_{p-1,q-1}^{KK} - R_{pq}^{KK}) + (h_p - h_q)(R_{p,q-1}^{KK\mathrm{T}} - R_{p-1,q}^{KK\mathrm{T}})\right]
$$

$$
R_{da}^{KK} = \begin{pmatrix} R_{da11}^{KK} & R_{da12}^{KK} & \cdots & R_{da1N}^{KK} \\ R_{da21}^{KK} & R_{da22}^{KK} & \cdots & R_{da2N}^{KK} \\ \vdots & \vdots & & \vdots \\ R_{daN1}^{KK} & R_{daN2}^{KK} & \cdots & R_{daNN}^{KK} \end{pmatrix}
$$

$$
R_{dapq}^{KK} = \frac{1}{2}(h_p - h_q)(R_{p-1,q-1}^{KK} - R_{p-1,q}^{KK} - R_{p,q-1}^{KK} + R_{pq}^{KK}) \tag{4.23}
$$

以及

$$
\hat{\varphi} = \begin{pmatrix} \psi(0) \\ \phi(-r_1) \\ \phi(-r_2) \\ \vdots \\ \phi(-r_N) \end{pmatrix}
$$

$$\tilde{\phi}(\alpha)=\begin{pmatrix}\phi^{(1)}(\alpha)\\ \phi^{(2)}(\alpha)\\ \vdots\\ \phi^{(N)}(\alpha)\end{pmatrix}=\begin{pmatrix}\phi(\theta_1+\alpha h_1)\\ \phi(\theta_2+\alpha h_2)\\ \vdots\\ \phi(\theta_N+\alpha h_N)\end{pmatrix}$$

证明 对式 (4.6) 进行离散化, 我们有

$$\dot{V}(\psi,\phi)=-\dot{V}_{\Delta}+2\dot{V}_{\Pi}-\dot{V}_{S^K}-\dot{V}_{R^{\cdot K}}-\dot{V}_{R^{KK}}$$

其中

$$\begin{aligned}
\dot{V}_{\Delta}&=\varphi^{\mathrm{T}}\bar{\Delta}\varphi\\
\dot{V}_{\Pi}&=\sum_{i=0}^{K}\varphi^{\mathrm{T}}(-r_i)\sum_{j=1}^{K}\sum_{p=1}^{N_j}\int_0^1\Pi^{ij}(\theta_p+\alpha h_p)\phi^{(p)}(\alpha)h_p\mathrm{d}\alpha\\
\dot{V}_{S^K}&=\sum_{p=1}^{N}\int_0^1\phi^{(p)\mathrm{T}}(\alpha)S_{dp}^{K}\phi^{(p)}h_p\mathrm{d}\alpha\\
\dot{V}_{R^{\cdot K}}&=\sum_{i=1}^{K-1}\sum_{p=1}^{N}\int_0^1\phi^{(p)\mathrm{T}}(\alpha)\left[\int_0^1(R_{q-1}^{iK}-R_q^{iK})\phi^{(p)}(\beta)\mathrm{d}\beta\right]h_p\mathrm{d}\alpha\\
\dot{V}_{R^{KK}}&=\sum_{p=1}^{N}\sum_{q=1}^{N}\int_0^1\phi^{(p)\mathrm{T}}(\alpha)\\
&\quad\times\left[\int_0^1\left(\frac{1}{h_p}\frac{\partial}{\partial\alpha}+\frac{1}{h_q}\frac{\partial}{\partial\beta}\right)R^{KK}(\theta_p+\alpha h_p,\theta_q+\beta h_q)\phi^{(p)}(\beta)h_q\mathrm{d}\beta\right]h_p\mathrm{d}\alpha
\end{aligned}$$

关于指标 j 和 p 交换和号次序, 从而得

$$\begin{aligned}
\dot{V}_{\Pi}&=\sum_{i=0}^{K}\sum_{p=1}^{N}\varphi^{\mathrm{T}}(-r_i)\int_0^1\sum_{j=M_p}^{K}h_p\Pi^{ij}(\theta_p+\alpha h_p)\phi^{(p)}(\alpha)\mathrm{d}\alpha\\
&=\sum_{i=0}^{K}\sum_{p=1}^{N}\varphi^{\mathrm{T}}(-r_i)\int_0^1[(1-\alpha)(Y_{ip}^s+Y_{ip}^a)+\alpha(Y_{ip}^s-Y_{ip}^a)]\phi^{(p)}(\alpha)\mathrm{d}\alpha\\
&=\sum_{i=0}^{K}\sum_{p=1}^{N}\varphi^{\mathrm{T}}(-r_i)\int_0^1\left[Y_{ip}^s+(1-2\alpha)Y_{ip}^a)\right]\phi^{(p)}(\alpha)\mathrm{d}\alpha
\end{aligned}$$

其中

$$\begin{aligned}
Y_{ip}^s&=\frac{1}{2}(\Pi_{ip}+\Pi_{i,p-1})\\
Y_{ip}^a&=\frac{1}{2}(\Pi_{ip}-\Pi_{i,p-1})
\end{aligned}$$

$$\begin{aligned}
\Pi_{0p}=&\sum_{j=M_p}^{K-1} h_p\left(A^{\mathrm{T}}Q^j+\sum_{l=1}^{K-1} C^{\mathrm{T}}R^{lj}+C^{\mathrm{T}}R_0^{jK}\right)\\
&+h_p\left(A^{\mathrm{T}}Q_p^K+\sum_{l=1}^{K-1} C^{\mathrm{T}}R_p^{lK}+C^{\mathrm{T}}R_{0p}^{KK}\right)-(Q_{p-1}^K-Q_p^K)\\
\Pi_{ip}=&\sum_{j=M_p}^{K-1} h_p\left(B_i^{\mathrm{T}}Q^j+D_i^{\mathrm{T}}\sum_{l=1}^{K-1} R^{lj}+D_i^{\mathrm{T}}R_0^{jK}-R^{ij}\right)\\
&+h_p\left(B_i^{\mathrm{T}}Q_p^K+D_i^{\mathrm{T}}\sum_{l=1}^{K-1} R_p^{lK}+D_i^{\mathrm{T}}R_{0p}^{KK}-R_p^{iK}\right)\\
\Pi_{Kp}=&\sum_{j=M_p}^{K-1} h_p\left(B_K^{\mathrm{T}}Q^j+D_K^{\mathrm{T}}\sum_{l=1}^{K-1} R^{lj}+D_K^{\mathrm{T}}R_0^{jK}-R_N^{jK}\right)\\
&+h_p\left(B_K^{\mathrm{T}}Q_p^K+D_K^{\mathrm{T}}\sum_{l=1}^{K-1} R_p^{lK}+D_K^{\mathrm{T}}R_{0p}^{KK}-R_{Np}^{KK}\right)\\
\Pi_{0,p-1}=&\sum_{j=M_p}^{K-1} h_p\left(A^{\mathrm{T}}Q^j+\sum_{l=1}^{K-1} C^{\mathrm{T}}R^{lj}+C^{\mathrm{T}}R_0^{jK}\right)\\
&+h_p\left(A^{\mathrm{T}}Q_{p-1}^K+\sum_{l=1}^{K-1} C^{\mathrm{T}}R_{p-1}^{lK}+C^{\mathrm{T}}R_{0,p-1}^{KK}\right)\\
\Pi_{i,p-1}=&\sum_{j=M_p}^{K-1} h_p\left(B_i^{\mathrm{T}}Q^j+D_i^{\mathrm{T}}\sum_{l=1}^{K-1} R^{lj}+D_i^{\mathrm{T}}R_0^{jK}-R^{ij}\right)\\
&+h_p\left(B_i^{\mathrm{T}}Q_{p-1}^K+D_i^{\mathrm{T}}\sum_{l=1}^{K-1} R_{p-1}^{lK}+D_i^{\mathrm{T}}R_{0,p-1}^{KK}-R_{p-1}^{iK}\right)\\
\Pi_{K,p-1}=&\sum_{j=M_p}^{K-1} h_p\left(B_K^{\mathrm{T}}Q^j+D_K^{\mathrm{T}}\sum_{l=1}^{K-1} R^{lj}+D_K^{\mathrm{T}}R_0^{jK}-R_N^{jK}\right)\\
&+h_p\left(B_K^{\mathrm{T}}Q_{p-1}^K+D_K^{\mathrm{T}}\sum_{l=1}^{K-1} R_{p-1}^{lK}+D_K^{\mathrm{T}}R_{0,p-1}^{KK}-R_{N,p-1}^{KK}\right)
\end{aligned}$$

类似地, 交换指标 i 和 p 的和号次序, 则有

$$\begin{aligned}
\dot{V}_{R\cdot K}=&\sum_{p=1}^{N}\sum_{i=M_p}^{K-1}\int_0^1 \phi^{(p)\mathrm{T}}(\alpha)\left[\sum_{q=1}^{N}\int_0^1 (R_{q-1}^{iK}-R_q^{iK})\phi^{(q)}(\beta)\mathrm{d}\beta\right]h_p\mathrm{d}\alpha\\
=&\sum_{p=1}^{N}\sum_{q=1}^{N}\left[\int_0^1 \phi^{(p)}(\alpha)\mathrm{d}\alpha\right]^{\mathrm{T}}\sum_{i=M_p}^{K-1} h_p(R_{q-1}^{iK}-R_q^{iK})\left[\int_0^1 \phi^{(q)}(\alpha)\mathrm{d}\alpha\right]
\end{aligned}$$

$$= \left[\int_0^1 \hat{\phi}(\alpha)\mathrm{d}\alpha\right]^{\mathrm{T}} R_d^{\cdot K} \left[\int_0^1 \hat{\phi}(\alpha)\mathrm{d}\alpha\right]$$

其中

$$R_d^{\cdot K} = \begin{pmatrix} R_{d11}^{\cdot K} & R_{d12}^{\cdot K} & \cdots & R_{d1N}^{\cdot K} \\ R_{d21}^{\cdot K} & R_{d22}^{\cdot K} & \cdots & R_{d2N}^{\cdot K} \\ \vdots & \vdots & & \vdots \\ R_{dN1}^{\cdot K} & R_{dN1}^{\cdot K} & \cdots & R_{dNN}^{\cdot K} \end{pmatrix}$$

$$R_{dpq}^{\cdot K} = \sum_{i=M_p}^{K-1} h_p(R_{q-1}^{\cdot K} - R_q^{\cdot K})$$

由于 $R_{ds}^{\cdot K} = \frac{1}{2}(R_d^{\cdot K} + R_d^{\cdot KT})$, 于是有

$$\dot{V}_{R^{\cdot K}} = \frac{1}{2} \left[\int_0^1 \hat{\phi}(\alpha)\mathrm{d}\alpha\right]^{\mathrm{T}} R_{ds}^{\cdot K} \left[\int_0^1 \hat{\phi}(\alpha)\mathrm{d}\alpha\right]$$

对于 $\dot{V}_{R^{KK}}$, 我们将积分区域

$$\{(\alpha,\beta)|0 \leqslant \alpha \leqslant 1, 0 \leqslant \beta \leqslant 1\}$$

分成两个三角形区域

$$\{(\alpha,\beta)|0 \leqslant \alpha \leqslant 1, 0 \leqslant \beta \leqslant \alpha\}$$
$$\{(\alpha,\beta)|0 \leqslant \alpha \leqslant 1, \alpha \leqslant \beta \leqslant 1\}$$

那么 $\dot{V}_{R^{KK}}$ 能表达为

$$\begin{aligned} \dot{V}_{R^{KK}} =& 2\sum_{p=1}^{N}\sum_{q=1}^{N}\int_0^1 \phi^{(p)\mathrm{T}}(\alpha)\int_0^\alpha [h_q(R_{p-1,q}^{KK} - R_{pq}^{KK}) \\ &+ h_q(R_{p-1,q-1}^{KK} - R_{p-1,q}^{KK})]\phi^{(q)}(\beta)\mathrm{d}\beta\mathrm{d}\alpha \\ =& 2\int_0^1 \hat{\phi}^{\mathrm{T}}(\alpha)d\alpha\int_0^\alpha (R_{ds}^{KK} + R_{da}^{KK})\hat{\phi}(\beta)\mathrm{d}\beta \\ =& \dot{V}_{R_s^{KK}} + \dot{V}_{R_a^{KK}} \end{aligned}$$

其中

$$\dot{V}_{R_s^{KK}} = 2\int_0^1 \mathrm{d}\alpha \int_0^\alpha \hat{\phi}^{\mathrm{T}}(\alpha) R_{ds}^{KK} \hat{\phi}(\beta)\mathrm{d}\beta$$
$$\dot{V}_{R_a^{KK}} = 2\int_0^1 \mathrm{d}\alpha \int_0^\alpha \hat{\phi}^{\mathrm{T}}(\alpha) R_{da}^{KK} \hat{\phi}(\beta)\mathrm{d}\beta$$

交换积分次序有

$$\dot{V}_{R_s^{KK}} = 2\int_0^1 \mathrm{d}\beta \int_\beta^1 \hat{\phi}^{\mathrm{T}}(\alpha) R_{ds}^{KK} \hat{\phi}(\beta)\mathrm{d}\alpha$$

注意到 R_{ds}^{KK} 的对称性

$$\begin{aligned}\dot{V}_{R_s^{KK}} &= 2\int_0^1 \mathrm{d}\beta \int_\beta^1 \hat{\phi}^{\mathrm{T}}(\beta) R_{ds}^{KK} \hat{\phi}(\alpha)\mathrm{d}\alpha \\ &= 2\int_0^1 \mathrm{d}\alpha \int_\alpha^1 \hat{\phi}^{\mathrm{T}}(\alpha) R_{ds}^{KK} \hat{\phi}(\beta)\mathrm{d}\beta\end{aligned}$$

于是, 可得

$$\dot{V}_{R_s^{KK}} = \int_0^1 \mathrm{d}\alpha \int_0^1 \hat{\phi}^{\mathrm{T}}(\alpha) R_{ds}^{KK} \hat{\phi}(\beta)\mathrm{d}\beta$$

对于 $\dot{V}_{R_a^{KK}}$, 我们写

$$\begin{aligned}\dot{V}_{R_a^{KK}} &= \int_0^1 \mathrm{d}\alpha \int_0^\alpha \hat{\phi}^{\mathrm{T}}(\alpha) R_{da}^{KK} \hat{\phi}(\beta)\mathrm{d}\beta + \int_0^1 \mathrm{d}\alpha \int_0^\alpha \hat{\phi}^{\mathrm{T}}(\beta) R_{da}^{KK} \hat{\phi}(\alpha)\mathrm{d}\beta \\ &= \int_0^1 \mathrm{d}\alpha \int_0^\alpha \begin{pmatrix} \hat{\phi}^{\mathrm{T}}(\alpha) & \hat{\phi}^{\mathrm{T}}(\beta) \end{pmatrix} \begin{pmatrix} 0 & R_{da}^{KK} \\ R_{da}^{KKT} & 0 \end{pmatrix} \begin{pmatrix} \hat{\phi}(\alpha) \\ \hat{\phi}(\beta) \end{pmatrix} \hat{\phi}(\beta)\mathrm{d}\beta\end{aligned}$$

连接上面的一起即得式 (4.20). 证毕.

下述定理建立了满足式 (4.10) 的 Lyapunov-Krasovskii 导数条件.

定理 4.3　对于式 (4.6) 表述的 Lyapunov-Krasovskii 导数 $\dot{V}$, Q^K、S^K、R^{iK} 及 R^{KK} 分片线性且由式 (4.11)~ 式 (4.14) 描述, 如果 LMI

$$\begin{pmatrix} \bar{\Delta} & Y^s & Y^a \\ * & R_{ds}^{\cdot K} + R_{ds}^{KK} + S_d^K - W & 0 \\ * & * & 3(S_d - W) \end{pmatrix} > 0 \tag{4.24}$$

及

$$\begin{pmatrix} W & R_{ds}^{KKT} \\ R_{ds}^{KK} & W \end{pmatrix} > 0 \tag{4.25}$$

成立, 则 Lyapunov-Krasovskii 泛函导数条件 (4.10) 被满足.

证明　类似于文献 [72] 的命题 7.8, 引理中的式 (4.20) 进一步能被表达成

$$\begin{aligned}\dot{V}(\psi,\phi) = &-\int_0^1 \begin{pmatrix} \hat{\varphi}^{\mathrm{T}}[Y^s + (1-2\alpha)Y^a] & \tilde{\phi}(\alpha) \end{pmatrix} \\ &\times \begin{pmatrix} U & -I \\ -I & S_d^K - W \end{pmatrix} \begin{pmatrix} [Y^s + (1-2\alpha)Y^a]^{\mathrm{T}}\hat{\varphi} \\ \tilde{\phi}(\alpha) \end{pmatrix} \mathrm{d}\alpha\end{aligned}$$

$$+\hat{\varphi}^{\mathrm{T}}\left(-\bar{\Delta}+Y^sUY^{s\mathrm{T}}+\frac{1}{3}Y^aUY^{a\mathrm{T}}\right)\hat{\varphi}$$
$$-\left[\int_0^1\tilde{\phi}(\alpha)\mathrm{d}\alpha\right]^{\mathrm{T}}(R_{ds}^{KK}+R_{ds}^{\cdot K})\left[\int_0^1\tilde{\phi}(\alpha)\mathrm{d}\alpha\right]$$
$$-\int_0^1\int_0^\alpha\begin{pmatrix}\tilde{\phi}^{\mathrm{T}}(\alpha) & \tilde{\phi}^{\mathrm{T}}(\beta)\end{pmatrix}\begin{pmatrix}W & R_{da}^{KK}\\ R_{da}^{KKT} & W\end{pmatrix}\begin{pmatrix}\tilde{\phi}(\alpha)\\ \tilde{\phi}(\beta)\end{pmatrix}\mathrm{d}\beta\mathrm{d}\alpha$$

让

$$\begin{pmatrix}U & -I\\ -I & S_d^K-W\end{pmatrix}\geqslant 0 \tag{4.26}$$

运用 Jensen 不等式, 即得

$$\dot{V}(\psi,\phi)\leqslant-\begin{pmatrix}\hat{\varphi}^{\mathrm{T}} & \int_0^1\tilde{\phi}^{\mathrm{T}}(\alpha)\mathrm{d}\alpha\end{pmatrix}\begin{pmatrix}\bar{\Delta}-\frac{1}{3}Y^sUY^{s\mathrm{T}} & Y^a\\ Y^{a\mathrm{T}} & \Xi\end{pmatrix}\begin{pmatrix}\hat{\varphi}\\ \int_0^1\tilde{\phi}(\alpha)\mathrm{d}\alpha\end{pmatrix}$$
$$-\int_0^1\int_0^\alpha\begin{pmatrix}\tilde{\phi}^{\mathrm{T}}(\alpha) & \tilde{\phi}^{\mathrm{T}}(\beta)\end{pmatrix}\begin{pmatrix}W & R_{da}^{KK}\\ R_{da}^{KKT} & W\end{pmatrix}\begin{pmatrix}\tilde{\phi}(\alpha)\\ \tilde{\phi}(\beta)\end{pmatrix}\mathrm{d}\beta\mathrm{d}\alpha$$

其中, $\Xi=R_{ds}^{\cdot K}+R_{ds}^{KK}+S_d^K-W$. 所以, 如果式 (4.25)、式 (4.26) 以及

$$\begin{pmatrix}\bar{\Delta}-\frac{1}{3}Y^aUY^{a\mathrm{T}} & Y^s\\ Y^{s\mathrm{T}} & \Xi\end{pmatrix}>0 \tag{4.27}$$

成立, 则 Lyapunov-Krasovskii 导数条件 (4.10) 被满足. 应用文献 [72] 附录 B 中的命题 B.6 消去变量矩阵 U, 则有式 (4.26) 和式 (4.27) 等价于式 (4.24).

4.2.5 稳定性条件

从 4.2.3 节和 4.2.4 节归纳出下述系统稳定性条件.

定理 4.4 如果存在 $m\times m$ 矩阵 $P=P^{\mathrm{T}}$, $m\times n$ 矩阵 Q^i、Q_p^K, 及 $n\times n$ 矩阵 $S^i=S^{i\mathrm{T}},S_p^K=S_p^{K\mathrm{T}},R^{ij}=R^{ji\mathrm{T}},R_p^{iK}$, $R_{pq}^{KK}=R_{qp}^{KK\mathrm{T}}$; $i,j=0,1,\cdots,K-1;p$, $q=0,1,\cdots,N$; 和 $Nn\times Nn$ 矩阵 $W=W^{\mathrm{T}}$, 满足 LMI(4.18)、式 (4.25) 及

$$\begin{pmatrix}\Delta & Y^s & Y^a & Z\\ * & R_{ds}^{\cdot K}+R_{ds}^{KK}+S_d^K-W & 0 & 0\\ * & * & 3(S_d-W) & 0\\ * & * & * & \hat{S}\end{pmatrix}>0 \tag{4.28}$$

则系统 (4.1)-(4.2) 是渐近稳定的. 其中

$$\Delta=\begin{pmatrix}\Delta_{00} & \Delta_{01} & \cdots & \Delta_{0K}\\ \Delta_{10} & \Delta_{11} & \cdots & \Delta_{1K}\\ \vdots & \vdots & & \vdots\\ \Delta_{K0} & \Delta_{K1} & \cdots & \Delta_{KK}\end{pmatrix} \tag{4.29}$$

$$\begin{aligned}\Delta_{00}&=-\left[A^{\mathrm{T}}P+PA+\sum_{l=1}^{K-1}(Q^lC+C^{\mathrm{T}}Q^{l\mathrm{T}})+Q_0^KC+C^{\mathrm{T}}Q_0^{K\mathrm{T}}\right]\\ \Delta_{0j}&=-PB_j-\sum_{l=1}^{K-1}Q^lD_j+Q^j-Q_0^KD_j\\ \Delta_{0K}&=-PB_K-\sum_{l=1}^{K-1}Q^lD_K+Q^K(-r)-Q_0^KD_K\\ &\Delta_{ij}=0,\quad 1\leqslant i,\quad j\leqslant K,\quad i\neq j\\ &\Delta_{ii}=S^i,\quad 1\leqslant i\leqslant K-1\\ &\Delta_{KK}=S_N^K\end{aligned} \tag{4.30}$$

及

$$Z=\begin{pmatrix}C^{\mathrm{T}}\hat{S}\\ D_1^{\mathrm{T}}\hat{S}\\ \vdots\\ D_K^{\mathrm{T}}\hat{S}\end{pmatrix} \tag{4.31}$$

$$\hat{S}=\sum_{i=1}^{K-1}S^i+S_0^K \tag{4.32}$$

证明　首先, 观察到式 (4.28) 暗示着式 (4.16)、式 (4.17) 和式 (4.24) 成立. 进一步, 式 (4.28) 暗示着矩阵不等式

$$\begin{pmatrix}S^1 & 0 & \cdots & 0 & 0 & D_1^{\mathrm{T}}\hat{S}\\ 0 & S^2 & \cdots & 0 & 0 & D_2^{\mathrm{T}}\hat{S}\\ \vdots & \vdots & & \vdots & \vdots & \vdots\\ 0 & 0 & \cdots & S^{K-1} & 0 & D_{K-1}^{\mathrm{T}}\hat{S}\\ 0 & 0 & \cdots & 0 & S_0^K & D_K^{\mathrm{T}}\hat{S}\\ \hat{S}D_1 & \hat{S}D_2 & \cdots & \hat{S}D_{K-1} & \hat{S}D_K & \hat{S}\end{pmatrix}>0$$

而上式等价于

$$\mathrm{diag}\begin{pmatrix} S^1 & \cdots & S^{K-1} & S_0^K \end{pmatrix} - D^{\mathrm{T}}\left(\sum_{i=1}^{K-1} S^i + S_0^K\right) D > 0 \tag{4.33}$$

其中, $D = (D_1 \quad D_2 \quad \cdots \quad D_K)$. 那么, 由定理 2.3 知子系统 (4.2) 是一致 input-to-state 稳定的. 这样, 我们就建立了定理 4.1 的所有条件, 所以系统 (4.1)-(4.2) 是指数稳定的.

基于上述定理的稳定性分析方法是著名的离散化 Lyapunov 泛函方法, 其思想也可推广到不确定系统. 事实上, 让

$$\omega = (A, B_1, B_2, \cdots, B_K, C, D_1, D_2, \cdots, D_K)$$

如果系统矩阵 ω 不是确切知道的, 但是已知它在一个有界闭集 Ω 内, 则很明显对于所有的 $\omega \in \Omega$ 定理 4.4 被满足, 系统就是渐近稳定的. 事实上, 只要对于 $\omega = \omega(t)$, $D_i, i = 1, 2, \cdots, K$ 与时间无关即可. 如果 Ω 是多定点的, 那么让 ω_k, $k = 1, 2, \cdots, n_v$ 表示它的所有顶点, 则 Ω 是 $\{\omega_k, k = 1, 2, \cdots, n_v\}$ 的凸壳, 如此定理 3.1 的条件仅需要在 n_v 个顶点 ω_k, $k = 1, 2, \cdots, n_v$ 处被满足.

4.3 讨论及示例

在工程实际中, 大多数系统有较高的维数, 仅有少量的元件存在时滞. 对于这种情况, 由双微分差分方程描述的系统模型比传统模型具有重要的优点. 事实上, 就像第 2 章引言中叙述的那样, 如果我们采用“拉出时滞”的办法重新写系统, 就能得到形如我们前面描述的系统

$$\dot{x}(t) = Ax(t) + Bu(t) \tag{4.34}$$

$$y(t) = Cx(t) + Du(t) \tag{4.35}$$

且系统反馈

$$u(t) = \sum_{i=1}^{K} F_i y(t - r_i), \quad i = 1, 2, \cdots, K \tag{4.36}$$

由纯时滞构成, 其中 $x(t) \in \mathbb{R}^m$, $y(t) \in \mathbb{R}^n$, $u\,(t) \in \mathbb{R}^n$. 很明显, 用式 (4.36) 替代式 (4.34) 和式 (4.35) 就得到双微分差分方程的标准形式 (4.1)-(4.2). 典型地, 对于有少量时滞元件的大系统, $m \gg n$, 特殊情形, $D_i = 0$ $(i = 1, 2, \cdots, k)$ 时, 系统也能被写成

$$\dot{x}(t) = Ax(t) + \sum_{i=1}^{K} BF_i Cx(t - r_i) \tag{4.37}$$

这是滞后型时滞系统. 即使这种情形, 在运用离散化 Lyapunov 泛函方法进行稳定性分析时, 模型 (4.1)-(4.2) 提供的重要优点远胜于模型 (4.37). 事实上, 线性矩阵不等式 (4.18)、式 (4.28) 及式 (4.25) 运用到式 (4.1) 和式 (4.2) 阶数分别是 $m+(N+K)n$、$m+(2N+K+1)n$ 和 $2Nn$, 比文献 [79] 中线性矩阵不等式 (20)、式 (27) 和式 (28) 运用到式 (4.37) 的相应阶数 $(K+N+1)m$、$(K+2N+1)m$ 和 $2Nm$ 要小得多.

下面我们将给出三个数值例子来说明方法的有效性, 且所有的数值计算均是运用 MATLAB 7.0 的 LMI 工具箱在索尼 VGN-S5 系列, 英特尔奔腾 M 处理器 750(1.86 GHz), 512MB 内存的笔记本电脑上完成的, 所测得时间以秒为单位.

例 4.1 考虑系统

$$\ddot{x}(t)-0.1\dot{x}(t)+x(t)+x(t-r/2)-x(t-r)=0$$

文献 [79] 曾研究了这个例子, 并说明 $r=0$ 时系统是不稳定的. 对于小的 r, 最后面的有限差分项能逼近 $r\dot{x}(t)/2$, 且当 r 递增时, 它可以改进系统的稳定性. 在文献 [79] 中系统被写成状态空间表达式

$$\begin{aligned}\begin{pmatrix}\dot{x}_1(t)\\ \dot{x}_2(t)\end{pmatrix}=&\begin{pmatrix}0&1\\-1&0.1\end{pmatrix}\begin{pmatrix}x_1(t)\\x_2(t)\end{pmatrix}+\begin{pmatrix}0&0\\-1&0\end{pmatrix}\begin{pmatrix}x_1(t-r/2)\\x_2(t-r/2)\end{pmatrix}\\&+\begin{pmatrix}0&0\\1&0\end{pmatrix}\begin{pmatrix}x_1(t-r)\\x_2(t-r)\end{pmatrix}\end{aligned}\tag{4.38}$$

我们都知道 $r=0.2025$ 时, 系统有一对虚极点 $\pm1.0077\mathrm{i}$; $r=1.3723$ 时, 系统也有一对虚极点 $\pm1.3386\mathrm{i}$; $r\in(0.2025,1.3723)$ 时系统是稳定的. 文献 [79]运用离散化 Lyapunov-Krasovskii 泛函方法给出了保证系统稳定的时滞区间是 $N_{d1}=N_{d2}=1$ 时为 $[r_{\min},r_{\max}]=[0.204,1.350]$, 且 $N_{d1}=N_{d2}=2$ 时为 $[r_{\min},r_{\max}]=[0.203,1.372]$. 这里, 我们等价地写系统为具有两个时滞的双微分差分方程

$$\begin{pmatrix}\dot{x}_1(t)\\ \dot{x}_2(t)\end{pmatrix}=\begin{pmatrix}0&1\\-1&0.1\end{pmatrix}\begin{pmatrix}x_1(t)\\x_2(t)\end{pmatrix}-\begin{pmatrix}0\\1\end{pmatrix}y(t-r/2)+\begin{pmatrix}0\\1\end{pmatrix}y(t-r)\tag{4.39}$$

$$y(t)=\begin{pmatrix}1&0\end{pmatrix}\begin{pmatrix}x_1(t)\\x_2(t)\end{pmatrix}\tag{4.40}$$

可以证实, 线性矩阵不等式 (4.18)、式 (4.28) 和式 (4.25) 运用到系统 (4.39)-(4.40) 的阶数分别是 $N+4$、$2N+6$ 和 $2N$, 远小于 Gu 在文献 [79] 中运用线性矩阵不等式 (20)、式 (27) 和式 (28) 到式 (4.38) 的阶数 $2N+6$、$4N+6$ 和 $4N$. 这里我们应用二分法, 将包含 $r_{\max}$ 或 $r_{\min}$ 的长度为 2 的初始区间划分 15 次,

直到区间长度小于 6.135×10^{-5}. 对 $N_{d1}=N_{d2}=1,2$, 计算结果见表 4.1, 且数值结果表明达到了计算要求.

表 4.1 系统稳定允许的最小时滞与最大时滞

(N_{d1},N_{d2})	(1, 1)	(2, 2)	(3, 3)
$r_{\min}$	0.2032	0.2026	0.2025
Time	29.68	291.18	1237
(N_{d1},N_{d2})	(1, 1)	(2, 2)	(3, 3)
$r_{\max}$	1.3345	1.3719	1.3723
Time	29.28	226.11	630.05

例 4.2 考虑远程控制系统

$$\dot{x}(t)=Ax(t)+B_1(t)y(t-2r)+Bu(t)$$
$$y(t)=Cx(t)$$

其中

$$A=\begin{pmatrix}-\dfrac{61}{2} & 1 & 0 & 0\\ -200 & 0 & 1 & 0\\ -305 & 0 & 0 & 1\\ -100 & 0 & 0 & 0\end{pmatrix}$$

$$B_1=\begin{pmatrix}0\\0\\-200\\-250\end{pmatrix}$$

$$B=\begin{pmatrix}0 & 0\\ 20 & 20\\ 305 & 105\\ 350 & 100\end{pmatrix}$$

$$C=\begin{pmatrix}1 & 0 & 0 & 0\end{pmatrix}$$

假定系统存在下述外部扰动反馈

$$u(t)=\begin{pmatrix}\rho & 0 & 0 & 0\\ 0 & 0 & 0 & \sigma\end{pmatrix}x(t)-\begin{pmatrix}0.5\\0.5\end{pmatrix}y(t-\sqrt{2}r)$$

ρ 和 σ 是时变参数, 且满足

$$|\rho|\leqslant\rho_0,\quad |\sigma|\leqslant\sigma_0$$

应用本章给出的定理, 对 $N_{d1} = N_{d2} = 2$ 的计算结果见表 4.2. 表 4.2 中的数据表明系统的不确定性对保证系统稳定的最大时滞有很大的影响.

表 4.2　参数取不同的值系统稳定允许的最大时滞

(ρ_0, σ_0)	$(0, 0)$	$(0, 0.015)$	$(0, 0.018)$
$r_{\max}$	0.2209	0.0309	0.0060
Time	597.86	1159.9	1423.8
(ρ_0, σ_0)	$(0.1, 0)$	$(0.50, 0)$	$(1.00, 0)$
$r_{\max}$	0.1957	0.1149	0.0283
Time	1160.4	1238	1229.8
(ρ_0, σ_0)	$(0.1, 0.01)$	$(0.4, 0.01)$	$(0.4, 0.011)$
$r_{\max}$	0.0635	0.0134	0.0036
Time	3087	2927.2	3053.2

以上两个例子是滞后型的, 下面是一个中立型系统.

例 4.3　考虑中立型时滞系统

$$\begin{aligned}&\frac{\mathrm{d}}{\mathrm{d}t}[x(t) - 0.8x(t-s) - 0.4x(t-r) + 0.32x(t-s-r)]\\ =&-0.848x(t) + 0.72x(t-s) + 0.128x(t-s-r)\end{aligned}$$

这个例子类似于文献 [5] 289 页讨论过的例子. 重要的是易见系统中的 3 个时滞依赖于 2 个参数, 且时滞的相关性是由系统的结构决定的, 与任何微小变化以及参数 r 和 s 的微小误差均无关. 所以, 重要的是将系统转换为只有 r 和 s 作为时滞出现的系统结构, 涉及差分方程对小时滞的灵敏度. 让

$$z(t) = x(t) - 0.8x(t-s) - 0.4x(t-r) + 0.32x(t-s-r)$$

$$y(t) = \begin{pmatrix} x(t) \\ x(t-r) \end{pmatrix}$$

则系统能被写成具有两个独立时滞的标准形式

$$\dot{z}(t) = -0.848z(t) + \begin{pmatrix} 0.0416 & 0.3994 \end{pmatrix} y(t-s) + \begin{pmatrix} -0.3392 & 0 \end{pmatrix} y(t-r)$$

$$y(t) = \begin{pmatrix} 1 \\ 0 \end{pmatrix} z(t) + \begin{pmatrix} 0.8 & -0.32 \\ 0 & 0 \end{pmatrix} y(t-s) + \begin{pmatrix} 0.4 & 0 \\ 1 & 0 \end{pmatrix} y(t-r)$$

差分算子

$$\mathcal{D}(\phi) = \phi(0) - D_1\phi(-s) - D_2\phi(-r)$$

其中

$$D_1 = \begin{pmatrix} 0.8 & -0.32 \\ 0 & 0 \end{pmatrix}, \quad D_2 = \begin{pmatrix} 0.4 & 0 \\ 1 & 0 \end{pmatrix}$$

应用定理 2.3 知, 差分算子 $\mathcal{D}(\phi)$ 是稳定的. 事实上, 矩阵

$$S^1 = \begin{pmatrix} 2.3051 & -0.9730 \\ -0.9730 & 0.7110 \end{pmatrix}$$

$$S^2 = \begin{pmatrix} 0.9578 & -0.2109 \\ -0.2109 & 0.4055 \end{pmatrix}$$

满足

$$\begin{pmatrix} S^1 & 0 \\ 0 & S^2 \end{pmatrix} - \begin{pmatrix} D_1^{\mathrm{T}} \\ D_2^{\mathrm{T}} \end{pmatrix} (S^1 + S^2) \begin{pmatrix} D_1 & D_2 \end{pmatrix} > 0$$

接下来, 在让 $r = cs$ 时, 我们将估计保证系统稳定的允许的最大时滞 r. 运用离散化 Lyapunov-Krasovskii 泛函方法, $N_1 = N_2 = 2$ 时, 对不同的 c 数值结果见表 4.3.

表 4.3 c 取不同值系统稳定允许的最大时滞

c	$\sqrt{2}$	$\sqrt{7}$	3	$\sqrt{13}$
$r_{\max}$	1.6912	2.8011	3.1371	3.7134
Time	1998.9	1915.6	1793.2	1669.1

第 5 章　具有分布时滞微分差分双系统的稳定性

本章应用离散化 Lyapunov 泛函方法研究了具有离散和分布时滞的微分差分双系统的稳定性. 5.1 节引言介绍研究这类系统的必要性和重要性. 5.2 节通过离散化 Lyapunov 泛函方法给出了系统稳定的线性矩阵不等式条件. 5.3 节说明多顶点情形的稳定性仅仅需要验证有限个 LMI 被满足. 5.4 节讨论模有界不确定性系统,给出稳定性 LMI 充分条件. 5.5 节讨论具有多个比例时滞系统模型的等价变换, 说明所研究系统的广泛性. 5.6 节通过三个示例的计算进一步说明所讨论系统的广泛性、模型的优越性以及给出方法的可行性和计算数据的精确性.

5.1　引　　言

具有离散和分布时滞的微分差分双系统是一类非常一般的系统, 不仅包括前面第 3 章研究的微分差分双时滞系统, 而且包含具有分布时滞的标准时滞系统、中立型系统、奇异时滞系统以及等比例多时滞系统. 人们总期望能将分布时滞系统中的分布项通过变换将其消除掉, 转换系统为标准的离散时滞系统以利于研究. 然而这是不可能的, 且不存在这样的等价变换. 例如, 对于线性时不变分布时滞系统

$$\dot{x}(t) = Ax(t) + H\int_{-r}^{0} y(t+\theta)\mathrm{d}\theta \tag{5.1}$$

$$y(t) = Cx(t) + D\int_{-r}^{0} y(t+\theta)\mathrm{d}\theta \tag{5.2}$$

从形式上看, 若将分布时滞项用新的变量来代替, 即令

$$z(t) = \int_{-r}^{0} y(t+\theta)\mathrm{d}\theta \tag{5.3}$$

并对上式求导数有

$$\dot{z}(t) = y(t) - y(t-r)$$

将其代入原系统 (5.1)-(5.2), 则得

$$\begin{pmatrix} \dot{x}(t) \\ \dot{z}(t) \end{pmatrix} = \begin{pmatrix} A & H \\ C & D \end{pmatrix} \begin{pmatrix} x(t) \\ z(t) \end{pmatrix} + \begin{pmatrix} 0 \\ -I \end{pmatrix} y(t-r) \tag{5.4}$$

$$y(t) = \begin{pmatrix} C & D \end{pmatrix} \begin{pmatrix} x(t) \\ z(t) \end{pmatrix} \tag{5.5}$$

单从系统方程 (5.4)-(5.5) 的结构和形式上看, 此系统已是我们在第 3 章研究过的标准的微分差分双方程结构, 但是实际上我们无法利用第 3 章的结果判断其稳定性或得到它的时滞边界值估计. 这是因为: 对原系统作变换如式 (5.3), 并求其导数, 那么必然使得系统 (5.4)-(5.5) 的维数增加一维, 并且在这个一维子空间里系统有 0 特征值. 也就是说, 系统 (5.1)-(5.2) 的稳定性仅仅等价于系统 (5.4)-(5.5) 在一子空间 (去掉具有 0 特征值的子空间) 上的稳定性. 因此, 单独研究具有分布时滞系统的稳定性是必要的, 而且是重要的.

5.2 不确定系统的离散化 Lyapunov 稳定性

本节考虑具有离散和分布时滞的不确定系统的稳定性问题, 且系统有下述双微分差分方程描述

$$\dot{x}(t) = A(t)x(t) + B(t)y(t-r) + H(t)\int_{-r}^{0} y(t+\theta)\mathrm{d}\theta \tag{5.6}$$

$$y(t) = C(t)x(t) + D(t)y(t-r) \tag{5.7}$$

初值条件为

$$x(t_0) = \psi$$

$$y_{t_0} = \phi$$

系统矩阵是不确定的、时变的, 且属于一个已知的有界闭集 Ω

$$(A(t), B(t), C(t), D(t), H(t)) \in \Omega$$

为便于书写, A、B、C、D 及 H 表示与时间相关的矩阵. 选择二次 Lyapunov-Krasovskii 泛函为

$$\begin{aligned} V(\psi,\phi) = {} & \psi^{\mathrm{T}}P\psi + 2\psi^{\mathrm{T}}\int_{-r}^{0} Q(\eta)\phi(\eta)\mathrm{d}\eta \\ & + \int_{-r}^{0}\int_{-r}^{0} \phi^{\mathrm{T}}(\xi)R(\xi,\eta)\phi(\eta)\mathrm{d}\xi\mathrm{d}\eta \\ & + \int_{-r}^{0} \phi^{\mathrm{T}}(\eta)S(\eta)\phi(\eta)\mathrm{d}\eta \end{aligned} \tag{5.8}$$

其中

$$P = P^{\mathrm{T}} \in \mathbb{R}^{m\times m}$$

$$Q(\eta) \in \mathbb{R}^{m\times n}$$

$$R(\xi,\eta)=R^{\mathrm{T}}(\eta,\xi)\in\mathbb{R}^{n\times n}$$
$$S(\eta)=S^{\mathrm{T}}(\eta)\in\mathbb{R}^{n\times n}$$

其中, $-r\leqslant\xi,\ \eta\leqslant 0$. 那么它沿着系统轨迹的导数为

$$\begin{aligned}\dot{V}(t,\psi,\phi)=&\ \psi^{\mathrm{T}}[A^{\mathrm{T}}P+PA+Q(0)C+C^{\mathrm{T}}Q^{\mathrm{T}}(0)+C^{\mathrm{T}}S(0)C]\psi\\&+2\psi^{\mathrm{T}}[PB+Q(0)D-Q(-r)+C^{\mathrm{T}}S(0)D]\phi(-r)\\&-\phi^{\mathrm{T}}(-r)[S(-r)-D^{\mathrm{T}}S(0)D]\phi(-r)\\&+2\psi^{\mathrm{T}}\int_{-r}^{0}[PH+A^{\mathrm{T}}Q(\eta)-\dot{Q}(\eta)+C^{\mathrm{T}}R^{\mathrm{T}}(\eta,0)]\phi(\eta)\mathrm{d}\eta\\&+2\phi^{\mathrm{T}}(-r)\int_{-r}^{0}[B^{\mathrm{T}}Q(\eta)+D^{\mathrm{T}}R^{\mathrm{T}}(\eta,0)-R^{\mathrm{T}}(\eta,-r)]\phi(\eta)\mathrm{d}\eta\\&-\int_{-r}^{0}\phi^{\mathrm{T}}(\eta)\dot{S}(\eta)\phi(\eta)\mathrm{d}\eta\\&-\int_{-r}^{0}\int_{-r}^{0}\phi^{\mathrm{T}}(\xi)\left[\frac{\partial}{\partial\xi}R(\xi,\eta)+\frac{\partial}{\partial\eta}R(\xi,\eta)\right]\phi(\eta)\mathrm{d}\eta\mathrm{d}\xi\\&+\int_{-r}^{0}\phi^{\mathrm{T}}(\xi)\int_{-r}^{0}[H^{\mathrm{T}}Q(\eta)+Q^{\mathrm{T}}(\xi)H]\phi(\eta)\mathrm{d}\eta\mathrm{d}\xi\end{aligned}$$

或整理为

$$\begin{aligned}\dot{V}(\psi,\phi)=&-\varphi^{\mathrm{T}}\bar{\Delta}\varphi+\varphi^{\mathrm{T}}\int_{-r}^{0}[\Upsilon(\eta)-\dot{Q}^{\Upsilon}(\eta)]\phi(\eta)\mathrm{d}\eta\\&+2\int_{-r}^{0}\phi^{\mathrm{T}}(\xi)\mathrm{d}\xi\int_{-r}^{0}H^{\mathrm{T}}Q(\eta)\phi(\eta)\mathrm{d}\eta\\&-\int_{-r}^{0}\mathrm{d}\xi\int_{-r}^{0}\phi^{\mathrm{T}}(\xi)\left[\frac{\partial R(\xi,\eta)}{\partial\xi}+\frac{\partial R(\xi,\eta)}{\partial\eta}\right]\phi(\eta)\mathrm{d}\eta\\&-\int_{-r}^{0}\phi^{\mathrm{T}}(\eta)\dot{S}(\eta)\phi(\eta)\mathrm{d}\eta\end{aligned}\tag{5.9}$$

其中

$$\varphi=\begin{pmatrix}\psi\\ \phi(-r)\end{pmatrix}$$
$$\bar{\Delta}=\begin{pmatrix}\bar{\Delta}_{11}&\bar{\Delta}_{12}\\ \bar{\Delta}_{12}^{\mathrm{T}}&\bar{\Delta}_{22}\end{pmatrix}$$

$$\begin{aligned}\bar{\Delta}_{11}&=-A^{\mathrm{T}}P-PA-Q(0)C-C^{\mathrm{T}}Q^{\mathrm{T}}(0)-C^{\mathrm{T}}S(0)C\\\bar{\Delta}_{12}&=-PB-Q(0)D+Q(-r)-C^{\mathrm{T}}S(0)D\\\bar{\Delta}_{22}&=S(-r)-D^{\mathrm{T}}S(0)D\end{aligned}$$

$$\Upsilon(\eta) = \begin{pmatrix} \Upsilon_1(\eta) \\ \Upsilon_2(\eta) \end{pmatrix}$$

$$\begin{aligned} \Upsilon_1(\eta) &= PH + A^{\mathrm{T}}Q(\eta) + C^{\mathrm{T}}R^{\mathrm{T}}(\eta, 0) \\ \Upsilon_2(\eta) &= B^{\mathrm{T}}Q(\eta) + D^{\mathrm{T}}R^{\mathrm{T}}(\eta, 0) - R^{\mathrm{T}}(\eta, -r) \end{aligned}$$

$$\dot{Q}^{\Upsilon}(\eta) = \begin{pmatrix} \dot{Q}(\eta) \\ 0 \end{pmatrix}$$

依照定理 2.1, 如果式 (5.7) 是 input-to-state 稳定的, 且存在 $\varepsilon > 0$ 使得 Lyapunov-Krasovskii 泛函及它的导数满足

$$\varepsilon||\psi||^2 \leqslant V(t, \psi, \phi) \tag{5.10}$$

$$\dot{V}(t, \psi, \phi) \leqslant -\varepsilon||\psi||^2 \tag{5.11}$$

则系统是渐近稳定的.

类似于文献 [70], 下面我们将限制函数 Q、R 及 S 为分片线性的. 特别地, 分割时滞区间 $[-r, 0]$ 为 N 个等长度 $h = r/N$ 的小区间 $\mathcal{I}_i = [\theta_{i-1}, \theta_i]$, 其中

$$\theta_i = -r + ih$$

让

$$Q(\theta_{i-1} + \alpha h) = (1 - \alpha)Q_{i-1} + \alpha Q_i \tag{5.12}$$

$$S(\theta_{i-1} + \alpha h) = (1 - \alpha)S_{i-1} + \alpha S_i \tag{5.13}$$

以及

$$\begin{aligned} &R(\theta_{i-1} + \alpha h, \theta_{j-1} + \beta h) \\ =&\begin{cases} (1 - \alpha)R_{i-1,j-1} + \beta R_{ij} + (\alpha - \beta)R_{i,j-1}, & \alpha \geqslant \beta \\ (1 - \beta)R_{i-1,j-1} + \alpha R_{ij} + (\beta - \alpha)R_{i-1,j}, & \alpha < \beta \end{cases} \end{aligned} \tag{5.14}$$

其中, $0 \leqslant \alpha \leqslant 1$, $0 \leqslant \beta \leqslant 1$. 那么 V 就被矩阵 $P = P^{\mathrm{T}}$, Q_i, $S_i = S_i^{\mathrm{T}}$ 及 $R_{ij} = R_{ji}^{\mathrm{T}}$, $i = 0, 1, \cdots, N$, $j = 1, 2, \cdots, N$ 所完全确定. 这样, 稳定性问题就变成了一个确定式 (5.7) 的 input-to-state 稳定性, 以及满足式 (5.10) 和式 (5.11) 的矩阵 $P = P^{\mathrm{T}}$, Q_i, $S_i = S_i^{\mathrm{T}}$ 及 $R_{ij} = R_{ji}^{\mathrm{T}}$, $i = 0, 1, \cdots, N$ 的存在性. 下述定理建立了满足式 (5.10) 的条件.

让

$$\phi^{(i)}(\alpha) = \phi(\theta_i + \alpha h)$$

有下述定理.

定理 5.1 对于表示如式 (5.8) 的 Lyapunov-Krasovskii 泛函 $V(\psi,\phi)$, 具有分片线性矩阵 Q、R 及 S 如式 (5.12)~ 式 (5.14), 如果矩阵不等式

$$S_i > 0,\quad i=1,2,\cdots,N \tag{5.15}$$

及

$$\begin{pmatrix} P & \tilde{Q} \\ \tilde{Q}^{\mathrm{T}} & \tilde{R}+\dfrac{1}{h}\tilde{S} \end{pmatrix} > 0 \tag{5.16}$$

成立, 则 Lyapunov-Krasovskii 泛函条件 (5.10) 被满足. 其中

$$\tilde{Q}=\begin{pmatrix} Q_0 & Q_1 & \cdots & Q_N \end{pmatrix}$$

$$\tilde{R}=\begin{pmatrix} R_{00} & R_{01} & \cdots & R_{0N} \\ R_{10} & R_{11} & \cdots & R_{1N} \\ \vdots & \vdots & & \vdots \\ R_{N0} & R_{N1} & \cdots & R_{NN} \end{pmatrix}$$

$$\tilde{S}=\mathrm{diag}\begin{pmatrix} S_0 & S_1 & \cdots & S_N \end{pmatrix}$$

证明 由于 Lyapunov-Krasovskii 泛函 $V(\psi,\phi)$ 类似于文献 [70] 所讨论的, 不等式 (5.15) 和式 (5.16) 对应于文献 [70] 中命题 3 的式 (31) 和式 (32). 证明过程是相同的.

下面的定理建立了满足式 (5.11) 的 Lyapunov-Krasovskii 泛函导数条件.

定理 5.2 如果 LMI

$$\begin{pmatrix} \bar{\Delta} & -\varUpsilon^{s} & -\varUpsilon^{a} \\ * & R_d+\dfrac{1}{h}S_d-(F^{s}+F^{sT}) & -F^{a} \\ * & * & \dfrac{3}{h}S_d \end{pmatrix} > 0 \tag{5.17}$$

对所有的 $(A,B,C,D,H)\in\varOmega$ 成立, 则 Lyapunov-Krasovskii 导数 $\dot{V}$ 如式 (5.10), 具有分片线性矩阵 Q、S 及 R 如式 (5.12)~ 式 (5.14), 满足式 (5.11). 其中

$$\bar{\Delta}=\begin{pmatrix} \bar{\Delta}_{11} & \bar{\Delta}_{12} \\ \bar{\Delta}_{12}^{\mathrm{T}} & \bar{\Delta}_{22} \end{pmatrix}$$

$$\begin{aligned} \bar{\Delta}_{11} &= -(A^{\mathrm{T}}P+PA+Q_NC+C^{\mathrm{T}}Q_N^{\mathrm{T}}+C^{\mathrm{T}}S_NC) \\ \bar{\Delta}_{12} &= -(PB+Q_ND-Q_0+C^{\mathrm{T}}S_ND) \\ \bar{\Delta}_{22} &= S_0-D^{\mathrm{T}}S_ND \end{aligned}$$

$$\varUpsilon^s = \begin{pmatrix} \varUpsilon_{11}^s & \varUpsilon_{12}^s & \cdots & \varUpsilon_{1N}^s \\ \varUpsilon_{21}^s & \varUpsilon_{22}^s & \cdots & \varUpsilon_{2N}^s \end{pmatrix} \tag{5.18}$$

$$\varUpsilon_{1i}^s = PH + \frac{1}{2}[A^{\mathrm{T}}(Q_{i-1}+Q_i) + C^{\mathrm{T}}(R_{i-1,N}^{\mathrm{T}} + R_{i,N}^{\mathrm{T}})] - \frac{1}{h}(Q_{i-1} - Q_i)$$

$$\varUpsilon_{2i}^s = \frac{1}{2}[B^{\mathrm{T}}(Q_{i-1}+Q_i) + D^{\mathrm{T}}(R_{i-1,N}^{\mathrm{T}} + R_{i,N}^{\mathrm{T}}) - (R_{i-1,0}^{\mathrm{T}} + R_{i,0}^{\mathrm{T}})]$$

$$\varUpsilon^a = \begin{pmatrix} \varUpsilon_{11}^a & \varUpsilon_{12}^a & \cdots & \varUpsilon_{1N}^a \\ \varUpsilon_{21}^a & \varUpsilon_{22}^a & \cdots & \varUpsilon_{2N}^a \end{pmatrix} \tag{5.19}$$

$$\varUpsilon_{1i}^a = \frac{1}{2}[A^{\mathrm{T}}(Q_{i-1}-Q_i) + C^{\mathrm{T}}(R_{i-1,N}^{\mathrm{T}} - R_{i,N}^{\mathrm{T}})]$$

$$\varUpsilon_{2i}^a = \frac{1}{2}[B^{\mathrm{T}}(Q_{i-1}-Q_i) + D^{\mathrm{T}}(R_{i-1,N}^{\mathrm{T}} - R_{i,N}^{\mathrm{T}}) - (R_{i-1,0}^{\mathrm{T}} - R_{i,0}^{\mathrm{T}})]$$

$$\digamma^s = \begin{pmatrix} \digamma_1^s & \digamma_2^s & \cdots & \digamma_N^s \\ \digamma_1^s & \digamma_2^s & \cdots & \digamma_N^s \\ \vdots & \vdots & & \vdots \\ \digamma_1^s & \digamma_2^s & \cdots & \digamma_N^s \end{pmatrix}, \quad \digamma_i^s = \frac{1}{2}H^{\mathrm{T}}(Q_{i-1}+Q_i) \tag{5.20}$$

$$\digamma^a = \begin{pmatrix} \digamma_1^a & \digamma_2^a & \cdots & \digamma_N^a \\ \digamma_1^a & \digamma_2^a & \cdots & \digamma_N^a \\ \vdots & \vdots & & \vdots \\ \digamma_1^a & \digamma_2^a & \cdots & \digamma_N^a \end{pmatrix}, \quad \digamma_i^a = \frac{1}{2}H^{\mathrm{T}}(Q_{i-1}-Q_i)$$

$$R_d = \begin{pmatrix} R_{d11} & R_{d12} & \cdots & R_{d1N} \\ R_{d21} & R_{d22} & \cdots & R_{d2N} \\ \vdots & \vdots & & \vdots \\ R_{dN1} & R_{dN2} & \cdots & R_{dNN} \end{pmatrix}, \quad R_{dij} = \frac{1}{h}(R_{ij} - R_{i-1,j-1})$$

$$S_d = \mathrm{diag}\begin{pmatrix} S_{d1} & S_{d2} & \cdots & S_{dN} \end{pmatrix}, \quad S_{di} = \frac{1}{h}(S_i - S_{i-1}) \tag{5.21}$$

证明 分割时滞区间 $[-r,0]$ 为一些小片段 $[\theta_{i-1},\theta_i]$, 且变量可改写为

$$\xi = \theta_i + \alpha h, \quad i = 0,1,\cdots,N$$

在每个小段内, Lyapunov-Krasovskii 泛函导数可表示为

$$
\begin{aligned}
\dot{V}(\psi,\phi)=&-\varphi^{\mathrm{T}}\bar{\Delta}\varphi+\varphi^{\mathrm{T}}\sum_{i=1}^{N}h\int_0^1\left[\varUpsilon(\theta_i+\alpha h)-\frac{\mathrm{d}}{\mathrm{d}\alpha}Q^{\varUpsilon}(\theta_i+\alpha h)\right]\phi^{(i)}(\alpha)\mathrm{d}\alpha\\
&+2h^2\sum_{i=1}^{N}\sum_{j=1}^{N}\int_0^1\phi^{(i)\mathrm{T}}(\alpha)\mathrm{d}\alpha\int_0^1 H^{\mathrm{T}}Q(\theta_j+\beta h)\phi^{(j)}(\eta)\mathrm{d}\beta\\
&-h^2\sum_{i=1}^{N}\sum_{j=1}^{N}\int_0^1\phi^{(i)\mathrm{T}}(\alpha)\int_0^1\left(\frac{\partial}{\partial\alpha}+\frac{\partial}{\partial\beta}\right)R(\theta_i+\alpha h,\theta_j+\beta h)\phi^{(j)}(\eta)\mathrm{d}\beta\mathrm{d}\alpha\\
&-h\sum_{i=1}^{N}\int_0^1\phi^{(i)\mathrm{T}}(\alpha)\frac{\mathrm{d}}{\mathrm{d}\alpha}S(\theta_i+\alpha h)\phi^{(i)}(\alpha)\mathrm{d}\alpha
\end{aligned}
$$

对于分片线性矩阵 Q、R 及 S 如式 (5.12)~ 式 (5.14), 于是有

$$\dot{S}(\xi)=\frac{1}{h}(S_i-S_{i-1})$$

$$\dot{Q}(\xi)=\frac{1}{h}(Q_i-Q_{i-1})$$

$$\frac{\partial R(\xi,\eta)}{\partial\xi}+\frac{\partial R(\xi,\eta)}{\partial\eta}=\frac{1}{h}(R_{pq}-R_{p-1,q-1})$$

让

$$\tilde{\phi}(\alpha)=\begin{pmatrix}\phi^{(1)}(\alpha)\\ \phi^{(2)}(\alpha)\\ \vdots\\ \phi^{(N)}(\alpha)\end{pmatrix}$$

$$\varUpsilon^s=\begin{pmatrix}\varUpsilon_1^s & \varUpsilon_2^s & \cdots & \varUpsilon_N^s\end{pmatrix}$$

$$\varUpsilon_i^s=\frac{1}{2}(\varUpsilon_{i-1}+\varUpsilon_i)-\frac{1}{h}(Q_{i-1}^{\varUpsilon}-Q_i^{\varUpsilon})$$

$$\varUpsilon^a=\begin{pmatrix}\varUpsilon_1^a & \varUpsilon_2^a & \cdots & \varUpsilon_N^a\end{pmatrix}$$

$$\varUpsilon_i^a=\frac{1}{2}(\varUpsilon_{i-1}-\varUpsilon_i)$$

那么

$$\begin{aligned}\dot{V}(\psi,\phi)=&-\varphi^{\mathrm{T}}\bar{\Delta}\varphi+2\varphi^{\mathrm{T}}\int_0^1[\varUpsilon^s+(1-2\alpha)\varUpsilon^a]\tilde{\phi}(\alpha)h\mathrm{d}\alpha\\&+2\left(\int_0^1\tilde{\phi}^{\mathrm{T}}(\alpha)h\mathrm{d}\alpha\right)\int_0^1[F^s+(1-2\alpha)F^a]\tilde{\phi}(\alpha)h\mathrm{d}\alpha\\&-\left(\int_0^1\tilde{\phi}(\alpha)h\mathrm{d}\alpha\right)^{\mathrm{T}}R_d\left(\int_0^1\tilde{\phi}(\alpha)h\mathrm{d}\alpha\right)\\&-\int_0^1\tilde{\phi}^{\mathrm{T}}(\alpha)S_d\tilde{\phi}(\alpha)h\mathrm{d}\alpha\end{aligned}$$

而从上式容易得到

$$\begin{aligned}\dot{V}(\psi,\phi)=&\int_0^1\begin{pmatrix}\varPhi_{\varUpsilon F}^{\mathrm{T}} & h\tilde{\phi}^{\mathrm{T}}(\alpha)\end{pmatrix}\begin{pmatrix}U & -I\\ -I & \frac{1}{h}S_d\end{pmatrix}\begin{pmatrix}\varPhi_{\varUpsilon F}\\ h\tilde{\phi}(\alpha)\end{pmatrix}\mathrm{d}\alpha\\&-\varphi^{\mathrm{T}}\bar{\Delta}\varphi+\varphi^{\mathrm{T}}\left(\varUpsilon^sU\varUpsilon^{s\mathrm{T}}+\frac{1}{3}\varUpsilon^aU\varUpsilon^{a\mathrm{T}}\right)\varphi\\&+2\varphi^{\mathrm{T}}\left(\varUpsilon^sUF^{s\mathrm{T}}+\frac{1}{3}\varUpsilon^aUF^{a\mathrm{T}}\right)\int_0^1\tilde{\phi}(\beta)h\mathrm{d}\beta\\&+\int_0^1\tilde{\phi}^{\mathrm{T}}(\beta)h\mathrm{d}\beta\left(F^sUF^{s\mathrm{T}}+\frac{1}{3}F^aUF^{a\mathrm{T}}\right)\int_0^1\tilde{\phi}(\beta)h\mathrm{d}\beta\\&-\left(\int_0^1\tilde{\phi}(\alpha)h\mathrm{d}\alpha\right)^{\mathrm{T}}R_d\left(\int_0^1\tilde{\phi}(\alpha)h\mathrm{d}\alpha\right)\end{aligned}\tag{5.22}$$

对任意满足

$$\begin{pmatrix}U & -I\\ -I & \frac{1}{h}S_d\end{pmatrix}>0\tag{5.23}$$

的矩阵函数 $U(A,B,C,D,H)$ 成立, 其中

$$\varPhi_{\varUpsilon F}^{\mathrm{T}}=\varphi^{\mathrm{T}}[\varUpsilon^s+(1-2\alpha)\varUpsilon^a]+\int_0^1\tilde{\phi}^{\mathrm{T}}(\beta)h\mathrm{d}\beta[F^s+(1-2\alpha)F^a]$$

运用 Jensen 不等式于式 (5.22), 则得

$$\begin{aligned}\dot{V}(\psi,\phi)\leqslant&-\begin{pmatrix}\varphi^{\mathrm{T}} & \int_0^1\tilde{\phi}^{\mathrm{T}}(\alpha)h\mathrm{d}\alpha\end{pmatrix}\\&\times\begin{pmatrix}-\frac{1}{3}\varUpsilon^aU\varUpsilon^{a\mathrm{T}}+\bar{\Delta} & -\varUpsilon^s-\frac{1}{3}\varUpsilon^aUF^{a\mathrm{T}}\\ -\varUpsilon^{s\mathrm{T}}-\frac{1}{3}F^aU\varUpsilon^{a\mathrm{T}} & \frac{1}{h}S_d-F+R_d\end{pmatrix}\begin{pmatrix}\varphi\\ \int_0^1\tilde{\phi}(\alpha)h\mathrm{d}\alpha\end{pmatrix}\end{aligned}$$

其中

$$F = F^s + F^{s\mathrm{T}} + \frac{1}{3}F^a U F^{a\mathrm{T}}$$

因此, 如果存在矩阵 U 使得式 (5.23) 和

$$\begin{pmatrix} -\frac{1}{3}\Upsilon^a U \Upsilon^{a\mathrm{T}} + \Delta & -\Upsilon^s - \frac{1}{3}\Upsilon^a U F^{a\mathrm{T}} \\ -\Upsilon^{s\mathrm{T}} - \frac{1}{3}F^a U \Upsilon^{a\mathrm{T}} & \frac{1}{h}S_d - F + R_d \end{pmatrix} > 0 \tag{5.24}$$

成立, 则 Lyapunov-Krasovskii 导数条件 (5.11) 被满足. 我们应用文献 [72] 中附录 B 消去矩阵函数 U, 从而由式 (5.23) 及式 (5.24) 得到式 (5.17).

从上归纳可得下述命题.

定理 5.3 *如果存在矩阵* $P = P^{\mathrm{T}} \in \mathbb{R}^{m\times m}$, $Q_i \in \mathbb{R}^{m\times n}$, $S_i = S_i^{\mathrm{T}} \in \mathbb{R}^{n\times n}$ *及* $R_{ij} = R_{ji}^{\mathrm{T}} \in \mathbb{R}^{n\times n}$, $i = 0, 1, \cdots, N$, $j = 0, 1, \cdots, N$, *使得* LMI(5.16) *和*

$$\begin{pmatrix} \Delta & -\Upsilon^s & -\Upsilon^a & Z \\ * & R_d + \frac{1}{h}S_d - (F^s + F^{s\mathrm{T}}) & -F^a & 0 \\ * & * & \frac{3}{h}S_d & 0 \\ * & * & * & S_N \end{pmatrix} > 0 \tag{5.25}$$

对所有的 $(A, B, C, D, H) \in \Omega$ *成立, 则系统* (5.6)-(5.7) *是渐近稳定的. 其中*

$$\Delta = \begin{pmatrix} \Delta_{11} & \Delta_{12} \\ \Delta_{12}^{\mathrm{T}} & \Delta_{22} \end{pmatrix} \tag{5.26}$$

$$\begin{aligned} \Delta_{11} &= -(A^{\mathrm{T}}P + PA + Q_N C + C^{\mathrm{T}} Q_N^{\mathrm{T}}) \\ \Delta_{12} &= -(PB + Q_N D - Q_0) \\ \Delta_{22} &= S_0 \end{aligned}$$

及

$$Z = \begin{pmatrix} C^{\mathrm{T}} S_N \\ D^{\mathrm{T}} S_N \end{pmatrix}$$

证明 类似于文献 [51] 的定理 7, 由 $S_{di} = S_i - S_{i-1} > 0$ 和 $S_0 - D^{\mathrm{T}} S_N D > 0$ 容易得到 $S_N - D^{\mathrm{T}} S_N D > 0$, 并联系到 $S_N > 0$, 则知子系统 (5.7) 是一致 input to state 稳定的. 依照定理 2.1, 即得系统 (5.6)-(5.7) 是一致渐近稳定的.

5.3 多顶点不确定系统的稳定性

上述运用离散化 Lyapunov 泛函方法对具有离散和分布时滞的微分差分双系统进行了稳定性分析. 一般来说, 不确定性集 Ω 有无限多个点, 这时稳定性条件 (5.25) 表示无穷多个线性矩阵不等式. 然而, 一些特殊情形允许我们减少式 (5.25) 表示的线性矩阵不等式数量为有限个. 例如, 如果不确定性集 Ω 是多顶点的, 那么 Ω 就是它的顶点集 ω_k, $k=1,2,\cdots,n_v$ 的凸壳. 如此, 由于不确定性集线性地出现在式 (5.25) 中, 那么式 (5.25) 表示的每一个线性矩阵不等式都可以由在顶点的有限个线性矩阵不等式线性表示出. 因此, 我们仅仅需要验证顶点集 ω_k, $k=1,2,\cdots,n_v$ 中的这 n_v 个点处式 (5.25) 满足.

5.4 模有界不确定系统的稳定性

考虑不确定系统

$$\begin{aligned}\dot{x}(t)=&(A+\Delta A(t))x(t)+(B+\Delta B(t))y(t-r)\\&+(H+\Delta H(t))\int_{-r}^{0}y(t+\theta)\mathrm{d}\theta\end{aligned} \tag{5.27}$$

$$y(t)=(C+\Delta C(t))x(t)+(D+\Delta D(t))y(t-r) \tag{5.28}$$

其中, A、B、C 及 D 是常数矩阵; ΔA、ΔB、ΔC 及 ΔD 是不确定时变矩阵且有

$$\begin{pmatrix}\Delta A & \Delta B\\ \Delta C & \Delta D\end{pmatrix}=\begin{pmatrix}E_1\\ E_2\end{pmatrix}F(t)\begin{pmatrix}G_1 & G_2\end{pmatrix} \tag{5.29}$$

$$\Delta H=E_3F_H(t)G_3 \tag{5.30}$$

其中, $E_1\in\mathbb{R}^{n\times p}, E_2\in\mathbb{R}^{m\times p}, G_1\in\mathbb{R}^{q\times n}, G_2\in\mathbb{R}^{q\times m}$, $G_3\in\mathbb{R}^{q\times n}$ 是已知实矩阵; $F(t), F_H(t)\in\mathbb{R}^{p\times q}$ 是未知时变实矩阵, 且满足

$$||F(t)||\leqslant 1,\quad ||F_H(t)||\leqslant 1 \tag{5.31}$$

很明显, 上述系统是系统 (5.6)-(5.7) 的特殊情形. 因此, 依照定理 5.3 不难得出不确定系统 (5.27)-(5.28) 的下述稳定性条件.

定理 5.4 如果存在矩阵 $P=P^{\mathrm{T}}\in\mathbb{R}^{n\times n}$, $Q_i\in\mathbb{R}^{n\times m}$, $S_i=S_i^{\mathrm{T}}\in\mathbb{R}^{m\times m}$ 及

$R_{ij}=R_{ji}^{\mathrm{T}}\in\mathbb{R}^{m\times m}$, $i=0,1,\cdots,N$, $j=0,1,\cdots,N$, 使得 LMI (5.16) 及

$$\begin{pmatrix} \Delta-G_\Delta^{\mathrm{T}}G_\Delta & -\varUpsilon^s & -\varUpsilon^a & Z_C & E_p \\ * & R_d+\dfrac{1}{h}S_d-(F^s+F^{s\mathrm{T}})-G_F^{\mathrm{T}}G_F & -F^a & 0 & E_s \\ * & * & \dfrac{3}{h}S_d & 0 & E_a \\ * & * & 0 & S_N & E_z \\ * & * & * & * & I \end{pmatrix}>0 \quad (5.32)$$

成立, 则系统 (5.6)-(5.7) 是渐近稳定的. 其中的符号定义见定理 5.3, 以及

$$G_\Delta=\begin{pmatrix} G_1 & G_2 \end{pmatrix}$$

$$G_F=\begin{pmatrix} \overbrace{G_3 \quad G_3 \quad \cdots \quad G_3}^{N} \end{pmatrix}$$

$$E_p=\begin{pmatrix} PE_1+Q_NE_2 & PE_3 \\ 0 & 0 \end{pmatrix}$$

$$E_s=\begin{pmatrix} \dfrac{1}{2}[(Q_0^{\mathrm{T}}+Q_1^{\mathrm{T}})E_1+(R_{0N}+R_{1N})E_2] & \dfrac{1}{2}(Q_0^{\mathrm{T}}+Q_1^{\mathrm{T}})E_3 \\ \dfrac{1}{2}[(Q_1^{\mathrm{T}}+Q_2^{\mathrm{T}})E_1+(R_{1N}+R_{2N})E_2] & \dfrac{1}{2}[(Q_1^{\mathrm{T}}+Q_2^{\mathrm{T}})E_3 \\ \vdots & \vdots \\ \dfrac{1}{2}[(Q_{N-1}^{\mathrm{T}}+Q_N^{\mathrm{T}})E_1+(R_{N-1,N}+R_{NN})E_2] & \dfrac{1}{2}[(Q_{N-1}^{\mathrm{T}}+Q_N^{\mathrm{T}})E_3 \end{pmatrix}$$

$$E_a=\begin{pmatrix} \dfrac{1}{2}[(Q_0^{\mathrm{T}}-Q_1^{\mathrm{T}})E_1+(R_{0N}-R_{1N})E_2] & \dfrac{1}{2}(Q_0^{\mathrm{T}}-Q_1^{\mathrm{T}})E_3 \\ \dfrac{1}{2}[(Q_1^{\mathrm{T}}-Q_2^{\mathrm{T}})E_1+(R_{1N}-R_{2N})E_2] & \dfrac{1}{2}[(Q_1^{\mathrm{T}}-Q_2^{\mathrm{T}})E_3 \\ \vdots & \vdots \\ \dfrac{1}{2}[(Q_{N-1}^{\mathrm{T}}-Q_N^{\mathrm{T}})E_1+(R_{N-1,N}-R_{NN})E_2] & \dfrac{1}{2}[(Q_{N-1}^{\mathrm{T}}-Q_N^{\mathrm{T}})E_3 \end{pmatrix}$$

$$E_z=\begin{pmatrix} -S_NE_2 & 0 \end{pmatrix}$$

证明　依照定理 5.3, 如果对所有允许的不确定性式 (5.16) 和式 (5.25) 被满足, 则系统 (5.27)-(5.28) 是渐近稳定的. 即在式 (5.25) 中用系统 (5.6)-(5.7) 的系数矩阵取缔系统 (5.27)-(5.28) 的系数矩阵, 这样我们仅需要说明对满足 $||F(t)||\leqslant 1$ 和

$||F_H(t)|| \leqslant 1$ 的所有允许的不确定性, 式 (5.25) 成立等价于单个的 LMI (5.32) 成立.

对于所有允许的不确定性不难看出式 (5.25) 能写成

$$\bar{P} - \bar{E}\bar{F}(t)\bar{G} - (\bar{E}\bar{F}(t)\bar{G})^{\mathrm{T}} > 0 \tag{5.33}$$

其中

$$\bar{P} = \begin{pmatrix} \Delta & -\Upsilon^s & -\Upsilon^a & Z_C \\ * & R_d + \dfrac{1}{h}S_d - (\digamma^s + \digamma^{s\mathrm{T}}) & -\digamma^a & 0 \\ * & * & \dfrac{3}{h}S_d & 0 \\ * & * & * & S_N \end{pmatrix}$$

$$\bar{E} = \begin{pmatrix} E_p^{\mathrm{T}} & E_s^{\mathrm{T}} & E_a^{\mathrm{T}} & E_z^{\mathrm{T}} \end{pmatrix}^{\mathrm{T}}$$

$$\bar{G} = \begin{pmatrix} G_\Delta & 0 & 0 & 0 \\ 0 & G_\digamma & 0 & 0 \end{pmatrix}$$

$$\bar{F}(t) = \begin{pmatrix} F(t) & 0 \\ 0 & F_H(t) \end{pmatrix}$$

而式 (5.33) 对所有的 $||\bar{F}(t)|| \leqslant 1$ 成立等价于存在 $\lambda > 0$ 使得

$$\bar{P} - \lambda\bar{E}\bar{E}^{\mathrm{T}} - \frac{1}{\lambda}\bar{G}^{\mathrm{T}}\bar{G} > 0$$

成立. 两边乘以 λ 且运用 Schur 补, 则上式等价于

$$\begin{pmatrix} \lambda\bar{P} - \bar{G}^{\mathrm{T}}\bar{G} & \lambda\bar{E} \\ \lambda\bar{E}^{\mathrm{T}} & I \end{pmatrix} > 0$$

从上式容易看出, 收缩因子 λ 置为 1 不会引入任何保守性, 只因为变量矩阵 $P = P^{\mathrm{T}}; Q_i, S_i = S_i^{\mathrm{T}}, i = 0, 1, \cdots, N$; $R_{i,j} = R_{j,i}^{\mathrm{T}}, i = 0, 1, \cdots, N, j = 0, 1, \cdots, N$ 将其吸收. 于是令 $\lambda = 1$ 即得式 (5.32). 证毕.

5.5 等比例多时滞系统的等价变换

本节说明本章研究的具有离散和分布时滞的微分差分双方程不仅包含通常的滞后型系统、中立型系统及奇异系统, 而且等比例多时滞的双方程也可以转化为形如式 (5.6) 和式 (5.7) 的标准结构, 也说明了本章研究的系统模型的一般性.

(1) 对于等比例多时滞系统

$$
\begin{aligned}
\dot{x}(t) &= Ax(t) + \sum_{k=1}^{K} B_k y(t-kr) + \sum_{k=1}^{K} H_k \int_{-kr}^{-(k-1)r} y(t+\theta)\mathrm{d}\theta \\
y(t) &= Cx(t) + \sum_{k=1}^{K} D_k y(t-kr)
\end{aligned}
$$

引入变量

$$
\begin{aligned}
z_1(t) &= y(t) \\
z_k(t) &= z_{k-1}(t-r), \quad k=2,\cdots,K
\end{aligned}
$$

那么方程可变换为如式 (5.6) 和式 (5.7) 的标准结构

$$
\begin{aligned}
\dot{x}(t) &= Ax(t) + By(t-r) + H\int_{-r}^{0} z(t+\theta)\mathrm{d}\theta \\
z(t) &= \hat{C}x(t) + Dz(t-r)
\end{aligned}
$$

其中

$$
\begin{aligned}
z(t) &= \begin{pmatrix} z_1^{\mathrm{T}}(t) & z_2^{\mathrm{T}}(t) & \cdots & z_K^{\mathrm{T}} \end{pmatrix}^{\mathrm{T}} \\
B &= \begin{pmatrix} B_1 & B_2 & \cdots & B_K \end{pmatrix} \\
H &= \begin{pmatrix} H_1 & H_2 & \cdots & H_K \end{pmatrix} \\
\hat{C} &= \begin{pmatrix} C^{\mathrm{T}} & 0 & \cdots & 0 \end{pmatrix}^{\mathrm{T}} \\
D &= \begin{pmatrix} D_1 & D_2 & \cdots & D_{k-1} & D_k \\ I & 0 & \cdots & 0 & 0 \\ 0 & I & \cdots & 0 & 0 \\ \vdots & \vdots & & \vdots & \vdots \\ 0 & 0 & \cdots & I & 0 \end{pmatrix}
\end{aligned}
$$

(2) 对于系统

$$
\begin{aligned}
\dot{x}(t) &= Ax(t) + \sum_{k=1}^{K} B_k y(t-kr) + \sum_{k=1}^{K} H_k \int_{-kr}^{0} y(t+\theta)\mathrm{d}\theta \\
y(t) &= Cx(t) + \sum_{k=1}^{K} D_k y(t-kr)
\end{aligned}
$$

可将其重新表述成

$$\dot{x}(t) = Ax(t) + \sum_{k=1}^{K} B_k y(t-kr) + \sum_{k=1}^{K} H_k \sum_{h=1}^{k} \int_{-hr}^{-(h-1)r} y(t+\theta)\mathrm{d}\theta$$

$$y(t) = Cx(t) + \sum_{k=1}^{K} D_k y(t-kr)$$

让

$$H_{sh} = \sum_{k=h}^{K} H_k, \quad h = 1, 2, \cdots, K$$

上述系统可变换为

$$\dot{x}(t) = Ax(t) + \sum_{k=1}^{K} B_k y(t-kr) + \sum_{h=1}^{K} H_{sh} \int_{-hr}^{-(h-1)r} y(t+\theta)\mathrm{d}\theta$$

$$y(t) = Cx(t) + \sum_{k=1}^{K} D_k y(t-kr)$$

这是形如 (1) 考虑的系统, 从而容易将其变换为如式 (5.6) 和式 (5.7) 的标准结构.

5.6 讨论与示例

本节首先说明微分差分双方程表述的系统模型的一般性及其优点. 这样的系统典型的仅有少量的时滞元件. 特别地, 对于有少量时滞元件的大系统, $m \gg n$. 特殊情形, $B=0, D=0$ 时, 系统能被表示为

$$\dot{x}(t) = Ax(t) + HC\int_{-r}^{0} x(t+\theta)\mathrm{d}\theta \tag{5.34}$$

然而, 即使如此情形, 在运用离散化 Lyapunov 方法进行稳定性分析时由式 (5.6) 和式 (5.7) 表述的模型的优点远胜于式 (5.34) 表述的系统模型. 事实上, LMI (5.16) 和式 (5.25) 运用到系统 (5.6)-(5.7) 的阶数分别为 $n+(N+1)m$ 和 $2n+(2N+1)m$, 远小于文献 [70] 中 LMI (32) 和式 (46) 运用到系统 (5.34) 的阶数 $(N+2)n$ 和 $(2N+2)n$.

接下来将给出三个数值例子来说明本章方法的有效性.

例 5.1 考虑系统

$$\dot{x}(t) = A_0 x(t) + \int_{-\frac{r}{2}}^{0} A_1 x(t+\theta)\mathrm{d}\theta + \int_{-r}^{0} A_2 x(t+\theta)\mathrm{d}\theta$$

其中

$$A_0=\begin{pmatrix} -1.5 & 0 \\ 0.5 & -1 \end{pmatrix},\quad A_1=\begin{pmatrix} 2 & 2.5 \\ 0 & -0.5 \end{pmatrix},\quad A_2=\begin{pmatrix} -1 & 0 \\ 0 & -1 \end{pmatrix}$$

Gu 在文献 [72] 的例 7.4 中讨论了上述系统, 且在 $r<2$ 时系统是渐近稳定的. 这里, 我们重新表述具有比例多时滞的上述系统为标准的分布时滞微分差分双方程结构如下

$$\begin{aligned}\dot{x}(t)&=Ax(t)+\int_{-\frac{r}{2}}^{0}By(t+\theta)\mathrm{d}\theta\\ y(t)&=Cx(t)+Dy\left(t-\frac{r}{2}\right)\end{aligned}$$

其中

$$A=A_0,\quad B=\begin{pmatrix} 2 & 2.5 & -1 & 0 \\ 0 & -0.5 & 0 & -1 \end{pmatrix}$$

$$C=\begin{pmatrix} 1 & 0 \\ 0 & 1 \\ 0 & 0 \\ 0 & 0 \end{pmatrix},\quad D=\begin{pmatrix} 0 & 0 & 0 & 0 \\ 0 & 0 & 0 & 0 \\ 1 & 0 & 0 & 0 \\ 0 & 1 & 0 & 0 \end{pmatrix}$$

运用定理 5.3, 对于 $N=2$ 和 $N=3$ 的结果分别是 1.9986 和 1.9999.

例 5.2　考虑下述不确定中立型系统

$$\begin{aligned}\frac{\mathrm{d}}{\mathrm{d}t}[x(t)-(C+\Delta C)x(t-h)]=&(A+\Delta A)x(t)+(B+\Delta B)x(t-r)\\ &+(D+\Delta D)\int_{t-\tau}^{0}x(s)\mathrm{d}s\end{aligned}\tag{5.35}$$

其中

$$A=\begin{pmatrix} -0.9 & 0.2 \\ 0.1 & -0.9 \end{pmatrix},\quad B=\begin{pmatrix} -1.1 & -0.2 \\ 0.1 & -1.1 \end{pmatrix}$$

$$C=\begin{pmatrix} -0.2 & 0 \\ 0.2 & -0.1 \end{pmatrix},\quad D=\begin{pmatrix} -0.12 & -0.12 \\ -0.12 & 0.12 \end{pmatrix}$$

且有扰动描述

$$\begin{pmatrix} \Delta A & \Delta B & \Delta C & \Delta D \end{pmatrix}=I_2F(t)\begin{pmatrix} 0.1I_2 & 0.1I_2 & 0.1I_2 & 0.1I_2 \end{pmatrix}$$

这里假定 ΔC 是非时变的不确定性.

当 $\tau=0.1$ 及 $r=0.1$ 时, 文献 [80]～ 文献 [82] 计算得出保证系统稳定的时滞 h 的最大估计值分别为 1.1、1.2 及 1.3. 这里, 让 $y(t)=x(t)-(C+\Delta C)x(t-h), z(t)=x(t)$, 则上述系统能被表示为双微分差分方程

$$\begin{aligned}\dot{y}(t)=&(A+\Delta A)y(t)+(A+\Delta A)(C+\Delta C)z(t-h)\\&+(B+\Delta B)z(t-r)+(D+\Delta D)\int_{-\tau}^{0}z(t+s)\mathrm{d}s\end{aligned} \tag{5.36}$$

$$z(t)=y(t)+(C+\Delta C)z(t-h) \tag{5.37}$$

且当 $h=r=\tau$ 时, 不确定性可表示为

$$\begin{pmatrix}\Delta A & \Delta\tilde{B}\\ 0 & \Delta C\end{pmatrix}=\begin{pmatrix}1.1I_2 & 0\\ 0 & 1.1I_2\end{pmatrix}\begin{pmatrix}\dfrac{F(t)}{1.1} & \dfrac{F^2(t)}{11}\\ 0 & \dfrac{F(t)}{1.1}\end{pmatrix}\begin{pmatrix}0.1I_2 & 0.1(A+C+I_2)\\ 0 & 0.1I_2\end{pmatrix}$$

$$\Delta D=IF(t)0.1I_2$$

其中, $\Delta\tilde{B}=\Delta AC+C\Delta A+\Delta B+\Delta A\Delta C$. 注意到

$$\left\|\begin{pmatrix}\dfrac{F(t)}{1.1} & \dfrac{F^2(t)}{11}\\ 0 & \dfrac{F(t)}{1.1}\end{pmatrix}\right\|\leqslant\left\|\begin{pmatrix}\dfrac{F(t)}{1.1} & 0\\ 0 & \dfrac{F(t)}{1.1}\end{pmatrix}\right\|+\left\|\begin{pmatrix}0 & \dfrac{F^2(t)}{11}\\ 0 & 0\end{pmatrix}\right\|\leqslant 1$$

并应用定理 5.4, 计算 $N=2$ 时的最大时滞估计为 1.3693.

当 $h=r$ 及 $\tau=10r$ 时, 让 $z_1(t)=z(t), z_k(t)=z_{k-1}(t-r), k=2,3,\cdots,10$, 那么上述系统能被转换为如下标准结构

$$\begin{aligned}\dot{y}(t)=&(A+\Delta A)y(t)+(\bar{B}+\Delta\bar{B})\bar{z}(t-r)+(\bar{D}+\Delta\bar{D})\int_{-r}^{0}\bar{z}(t+s)\mathrm{d}s\\ \bar{z}(t)=&My(t)+(\bar{C}+\Delta\bar{C})z(t-r)\end{aligned}$$

其中

$$\begin{aligned}\bar{z}=&\begin{pmatrix}z_1^{\mathrm{T}} & z_2^{\mathrm{T}} & \cdots & z_{10}^{\mathrm{T}}\end{pmatrix}^{\mathrm{T}}\\ \bar{B}=&\begin{pmatrix}AC+B & 0 & \cdots & 0\end{pmatrix}\\ \bar{D}=&\begin{pmatrix}D & D & \cdots & D\end{pmatrix}\\ M=&\begin{pmatrix}I_2 & 0 & \cdots & 0\end{pmatrix}^{\mathrm{T}}\end{aligned}$$

$$\bar{C}=\begin{pmatrix} C & 0 & \cdots & 0 & 0 \\ I_2 & 0 & \cdots & 0 & 0 \\ 0 & I_2 & \cdots & 0 & 0 \\ 0 & \vdots & & \vdots & 0 \\ 0 & 0 & \cdots & I_2 & 0 \end{pmatrix}$$

且不确定性可表示为

$$\begin{pmatrix} \Delta A & \Delta \bar{B} \\ 0 & \Delta \bar{C} \end{pmatrix}=\begin{pmatrix} 1.1I_2 & 0 \\ 0 & 1.1L^{\mathrm{T}} \end{pmatrix}\begin{pmatrix} \dfrac{F(t)}{1.1} & \dfrac{F^2(t)}{11} \\ 0 & \dfrac{F(t)}{1.1} \end{pmatrix}\begin{pmatrix} 0.1I_2 & 0.1(A+C+I_2)L \\ 0 & 0.1L \end{pmatrix}$$

$$\Delta \bar{D}=I_2F(t)\begin{pmatrix} 0.1I_2 & 0.1I_2 & \cdots & 0.1I_2 \end{pmatrix}$$

其中

$$L=\begin{pmatrix} I_2 & 0 & \cdots & 0 \end{pmatrix}$$

运用定理 5.4, $N=1$ 时计算得稳定时滞的最大估计为 $r_N=h_N=0.5767,\tau_N=5.767$. 如果置 $h=\tau$ 及 $r=15r$, 则 $N=1$ 时稳定时滞的最大估计值为 $\tau_N=h_N=0.3844, r_N=5.766$. 从上面的计算结果可以看出, 由离散化 Lyapunov-Krasovskii 泛函方法所得结果有很小的保守性.

注 5.1　上述示例中, 我们将中立型不确定系统变换成了双方程结构, 并且重新改写了不确性的描述, 可以看出新描述的不确定性包含不确定项 $\Delta A\Delta C$, 这样的项的存在使得较难将不确定性重新写成形如式 (5.29) 和式 (5.30) 且满足式 (5.31) 的结构. 一般来说, 形如式 (5.35) 的中立型系统, 其模有界不确定性描述为

$$\begin{pmatrix} \Delta A & \Delta B & \Delta C & \Delta D \end{pmatrix}=EF(t)\begin{pmatrix} G_1 & G_2 & G_3 & G_4 \end{pmatrix}$$

以及 $||F(t)||\leqslant 1$. 那么, 由中立型系统 (5.35) 变换而来的双时滞系统 (5.36)-(5.37) 的不确定性可以描述为

$$\begin{pmatrix} \Delta A & \Delta \tilde{B} \\ 0 & \Delta C \end{pmatrix}=\begin{pmatrix} E & AE \\ 0 & E \end{pmatrix}\begin{pmatrix} F(t) & F(t)G_1EF(t) \\ 0 & F(t) \end{pmatrix}\begin{pmatrix} G_1 & G_1C+G_2 \\ 0 & G_3 \end{pmatrix}$$

$$\Delta D=EF(t)G_4$$

且具有

$$\left\|\begin{pmatrix} F(t) & F(t)G_1EF(t) \\ 0 & F(t) \end{pmatrix}\right\|\leqslant 1+||G_1E||$$

例 5.3 考虑 1951 年 Crocco 给出的压力输送系统助推火箭发动机系统[83]，其线性化系统方程为 (见文献 [84])

$$\dot{x}(t) = A_0 x(t) + \int_{-r}^{0} A_1 x(t+\theta)\mathrm{d}\theta + Ku(t)$$

其中

$$A_0 = \begin{pmatrix} \gamma-1 & 0 & 0 & 0 \\ 0 & 0 & 0 & -5 \\ -0.5556 & 0 & -0.5556 & 0.5556 \\ 0 & 1 & -1 & 0 \end{pmatrix}$$

$$A_1 = \begin{pmatrix} -\dfrac{\gamma}{r} & 0 & \dfrac{1}{r} & 0 \\ 0 & 0 & 0 & 0 \\ 0 & 0 & 0 & 0 \\ 0 & 0 & 0 & 0 \end{pmatrix}, \quad K = \begin{pmatrix} 0 \\ 5 \\ 0 \\ 0 \end{pmatrix}$$

γ 和 r 的标称值分别为 $\gamma_0 = 1$ 和 $r_0 = 1$, 因此, 很容易将上述系统方程重写为微分差分双方程形式

$$\dot{x}(t) = (A + \Delta A)x(t) + \int_{-r}^{0} (H + \Delta H)y(t+\theta)\mathrm{d}\theta + Ku(t)$$
$$y(t) = Cx(t)$$

其中

$$A = \begin{pmatrix} \gamma_0-1 & 0 & 0 & 0 \\ 0 & 0 & 0 & -5 \\ -0.5556 & 0 & -0.5556 & 0.5556 \\ 0 & 1 & -1 & 0 \end{pmatrix}$$

$$H = \begin{pmatrix} -\dfrac{\gamma_0}{r_0} & \dfrac{1}{r_0} \\ 0 & 0 \\ 0 & 0 \\ 0 & 0 \end{pmatrix}$$

$$C = \begin{pmatrix} 1 & 0 & 0 & 0 \\ 0 & 0 & 1 & 0 \end{pmatrix}$$

且不确定性能被写成以下情形.

情形 1: 仅参数 γ 变化时, 扰动被描述为

$$\begin{pmatrix} \Delta A & \Delta H \end{pmatrix} = \begin{pmatrix} \Delta\gamma_{\max} \\ 0 \\ 0 \\ 0 \end{pmatrix} \frac{\Delta\gamma}{\Delta\gamma_{\max}} \begin{pmatrix} 1 & 0 & 0 & 0 & | & -1 & 0 \end{pmatrix}$$

其中, $\gamma_{\max} = \max\{|\gamma_{\min} - \gamma_0|; |\gamma_{\max} - \gamma_0|\}$. 文献 [80] 和文献 [85] 给出 $\Delta\gamma_{\max}$ 的估计值分别是 0.16 和 0.49. 而使用本章给出的结论, 取分割 $N = 2$ 得到 $\Delta\gamma_{\max}$ 的估计值是 0.5.

情形 2: 仅参数 r 变化时, 扰动描述为

$$\begin{aligned} \Delta A &= 0 \\ \Delta H &= \begin{pmatrix} \Delta\rho_{\max} \\ 0 \\ 0 \\ 0 \end{pmatrix} \frac{\Delta\rho}{\Delta\rho_{\max}} \begin{pmatrix} -1 & 1 \end{pmatrix} \end{aligned}$$

其中, $\Delta\rho = \dfrac{1}{r} - \dfrac{1}{r_0}, \Delta\rho_{\max} = \max\left\{\left|\dfrac{1}{r_{\min}} - \dfrac{1}{r_0}\right|, \left|\dfrac{1}{r_{\max}} - \dfrac{1}{r_0}\right|\right\}$. 文献 [80] 和文献 [85] 给出 $\Delta r_{\max}$ 的估计值分别为 0.1314 和 0.3241. 而由本章结论可知, 对于不同的分割 $N = 2, 3, 4, 5,$, 得出 $\Delta r_{\max}$ 的估计值分别为 0.7221、0.7656、0.7775、0.7799.

上面的计算数值不仅说明了由微分差分双方程描述模型的优点, 而且说明了在系统的稳定性分析中离散化 Lyapunov-Krasovskii 泛函方法大大优于其他方法, 其结论有很小的保守性.

第6章　具有多个分布时滞泛函微分双时滞系统的精细化稳定性

本章主要讨论具有多个分布时滞的泛函微分双方程的稳定性问题. 6.1 节主要介绍本章的研究思路及其方法和手段. 6.2 节对研究的问题进行阐述并引出 Lyapunov 稳定性定理. 6.3 节通过构造 Lyapunov 泛函探讨子系统差分积分方程的指数稳定性. 6.4 节将一个简单的 Lyapunov-Krasovskii 泛函附加给完全的二次 Lyapunov-Krasovskii 泛函作为补偿, 并通过离散化方法获得了全系统稳定的充分条件. 6.5 节对本章的结果进行扩展和讨论, 并通过两个具体示例说明本章结果的优越性.

6.1　引　　言

文献 [86]、文献 [87] 和文献 [88] 应用离散化 Lyapunov-Krasovskii 泛函方法研究了具有离散和分布时滞双方程的稳定性, 其中分布时滞仅仅出现在微分方程中. 本章旨在讨论微分方程和差分方程中均有分布时滞项的泛函微分双方程的稳定性. 为了克服或消除分布时滞带来的不连续性, 且既能操作离散化又能够改善 LMI 解的结果, 一些自由矩阵也许像 Souza 在文献 [89]~ 文献 [91] 那样可以被引入, 即所谓的“自由权矩阵方法”. 自由权矩阵方法从形式上看似利用系统方程本身或者 Newton-Leibniz 公式等一些结果为零的式子以达到在 LMI 表述的结果中引入一些矩阵变量的目的, 而其本质在于在 LMI 中引入一些松弛变量来解决数值方法解 LMI 时带来的不足. 诚然, 这样的方法将必然扩大结果中 LMI 的阶数, 自然使得应用 MATLAB 软件的 LMI 工具箱作逼近的计算速度有所延缓. 基于此原因, 本章没有采用权矩阵的方法, 而是附加了一个类似于可离散化的完全的二次 Lyapunov-Krasovskii 泛函的简单 Lyapunov-Krasovskii 泛函, 同样达到了在 LMI 表述的结果中引入松弛变量的目的 [92]. 另外, 附加的 Lyapunov-Krasovskii 泛函被引入也起到了调节和克服由分布时滞引起的不连续性. 数值例子说明运用本章的离散化稳定性结果, 时滞最大上界的解析结果能被更好地逼近.

6.2 问题的描述

考虑双泛函微分方程

$$\dot{x}(t) = Ax(t) + By(t-r) + \int_{-r}^{0} H(\theta)y(t+\theta)\mathrm{d}\theta \tag{6.1}$$

$$y(t) = Cx(t) + Dy(t-r) + \int_{-r}^{0} M(\theta)y(t+\theta)\mathrm{d}\theta \tag{6.2}$$

初值条件

$$x(t_0) = \psi$$

$$y_{t_0} = \phi$$

其中, $x(t) \in \mathbb{R}^n, y(t) \in \mathbb{R}^m$ 是状态向量; $r \in \mathbb{R}_+$ 是常数时滞; $A \in \mathbb{R}^{n\times n}, B \in \mathbb{R}^{n\times m}, C \in \mathbb{R}^{m\times n}, D \in \mathbb{R}^{m\times m}$ 是一些实矩阵; $H(\theta) \in \mathbb{R}^{n\times m}, M(\theta) \in \mathbb{R}^{m\times m}$ 是 θ 分段独立的, 即存在 $0 = r_0 < r_1 < \cdots < r_K = r$, 使得对 $-r_i \leqslant \theta < -r_{i-1}$, $i = 1, 2, \cdots, K$ 有

$$H(\theta) = \tilde{H}_i \tag{6.3}$$

$$M(\theta) = \tilde{M}_i \tag{6.4}$$

本章假定差分积分算子

$$\aleph(\phi) = \phi(0) - D\phi(-r) - \int_{-r}^{0} M(\theta)\phi(\theta)\mathrm{d}\theta \tag{6.5}$$

是稳定的. 由文献 [5] 知式 (6.5) 的稳定性等价于存在常数 $c > 0$ 和 $\delta > 0$ 使得对任意 $x \in \mathcal{C}([0,\infty), \mathbb{R}^n)$, 式 (6.2) 的解 y 满足

$$||y(t_0, x, \phi)|| \leqslant c(\delta)[||\phi|| \exp^{-\delta(t-t_0)} + \sup_{t_0 \leqslant s \leqslant t} ||x(s)||]$$

也就是说, 差分积分方程 (6.2) 是输入输出稳定的, x 作为输入, y 作为输出 [57]. 下面给出系统 (6.1)-(6.4) 的 Lyapunov 稳定性定理 [51].

定理 6.1 系统 (6.1)-(6.4) 是一致渐近稳定的, 如果差分积分算子 (6.5) 是稳定的, 且存在泛函 $V: \mathbb{R} \times \mathbb{R}^n \times \mathcal{PC} \to \mathbb{R}$, 使得对一些 $\varepsilon > 0$ 和 $\eta > 0$, 有

$$\varepsilon||\psi||^2 \leqslant V(t, \psi, \phi) \leqslant \eta||(\psi, \phi)||^2 \tag{6.6}$$

和

$$\dot{V}(t, \psi, \phi) \leqslant -\varepsilon||\psi||^2 \tag{6.7}$$

被满足.

6.3 差分积分方程的稳定性

由定理 6.1 知子系统 (6.2) 的稳定性是全系统 (6.1)-(6.2) 稳定的必要条件. 而子系统 (6.2) 的稳定性等价于方程

$$y(t) = Dy(t-r) + \int_{-r}^{0} M(\theta)y(t+\theta)\mathrm{d}\theta \tag{6.8}$$

的稳定性. 对于给定的初值函数 $\phi \in \mathcal{PC}$, 参照文献 [93] 我们用 $y(t,\phi)$ 表示式 (6.8) 的唯一解.

Hale 与 Verduyn 在文献 [5] 中说明, 如果

$$\|D\| + \sum_{i=1}^{K}(r_i - r_{i-1})\|\tilde{M}_i\| < 1$$

则方程 (6.8) 是指数稳定的, 其中式 (6.4) 描述的 M 是 θ 分段独立的.

尽管上述条件对于方程 (6.8) 来说易于验证, 但是较为保守. 下面我们将应用来自文献 [94] 的 Lyapunov 稳定性定理去探讨方程 (6.8) 的新的指数稳定性条件.

命题 6.1 假设差分积分算子 $\mathcal{D}(\phi) = \phi(0) - D\phi(-r)$ 是时滞无关指数稳定的. 如果存在泛函 $v: \mathcal{PC} \to \mathbb{R}$ 使得 $t \to v(y_t(\phi))$ 在 $\mathbb{R}_+$ 上可微, 且下述两个条件:

(i) $\alpha_1 \int_{-r}^{0} \|\phi(\theta)\|^2 \mathrm{d}\theta \leqslant v(\phi) \leqslant \alpha_2 \int_{-r}^{0} \|\phi(\theta)\|^2 \mathrm{d}\theta, \quad 0 < \alpha_1 \leqslant \alpha_2$

(ii) $\dot{v}(y_t(\phi)) \leqslant -\beta \int_{-r}^{0} \|y(t+\theta,\phi)\|^2 \mathrm{d}\theta, \quad \beta > 0$

成立, 则方程 (6.8) 是指数稳定的.

依照上述命题, 我们将给出子系统 (6.2) 的 LMI 输入输出稳定性条件.

引理 6.1 如果存在正定矩阵 $X, Y_1, \cdots, Y_K$ 使得 LMI

$$\begin{pmatrix} -X & 0 & D^{\mathrm{T}}Z \\ * & -\dfrac{Y_i}{r} & \tilde{M}_i^{\mathrm{T}}Z \\ * & * & -Z \end{pmatrix} < 0, \quad i = 1, 2, \cdots, K \tag{6.9}$$

被满足, 则方程 (6.8) 是指数稳定的. 其中

$$Z = X + \sum_{i=1}^{K} h_i Y_i, \quad h_i = r_i - r_{i-1}, \quad i = 1, 2, \cdots, K$$

证明 式 (6.9) 蕴含着 $X - D^{\mathrm{T}}ZD > 0$. 由 $Z = X + \sum_{i=1}^{K} h_i Y_i > X$ 得 $X - D^{\mathrm{T}}XD > 0$. 这说明差分算子 $\mathcal{D}(\phi)$ 是时滞无关指数稳定的. 依照命题 6.1 选择 Lyapunov 泛函为

$$v(t) = \int_{-r}^{0} y^{\mathrm{T}}(t+\theta)Xy(t+\theta)\mathrm{d}\theta + \sum_{i=1}^{K}\int_{-r_i}^{-r_{i-1}}\int_{t+\theta}^{t} y^{\mathrm{T}}(\sigma)Y_i y(\sigma)\mathrm{d}\sigma\mathrm{d}\theta$$

显然, 上述 Lyapunov 泛函满足命题 6.1 的条件 (i), 对于条件 (ii) 我们进行下面的操作

$$\begin{aligned}\dot{v}(t) = & y^{\mathrm{T}}(t-r)[D^{\mathrm{T}}ZD - X]y(t-r) \\ & +2y^{\mathrm{T}}(t-r)D^{\mathrm{T}}Z\xi(t) + \xi^{\mathrm{T}}(t)W\xi(t) \\ & -\sum_{i=1}^{K}\int_{-r_i}^{-r_{i-1}} y^{\mathrm{T}}(t+\theta)Y_i y(t+\theta)\mathrm{d}\theta\end{aligned}$$

其中

$$\xi(t) = \sum_{i=1}^{K}\tilde{M}_i\int_{-r_i}^{-r_{i-1}} y(t+\theta)\mathrm{d}\theta$$

应用 Jensen 不等式并注意到 $\tilde{M(\theta)}$ 是关于 θ 分段独立的, 那么

$$\begin{aligned}& \xi^{\mathrm{T}}(t)W\xi(t) \\ = & \left(\int_{-r}^{0} M(\theta)y(t+\theta)\mathrm{d}\theta\right)^{\mathrm{T}} W \left(\int_{-r}^{0} M(\theta)y(t+\theta)\mathrm{d}\theta\right) \\ \leqslant & r\int_{-r}^{0} y^{\mathrm{T}}(t+\theta)M^{\mathrm{T}}(\theta)WM(\theta)y(t+\theta)\mathrm{d}\theta \\ = & r\sum_{i=1}^{K}\int_{-r_i}^{-r_{i-1}} y^{\mathrm{T}}(t+\theta)\tilde{M}_i^{\mathrm{T}}W\tilde{M}_i y(t+\theta)\mathrm{d}\theta\end{aligned}$$

于是可得

$$\dot{v}(t) \leqslant \sum_{i=1}^{K}\int_{-r_i}^{-r_{i-1}} \Psi^{\mathrm{T}}(\theta)\Xi_i\Psi(\theta)\mathrm{d}\theta$$

其中

$$\Psi(\theta) = \begin{pmatrix} y(t-r) \\ y(t+\theta) \end{pmatrix}$$

$$\Xi_i = \begin{pmatrix} \frac{1}{r}(D^{\mathrm{T}}ZD - X) & D^{\mathrm{T}}Z\tilde{M}_i \\ * & r\tilde{M}_i^{\mathrm{T}}Z\tilde{M}_i - Y_i \end{pmatrix}$$

由 Schur 补知, 式 (6.9) 等价于 $\Xi_i < 0,\ i = 1, 2, \cdots, K$. 紧接着可得 Lyapunov 泛函的导数的上界为

$$\begin{aligned}\dot{v}(t) &\leqslant \sum_{i=1}^{K} \int_{-r_i}^{-r_{i-1}} \lambda_{\max}(\Xi_i) \|\Psi(\theta)\|^2 \mathrm{d}\theta \\ &\leqslant -\beta \int_{-r}^{0} \|y(t+\theta)\|^2 \mathrm{d}\theta\end{aligned}$$

其中, $\beta = -\max_{1\leqslant i\leqslant K}\{\lambda_{\max}(\Xi_i)\} > 0$. 因此, 命题 6.1 的条件 (ii) 被满足, 证毕.

注 6.1 当 $K = 1$ 时, 设 $X = \alpha_1 \tilde{Q}$, $rY_1 = (1-\alpha_1)\tilde{Q} = \alpha_2 \tilde{Q}$ 及 $\tilde{M}_1 = M$, 式 (6.9) 和文献 [95] 的结果等价.

6.4 全系统的稳定性

本节探讨全系统 (6.1)-(6.2) 的可进行数值测试的稳定性结果. 考虑下面形式的 Lyapunov-Krasovskii 泛函

$$V(\psi, \phi) = V_1(\psi, \phi) + V_2(\psi, \phi) \tag{6.10}$$

其中

$$\begin{aligned}V_1(\psi, \phi) =& \psi^{\mathrm{T}} P_1 \psi + 2\psi^{\mathrm{T}} \int_{-r}^{0} Q(\eta)\phi(\eta)\mathrm{d}\eta \\ &+ \int_{-r}^{0}\int_{-r}^{0} \phi^{\mathrm{T}}(\xi) R(\xi, \eta)\phi(\eta)\mathrm{d}\xi\mathrm{d}\eta \\ &+ \int_{-r}^{0} \phi^{\mathrm{T}}(\eta) S(\eta)\phi(\eta)\mathrm{d}\eta \end{aligned} \tag{6.11}$$

$$\begin{aligned}V_2(\psi, \phi) =& \psi^{\mathrm{T}} P_2 \psi + 2\psi^{\mathrm{T}} \int_{-r}^{0} \bar{Q}(\eta)\phi(\eta)\mathrm{d}\eta \\ &+ \int_{-r}^{0} \phi^{\mathrm{T}}(\eta) \bar{S}(\eta)\phi(\eta)\mathrm{d}\eta \end{aligned} \tag{6.12}$$

其中, $P_1 = P_1^{\mathrm{T}} \in \mathbb{R}^{m\times m}, Q(\eta) \in \mathbb{R}^{m\times n}, R(\xi,\eta) = R^{\mathrm{T}}(\eta,\xi) \in \mathbb{R}^{n\times n}, S(\eta) = S^{\mathrm{T}}(\eta) \in \mathbb{R}^{n\times n}$ 是连续分片可微的矩阵函数, $-r \leqslant \xi, \eta \leqslant 0$. 易见 $V_1(\psi, \phi)$ 是一个二次 Lyapunov-Krasovskii 泛函, 且它的存在性是系统 (6.1)-(6.2) 稳定的充分条件. 一般来说, 矩阵函数 $Q(\eta)$、$S(\eta)$ 和 $R(\xi,\eta)$ 对于变量 ξ 和 η 在 $-r_i$ $(i = 1, 2, \cdots, K-1)$ 这些点处具有不连续性. 为了消除不连续函数带来的影响, 我们引入 V_2 来援支 V_1. 由于引入附加函数 $\bar{Q}(\eta)$ 和 $\bar{S}(\eta)$ 仅仅是为了抵消不连续性的影响, 我们限制这些

函数为下面的特殊形式

$$\bar{Q}(\theta)=Q^i, \quad \theta \in [-r_i, -r_{i-1})$$
$$\bar{S}(\theta)=S^i, \quad \theta \in [-r_i, -r_{i-1})$$

其中, $Q^i, S^i, i=1,2,\cdots,K$ 为常数矩阵.

对式 (6.10) 表述的 V 沿着系统 (6.1)-(6.2) 的轨迹求导数有

$$\dot{V}(\psi,\phi)=\dot{V}_1(\psi,\phi)+\dot{V}_2(\psi,\phi)=-\Phi^{\mathrm{T}}\bar{\Delta}\Phi-\mathcal{W}(\psi,\phi) \tag{6.13}$$

其中

$$\begin{aligned}
\mathcal{W}(\psi,\phi)=&\Psi^{\mathrm{T}}\Delta\Psi-\varphi^{\mathrm{T}}\int_{-r}^{0}[\Upsilon(\eta)-\dot{Q}^{\Upsilon}(\eta)]\phi(\eta)\mathrm{d}\eta\\
&-2\int_{-r}^{0}\phi^{\mathrm{T}}(\xi)H^{\mathrm{T}}(\xi)\mathrm{d}\xi\int_{-r}^{0}[\bar{Q}(\eta)+Q(\eta)]\phi(\eta)\mathrm{d}\eta\\
&-2\int_{-r}^{0}\phi^{\mathrm{T}}(\xi)M^{\mathrm{T}}(\xi)\mathrm{d}\xi\int_{-r}^{0}R^{\mathrm{T}}(\eta,0)\phi(\eta)\mathrm{d}\eta\\
&+\int_{-r}^{0}\mathrm{d}\xi\int_{-r}^{0}\phi^{\mathrm{T}}(\xi)\left[\frac{\partial R(\xi,\eta)}{\partial\xi}+\frac{\partial R(\xi,\eta)}{\partial\eta}\right]\phi(\eta)\mathrm{d}\eta\\
&-\int_{-r}^{0}\phi^{\mathrm{T}}(\xi)M^{\mathrm{T}}(\xi)\mathrm{d}\xi[S^1+S(0)]\int_{-r}^{0}M(\eta)\phi(\eta)\mathrm{d}\eta\\
&+\int_{-r}^{0}\phi^{\mathrm{T}}(\eta)\dot{S}(\eta)\phi(\eta)\mathrm{d}\eta
\end{aligned}$$

$$\bar{\Delta}=\begin{pmatrix}\bar{\Delta}_{11} & \bar{\Delta}_{12}\\ \bar{\Delta}_{12}^{\mathrm{T}} & \bar{\Delta}_{22}\end{pmatrix}$$

$$\begin{aligned}
\bar{\Delta}_{11}=&G\\
\bar{\Delta}_{12}=&\begin{pmatrix} Q^1-Q^2 & \cdots & Q^{K-2}-Q^{K-1} & Q^{K-1}\end{pmatrix}\\
\bar{\Delta}_{22}=&\mathrm{diag}\begin{pmatrix} S^1-S^2 & \cdots & S^{K-2}-S^{K-1} & S^{K-1}\end{pmatrix}
\end{aligned}$$

$$\Delta=\begin{pmatrix}\Delta_{11} & \Delta_{12}\\ \Delta_{12}^{\mathrm{T}} & \Delta_{22}\end{pmatrix}$$

$$\begin{aligned}
\Delta_{11}=&-A^{\mathrm{T}}P-PA-C^{\mathrm{T}}[S^1+S(0)]C\\
&-[Q^1+Q(0)]C-C^{\mathrm{T}}[Q^{1\mathrm{T}}+Q^{\mathrm{T}}(0)]-G
\end{aligned}$$

$$\Delta_{12} = -PB + Q(-r) - [Q^1 + Q(0)]D - C^{\mathrm{T}}[S^1 + S(0)]D$$
$$\Delta_{22} = S(-r) - D^{\mathrm{T}}[S^1 + S(0)]D$$

$$\varUpsilon(\eta) = \begin{pmatrix} \varUpsilon_1(\eta) \\ \varUpsilon_2(\eta) \end{pmatrix}$$

$$\begin{aligned}\varUpsilon_1(\eta) =& PH(\eta) + [Q^1 + Q(0)]M(\eta) + C^{\mathrm{T}}R^{\mathrm{T}}(\eta, 0) \\ &+ A^{\mathrm{T}}[\bar{Q}(\eta) + Q(\eta)] + C^{\mathrm{T}}[S^1 + S(0)]M(\eta) \\ \varUpsilon_2(\eta) =& B^{\mathrm{T}}[\bar{Q}(\eta) + Q(\eta)] + D^{\mathrm{T}}R^{\mathrm{T}}(\eta, 0) \\ &+ D^{\mathrm{T}}[S^1 + S(0)]M(\eta) - R^{\mathrm{T}}(\eta, -r)\end{aligned}$$

$$\dot{Q}^{\varUpsilon}(\eta) = \begin{pmatrix} \dot{Q}(\eta) \\ 0 \end{pmatrix}$$

且

$$P = P_1 + P_2$$

及

$$\varPhi = \begin{pmatrix} \psi \\ \phi(-r_1) \\ \phi(-r_2) \\ \vdots \\ \phi(-r_K) \end{pmatrix}, \quad \varPsi = \begin{pmatrix} \psi \\ \phi(-r) \end{pmatrix}$$

仔细观察发现 $\dot{V}$ 中引入的对称正定矩阵 (6.13) 中 $\bar{\Delta}$ 中的 $\Delta_{11} = G$ 是 $\varPhi^{\mathrm{T}}\bar{\Delta}\varPhi$ 和 $\varPsi^{\mathrm{T}}\Delta\varPsi$ 之间的调节矩阵. 对于式 (6.10)~ 式 (6.12) 表述的 Lyapunov-Krasovskii 泛函 V, 系统 (6.1)-(6.4) 稳定性变成了寻求一个形如式 (6.10) 的 Lyapunov-Krasovskii 泛函, 使得对于一些 $\varepsilon > 0$, 满足

$$V(\psi, \phi) \geqslant \varepsilon ||\psi||^2 \tag{6.14}$$

以及它的导数式 (6.13) 满足式 (6.7). 注意到 V 的形式, 即知式 (6.6) 表示的 V 的上界总是存在的. 很明显 V 由一个简单 Lyapunov-Krasovskii 泛函 V_2 和一个完全的二次 Lyapunov-Krasovskii 泛函 V_1 所构成, 为了强化条件的计算精度, 我们将在下面对泛函 V_1 实施离散化操作.

类似于文献 [86], 下面我们将限制函数 Q、R 和 S 为分片线性的. 特别地, 分割时滞区间 $[-r, 0]$ 为 N 个长度为 $h_i = \theta_i - \theta_{i-1}$ 的小区间 $\mathcal{I}_i = [\theta_i, \theta_{i-1}]$,

$i=1,2,\cdots,N$. 这样的分割方法使得所有的 $-r_i$ 被包括在分点 θ_j 的序列之中, $0=\theta_0>\theta_1>\cdots>\theta_N=-r$. 这样, 方形区域 $[-r,0]\times[-r,0]$ 就被分成 $N\times N$ 个小矩形 $[\theta_i,\theta_{i-1}]\times[\theta_j,\theta_{j-1}], i=1,2,\cdots,N, j=1,2,\cdots,N$, 每一个小矩形进一步被分割成两个小三角形. 让

$$Q(\theta_i+\alpha h_i)=(1-\alpha)Q_i+\alpha Q_{i-1} \tag{6.15}$$

$$S(\theta_i+\alpha h_i)=(1-\alpha)S_i+\alpha S_{i-1} \tag{6.16}$$

$$\begin{aligned}&R(\theta_i+\alpha h_i,\theta_j+\beta h_j)\\&=\begin{cases}(1-\alpha)R_{ij}+\beta R_{i-1,j-1}+(\alpha-\beta)R_{i-1,,j}, & \alpha\geqslant\beta\\(1-\beta)R_{ij}+\alpha R_{i-1,j-1}+(\beta-\alpha)R_{i,,j-1}, & \alpha<\beta\end{cases}\end{aligned} \tag{6.17}$$

其中, $0\leqslant\alpha,\beta\leqslant 1$. 那么 V_1 完全被矩阵 $P_1=P_1^{\mathrm{T}}$, Q_i, $S_i=S_i^{\mathrm{T}}$ 及 $R_{ij}=R_{ji}^{\mathrm{T}}(i=0,1,\cdots,N,\ j=0,1,\cdots,N)$ 所确定.

在离散化过程中涉及分段线性矩阵函数 $H(\theta)$、$M(\theta)$、$\bar{Q}(\theta)$ 和 $\bar{S}(\theta)$. 为方便操作, 我们可以选择不连续点 $-r_k(k=1,\cdots,K-1)$ 作为其中的一些分点, 使得

$$\begin{aligned}&H(\theta)=H_i\\&M(\theta)=M_i,\theta\in[\theta_i,\theta_{i-1}),\quad i=1,2,\cdots,N\\&\bar{Q}(\theta)=Q^i\\&\bar{S}(\theta)=S^i,\quad\theta\in[\theta_i,\theta_{i-1}),\quad i=1,2,\cdots,N\end{aligned}$$

其中, 对于一些 i, $H_i=\tilde{H}_j, M_i=\tilde{M}_j, Q^i=Q^j, S^i=S^j$, $j=1,\cdots,K-1$. 如此, 系统的稳定性问题就转变成了满足式 (6.14) 和式 (2.14) 的 Q^i 和 S^i 这些矩阵的存在性问题. 下面的定理的建立满足条件 (6.14).

引理 6.2 式 (6.10)~ 式 (6.12) 表示的 Lyapunov-Krasovskii 泛函 $V(\psi,\phi)$, 具有 Q、R 和 S 分片线性的如式 (6.15)~ 式 (6.17), 如果

$$S_i>0,\quad i=1,2,\cdots,N \tag{6.18}$$

$$\begin{pmatrix}P_1 & \tilde{Q}\\ \tilde{Q}^{\mathrm{T}} & \tilde{R}+\tilde{S}\end{pmatrix}>0 \tag{6.19}$$

及

$$\begin{pmatrix}P_2 & \hat{Q}\\ \hat{Q}^{\mathrm{T}} & \hat{S}\end{pmatrix}>0 \tag{6.20}$$

成立, 则 Lyapunov-Krasovskii 泛函条件 (6.14) 被满足. 其中

$$\tilde{Q}=\begin{pmatrix}Q_0 & Q_1 & \cdots & Q_N\end{pmatrix}$$

$$\tilde{R}=\begin{pmatrix} R_{00} & R_{01} & \cdots & R_{0N} \\ R_{10} & R_{11} & \cdots & R_{1N} \\ \vdots & \vdots & & \vdots \\ R_{N0} & R_{N1} & \cdots & R_{NN} \end{pmatrix}$$

$$\tilde{S}=\mathrm{diag}\begin{pmatrix} \frac{1}{\tilde{h}_0}S_0 & \frac{1}{\tilde{h}_1}S_1 & \cdots & \frac{1}{\tilde{h}_N}S_N \end{pmatrix}$$

$$\hat{Q}=\begin{pmatrix} Q^1 & Q^2 & \cdots & Q^K \end{pmatrix}$$

$$\hat{S}=\mathrm{diag}\begin{pmatrix} \frac{1}{\Delta r_1}S^1 & \frac{1}{\Delta r_2}S^2 & \cdots & \frac{1}{\Delta r_K}S^K \end{pmatrix}$$

其中 $\tilde{h}_0 = h_1, \tilde{h}_i = \max\{h_i, h_{i+1}\}, i = 1,2,\cdots,N-1, \tilde{h}_N = h_N$; $r_0 = 0, \Delta r_k = r_k - r_{k-1}, k = 1,2,\cdots,K$.

证明 对于式 (6.10) 表达的 Lyapunov-Krasovskii 泛函 $V(\psi,\phi)$ 中的 V_1 , 类似于文献 [70] 的操作. 式 (6.18) 和式 (6.19) 对应于文献 [70] 里命题 3 中的式 (31) 和式 (32). 于是有

$$V_1(\psi,\phi) \geqslant \tilde{\lambda}_{\min}\|\psi\|^2 \tag{6.21}$$

其中, $\tilde{\lambda}_{\min}$ 表示式 (6.19) 左边矩阵的最小特征值. 对于 Lyapunov-Krasovskii 泛函 $V(\psi,\phi)$ 中的 V_2, 它能被重新写成

$$\begin{aligned} V_2(\psi,\phi) = {} & \psi^{\mathrm{T}}P_2\psi + 2\psi^{\mathrm{T}}\sum_{i=1}^{K}\int_{-r_i}^{-r_{i-1}} Q^i\phi(\eta)\mathrm{d}\eta \\ & + \sum_{i=1}^{K}\int_{-r_i}^{-r_{i-1}} \phi^{\mathrm{T}}(\eta)S^i\phi(\eta)\mathrm{d}\eta \end{aligned} \tag{6.22}$$

式 (6.22) 的末项应用 Jensen 不等式, 可得

$$\int_{-r_i}^{-r_{i-1}} \phi^{\mathrm{T}}(\eta)S^i\phi(\eta)\mathrm{d}\eta \geqslant \frac{1}{\Delta r_i}\int_{-r_i}^{-r_{i-1}} \phi^{\mathrm{T}}(\eta)\mathrm{d}\eta S^i \int_{-r_i}^{-r_{i-1}} \phi(\eta)\mathrm{d}\eta, \quad i = 1,2,\cdots,K$$

将上式代入式 (6.22), 则得

$$V_2(\psi,\phi) \geqslant \varPhi^{\mathrm{T}}\Xi\varPhi \geqslant \hat{\lambda}_{\min}(\Xi)\|\psi\|^2 \tag{6.23}$$

其中, $\Xi = \begin{pmatrix} P_2 & \hat{Q} \\ \hat{Q}^{\mathrm{T}} & \hat{S} \end{pmatrix}$. 联立式 (6.21) 和式 (6.23), 那么 Lyapunov-Krasovskii 泛函条件 (6.14) 被满足. 证毕.

下述引理 6.3 建立了满足式 (6.7) 的 Lyapunov-Krasovskii 导数条件.

引理 6.3 式 (6.13) 表达 Lyapunov-Krasovskii 泛函的导数 $\dot{V}$, 且 Q、S 及 R 分片线性如式 (6.15)~ 式 (6.17), 如果矩阵不等式

$$\bar{\Delta} \geqslant 0 \tag{6.24}$$

$$\begin{pmatrix} \Delta & -\Upsilon^s & -\Upsilon^a \\ * & \mathcal{R}_{\mathcal{SM}} & -F^a \\ * & * & 3(S_d - W) \end{pmatrix} > 0 \tag{6.25}$$

$$\begin{pmatrix} W & R_{da} \\ R_{da}^{\mathrm{T}} & W \end{pmatrix} > 0 \tag{6.26}$$

成立, 则 Lyapunov-Krasovskii 泛函导数条件 (6.7) 被满足. 其中

$$\Delta = \begin{pmatrix} \Delta_{11} & \Delta_{12} \\ \Delta_{12}^{\mathrm{T}} & \Delta_{22} \end{pmatrix}$$

$$\begin{aligned} \Delta_{11} = & -[A^{\mathrm{T}}P + PA + C^{\mathrm{T}}(S^1 + S_0)C \\ & +(Q^1 + Q_0)C + C^{\mathrm{T}}(Q^{1\mathrm{T}} + Q_0^{\mathrm{T}})] + G \\ \Delta_{12} = & -[PB + (Q^1 + Q_0)D + C^{\mathrm{T}}(S^1 + S_0)D] + Q_N \\ \Delta_{22} = & \, S_N - D^{\mathrm{T}}(S^1 + S_0)D \end{aligned}$$

$$\mathcal{R}_{\mathcal{SM}} = R_{ds} + S_d - W - (F^s + F^{s\mathrm{T}}) - \mathcal{M}^{\mathrm{T}}(S^1 + S_0)\mathcal{M}$$

$$\mathcal{M} = \begin{pmatrix} M_1 & M_2 & \cdots & M_N \end{pmatrix} \tag{6.27}$$

$$\Upsilon^s = \begin{pmatrix} \Upsilon_{11}^s & \Upsilon_{12}^s & \cdots & \Upsilon_{1N}^s \\ \Upsilon_{21}^s & \Upsilon_{22}^s & \cdots & \Upsilon_{2N}^s \end{pmatrix} \tag{6.28}$$

$$\begin{aligned} \Upsilon_{1i}^s = & -\frac{1}{2}[A^{\mathrm{T}}(2Q^i + Q_i + Q_{i-1}) + C^{\mathrm{T}}(R_{i0}^{\mathrm{T}} + R_{i-1,0}^{\mathrm{T}})] \\ & +C^{\mathrm{T}}(S^1 + S_0)M_i + PH_i \\ & +(Q^1 + Q_0)M_i - \frac{1}{h_i}(Q_i - Q_{i-1}) \\ \Upsilon_{2i}^s = & \frac{1}{2}[B^{\mathrm{T}}(2Q^i + Q_i + Q_{i-1}) + D^{\mathrm{T}}(R_{i0}^{\mathrm{T}} + R_{i-1,0}^{\mathrm{T}}) \\ & -(R_{iN}^{\mathrm{T}} + R_{i-1,N}^{\mathrm{T}})] + D^{\mathrm{T}}(S^1 + S_0)M_i \end{aligned}$$

$$\Upsilon^a = \begin{pmatrix} \Upsilon_{11}^a & \Upsilon_{12}^a & \cdots & \Upsilon_{1N}^a \\ \Upsilon_{21}^a & \Upsilon_{22}^a & \cdots & \Upsilon_{2N}^a \end{pmatrix} \tag{6.29}$$

$$\varUpsilon_{1i}^a = \frac{1}{2}[A^{\mathrm{T}}(Q_i - Q_{i-1}) + C^{\mathrm{T}}(R_{i0}^{\mathrm{T}} - R_{i-1,0})]$$

$$\varUpsilon_{2i}^a = \frac{1}{2}[B^{\mathrm{T}}(Q_i - Q_{i-1}) + D^{\mathrm{T}}(R_{i0}^{\mathrm{T}} - R_{i-1,0}^{\mathrm{T}}) - (R_{iN}^{\mathrm{T}} - R_{i-1,N}^{\mathrm{T}})]$$

$$F^s = \begin{pmatrix} F_{11}^s & F_{12}^s & \cdots & F_{1N}^s \\ F_{21}^s & F_{22}^s & \cdots & F_{2N}^s \\ \vdots & \vdots & & \vdots \\ F_{N1}^s & F_{N2}^s & \cdots & F_{NN}^s \end{pmatrix} \tag{6.30}$$

$$F_{ij}^s = \frac{1}{2}H_i^{\mathrm{T}}(2Q^j + Q_j + Q_{j-1}) + \frac{1}{2}M_i^{\mathrm{T}}(R_{j0}^{\mathrm{T}} + R_{j-1,0}^{\mathrm{T}})$$

$$F^a = \begin{pmatrix} F_{11}^a & F_{12}^a & \cdots & F_{1N}^a \\ F_{21}^a & F_{22}^a & \cdots & F_{2N}^a \\ \vdots & \vdots & & \vdots \\ F_{N1}^a & F_{N2}^a & \cdots & F_{NN}^a \end{pmatrix}$$

$$F_{ij}^a = \frac{1}{2}H_i^{\mathrm{T}}(Q_j - Q_{j-1}) + \frac{1}{2}M_i^{\mathrm{T}}(R_{j0}^{\mathrm{T}} - R_{j-1,0}^{\mathrm{T}})$$

$$R_{ds} = \begin{pmatrix} R_{ds11} & R_{ds12} & \cdots & R_{ds1N} \\ R_{ds21} & R_{ds22} & \cdots & R_{ds2N} \\ \vdots & \vdots & & \vdots \\ R_{dsN1} & R_{dsN2} & \cdots & R_{dsNN} \end{pmatrix}$$

$$R_{dsij} = \frac{1}{2}\left(\frac{1}{h_i} + \frac{1}{h_j}\right)(R_{i-1,j-1} - R_{ij}) + \frac{1}{2}\left(\frac{1}{h_j} - \frac{1}{h_i}\right)(R_{i,j-1} - R_{i-1,j})$$

$$R_{da} = \begin{pmatrix} R_{da11} & R_{da12} & \cdots & R_{da1N} \\ R_{da21} & R_{da22} & \cdots & R_{da2N} \\ \vdots & \vdots & & \vdots \\ R_{daN1} & R_{daN2} & \cdots & R_{daNN} \end{pmatrix}$$

$$R_{daij} = \frac{1}{2}\left(\frac{1}{h_j} - \frac{1}{h_i}\right)(R_{i-1,j-1} - R_{i-1,j} - R_{i,j-1} + R_{ij})$$

$$S_d = \mathrm{diag}\begin{pmatrix} S_{d1} & S_{d2} & \cdots & S_{dN} \end{pmatrix} \tag{6.31}$$

$$S_{di} = \frac{1}{h_i^2}(S_{i-1} - S_i), \quad i, j = 1, 2, \cdots, N \tag{6.32}$$

引理 6.3 的证明类似于文献 [96] 和文献 [97] 的情形. 对于上述引理 6.2、引理 6.3 以及引理 6.1, 可以归纳出下述主要结果.

定理 6.2 如果存在矩阵 $X = X^{\mathrm{T}}, P_l = P_l^{\mathrm{T}} \in \mathbb{R}^{m\times m}, l = 1,2$; $Y_k = Y_k^{\mathrm{T}}, Q^k, Q_i \in \mathbb{R}^{m\times n}$, $S^k, S_i \in \mathbb{R}^{n\times n}$, $S_i = S_i^{\mathrm{T}}$, $R_{ij} = R_{ji}^{\mathrm{T}} \in \mathbb{R}^{n\times n}$, $i = 0,1,\cdots,N$, $j = 0,1,\cdots,N, k = 0,1,\cdots,K$, 使得式 (6.9)、式 (6.19)、式 (6.20)、式 (6.24)、式 (6.26) 和

$$\begin{pmatrix} \Delta & -\tilde{\varUpsilon}^s & -\varUpsilon^a & \mathcal{Z} \\ * & \mathcal{R}_{\mathcal{S}} & -\digamma^a & \mathcal{M}^{\mathrm{T}}(S^1+S_0) \\ * & * & 3(S_d-W) & 0 \\ * & * & * & S^1+S_0 \end{pmatrix} > 0 \tag{6.33}$$

被满足, 则系统 (6.1)-(6.4) 是一致渐近稳定的. 其中

$$\Delta = \begin{pmatrix} \Delta_{11} & \Delta_{12} \\ \Delta_{12}^{\mathrm{T}} & \Delta_{22} \end{pmatrix} \tag{6.34}$$

$$\begin{aligned}
\Delta_{11} &= -A^{\mathrm{T}}P - PA + G - (Q^1+Q_0)C - C^{\mathrm{T}}(Q^1+Q_0^{\mathrm{T}}) \\
\Delta_{12} &= -PB - (Q^1+Q_0)D + Q_N \\
\Delta_{22} &= S_N
\end{aligned}$$

$$\mathcal{R}_{\mathcal{S}} = R_{ds} + S_d - W - (\digamma^s + \digamma^{s\mathrm{T}})$$

$$\tilde{\varUpsilon}^s = \begin{pmatrix} \tilde{\varUpsilon}_{11}^s & \tilde{\varUpsilon}_{12}^s & \cdots & \tilde{\varUpsilon}_{1N}^s \\ \tilde{\varUpsilon}_{21}^s & \tilde{\varUpsilon}_{22}^s & \cdots & \tilde{\varUpsilon}_{2N}^s \end{pmatrix} \tag{6.35}$$

$$\begin{aligned}
\tilde{\varUpsilon}_{1i}^s &= \frac{1}{2}[A^{\mathrm{T}}(2Q^i+Q_i+Q_{i-1}) + C^{\mathrm{T}}(R_{iN}^{\mathrm{T}}+R_{i-1,N}^{\mathrm{T}})] \\
&\quad +PH_i + (Q^1+Q_0)M_i - \frac{1}{h_i}(Q_i - Q_{i-1}) \\
\tilde{\varUpsilon}_{2i}^s &= \frac{1}{2}[B^{\mathrm{T}}(2Q^i+Q_i+Q_{i-1}) + D^{\mathrm{T}}(R_{i0}^{\mathrm{T}}+R_{i-1,0}^{\mathrm{T}}) - (R_{iN}^{\mathrm{T}}+R_{i-1,N}^{\mathrm{T}})]
\end{aligned}$$

$$\mathcal{Z} = \begin{pmatrix} (S^1+S_0)C & (S^1+S_0)D \end{pmatrix}^{\mathrm{T}} \tag{6.36}$$

6.5 扩展和示例

本节首先说明上述结果可被扩展至多时滞的情形.

(1) 等比例多时滞的情形. 对于等比例离散时滞系统

$$\dot{x}(t) = A_0x(t) + \sum_{k=1}^{K} B_kz(t-kr) + \int_{-Kr}^{0} \bar{H}(\theta)z(t+\theta)\mathrm{d}\theta$$

$$z(t) = C_0 x(t) + \sum_{k=1}^{K} D_k z(t-kr) + \int_{-Kr}^{0} \bar{M}(\theta) z(t+\theta) \mathrm{d}\theta$$

引入变量

$$y(t) = \begin{pmatrix} y_1^{\mathrm{T}}(t) & y_2^{\mathrm{T}}(t) & \cdots & y_K^{\mathrm{T}}(t) \end{pmatrix}^{\mathrm{T}}$$
$$y_1(t) = z(t), y_k(t) = y_{k-1}(t-r), \quad k = 2, \cdots, K$$

系统能被变换成标准形式 (6.1)-(6.2), 其中

$$A = A_0, \quad B = \begin{pmatrix} B_1 & B_2 & \cdots & B_K \end{pmatrix}$$

$$C = \begin{pmatrix} C_0 \\ 0 \\ \vdots \\ 0 \end{pmatrix}, \quad D = \begin{pmatrix} D_1 & D_2 & \cdots & D_{K-1} & D_K \\ I & 0 & \cdots & 0 & 0 \\ 0 & I & \cdots & 0 & 0 \\ \vdots & \vdots & & \vdots & \vdots \\ 0 & 0 & \cdots & I & 0 \end{pmatrix}$$

$$H(\theta) = \begin{pmatrix} \bar{H}(\theta) & H(\theta-r) & \cdots & \bar{H}(\theta-(K-1)r) \end{pmatrix}$$

$$M(\theta) = \begin{pmatrix} \bar{M}(\theta) & M(\theta-r) & \cdots & \bar{M}(\theta-(K-1)r) \\ 0 & 0 & \cdots & 0 \\ \vdots & \vdots & & \vdots \\ 0 & 0 & \cdots & 0 \end{pmatrix}$$

(2) 混合时滞的情形. 对于有两个不同时滞的系统

$$\dot{x}(t) = \tilde{A}x(t) + \tilde{B}y(t-r) + \int_{-h}^{0} \tilde{H}(\theta) y(t+\theta) \mathrm{d}\theta$$

$$y(t) = \tilde{C}x(t) + \tilde{D}y(t-r) + \int_{-h}^{0} \tilde{M}(\theta) y(t+\theta) \mathrm{d}\theta$$

其中, 时滞 r 和 h 是有理数独立的.

当 $r > h$ 时, 系统能被写成标准形式 (6.1)-(6.2), 其中

$$A = \tilde{A}, \quad B = \tilde{B}, \quad C = \tilde{C}, \quad D = \tilde{D}$$

$$H(\theta) = \begin{cases} \tilde{H}(\theta), & 0 \leqslant \theta < h \\ 0, & h \leqslant \theta < r \end{cases}$$

$$M(\theta) = \begin{cases} \tilde{M}(\theta), & 0 \leqslant \theta < h \\ 0, & h \leqslant \theta < r \end{cases}$$

值得注意的是, 这里的 h 在计算过程中必须被选择为 $[0,r]$ 内的分点.

当 $r<h$ 时, 我们可以选择 $K\in\mathbb{Z}^+$ 使得 $(K-1)r<h<Kr$. 联系到上述情形和等比例多时滞的情形, 系统能被表示成标准形式 (6.1)-(6.2), 其中

$$A=\tilde{A},\quad B=\begin{pmatrix}\tilde{B} & 0 & \cdots & 0\end{pmatrix}$$

$$C=\begin{pmatrix}\tilde{C}\\ 0\\ \vdots\\ 0\end{pmatrix},\quad D=\begin{pmatrix}\tilde{D} & 0 & \cdots & 0 & 0\\ I & 0 & \cdots & 0 & 0\\ 0 & I & \cdots & 0 & 0\\ \vdots & \vdots & & \vdots & \vdots\\ 0 & 0 & \cdots & I & 0\end{pmatrix}$$

$$H(\theta)=\begin{pmatrix}\tilde{H}(\theta) & \tilde{H}(\theta-r) & \cdots & \tilde{H}(\theta-(K-1)r)\end{pmatrix}$$

$$M(\theta)=\begin{pmatrix}\tilde{M}(\theta) & \tilde{M}(\theta-r) & \cdots & \tilde{M}(\theta-(K-1)r)\\ 0 & 0 & \cdots & 0\\ \vdots & \vdots & & \vdots\\ 0 & 0 & \cdots & 0\end{pmatrix}$$

且

$$\tilde{H}(\theta-(K-1)r)=\begin{cases}\tilde{H}(\theta), & (K-1)r\leqslant\theta<h\\ 0, & h\leqslant\theta<Kr\end{cases}$$

$$\tilde{M}(\theta-(K-1)r)=\begin{cases}\tilde{M}(\theta), & (K-1)r\leqslant\theta<h\\ 0, & h\leqslant\theta<Kr\end{cases}$$

这里, 在操作过程中我们不得不选择 $\dfrac{h}{K}$ 作为 $[0,r]$ 内的分点.

注 6.2 对于中立型时滞系统

$$\dot{x}(t)-D\dot{x}(t-r)=A_0x(t)+A_1x(t-\tau)+\int_{-\tau}^{0}A_2(\theta)x(t+\theta)\mathrm{d}\theta$$

我们可重新写成

$$\begin{aligned}&\frac{\mathrm{d}}{\mathrm{d}t}\left[x(t)-Dx(t-r)-M\int_{-\tau}^{0}x(t+\theta)\mathrm{d}\theta\right]\\ &=(A_0-M)x(t)+(A_1+M)x(t-\tau)+\int_{-\tau}^{0}A_2(\theta)x(t+\theta)\mathrm{d}\theta\end{aligned}$$

其中, M 必须被选择使得算子 $\mathcal{K}(\psi)=\psi(0)-D\psi(-r)-M\int_{-\tau}^{0}\psi(\theta)\mathrm{d}\theta$ 是一致渐近稳定的, 且在导出系统中未引入任何附加动态. 进一步系统能被表示成标准形式

$$\dot{z}(t)=Az(t)+Bx(t-r)+\int_{-r}^{0}H(\theta)x(t+\theta)\mathrm{d}\theta$$
$$x(t)=z(t)+Dx(t-r)+\int_{-r}^{0}Mx(t+\theta)\mathrm{d}\theta$$

其中, $A=A_0-M, B=(A_0-M)D+A_1+M, H(\theta)=A_2(\theta)+(A_0-M)M$. 这样的形式看上去似乎是一个好的选择, 但是后面的例子将说明, 对于任意非零的 M, 就系统的稳定性而言保守性增加.

从计算的观点来看, 文献 [93] 指出, 由微分差分方程表示的系统, 典型地仅含有少量的时滞, 与由滞后或者中立型泛函微分方程表述的传统模型相比提供了一个重要的优点.

下面给出一些数值例子.

例 6.1 考虑系统

$$\dot{x}(t)=Ax(t)+B\int_{-\frac{r}{2}}^{0}y(t+\theta)\mathrm{d}\theta+C\int_{-r}^{-\frac{r}{2}}y(t+\theta)\mathrm{d}\theta$$
$$y(t)=x(t)+E\int_{-\frac{r}{2}}^{0}y(t+\theta)\mathrm{d}\theta+F\int_{-r}^{-\frac{r}{2}}y(t+\theta)\mathrm{d}\theta$$

其中

$$A=\begin{pmatrix}-1.5 & 0\\ 0.5 & -1\end{pmatrix},\quad B=\begin{pmatrix}2 & 2.5\\ 0 & -0.5\end{pmatrix}, C=\begin{pmatrix}-1 & 0\\ 0 & -1\end{pmatrix}$$

这是等比例时滞的情形, 因此上述系统能被转换成一个标准的单时滞的形式.

当 $E=F=0$ 时, 它已被文献 [72]、文献 [86] 和文献 [98] 所讨论, 得出 $r<2$ 时系统是渐近稳定的. 应用定理 6.2, 对于 $N=4$, 其结果也能逼近时滞上限值 2 , 这与分析结果是一致的.

当 $E=0.3I$ 和 $F=0.2I$ 时, 应用定理 6.2, 时滞量的最大估计值由表 6.1 给出.

表 6.1 $E=0.3I$ 和 $F=0.2I$ 时系统稳定允许的最大时滞

N	1	2	4
$r_{\max}$	1.7111	1.8318	1.8330

例 6.2 考虑系统

$$\dot{x}(t) = A_0x(t) + B_0y(t-r) + \int_{-r}^{0} H(s)y(t+s)\mathrm{d}s$$
$$y(t) = x(t)$$

其中

$$H(s) = \begin{cases} 0, & -r \leqslant s < -h \\ C_0, & -h \leqslant s < 0 \end{cases}$$

$$A_0 = \begin{pmatrix} -0.9 & 0 \\ 0 & -0.9 \end{pmatrix}, \quad B_0 = \begin{pmatrix} -1 & -0.12 \\ 0.12 & -1 \end{pmatrix}, C_0 = \begin{pmatrix} -0.12 & -0.12 \\ -0.12 & 0.12 \end{pmatrix}$$

此系统已经被文献 [80]、文献 [87]、文献 [95] 和文献 [99] 所讨论, 且分布时滞 $h=1$ 时, 保证系统稳定的离散时滞 r 的最大估计值分别是 2.8011、3.9803、1.8302 及 2.4128. 然而, 应用定理 6.2, 分割时滞区间 $[-r,0]$ 为一些小区间, $-r < -\dfrac{r+2}{3} < -\dfrac{2r+1}{3} < -1 < 0$ 或者 $-r < -\dfrac{r+3}{2} < -3 < -2.5 < -2 < -1.5 < -1 < -0.5 < 0$, 则对于 $N=4$ 和 $N=8$ 分别得出时滞 r 的最大估计值为 3.9851 与 3.9901 . 文献中的结果与本章结果被归纳入表 6.2 之中.

表 6.2 不同方法获得的系统稳定允许的最大时滞值的比较

方法	文献 [80]	文献 [87]	文献 [95]	文献 [99]	定理 6.2
$r_{\max}$	2.8011	3.9803	1.8302	2.4128	3.9901

系统也可转换为另外形式的双方程形式

$$\dot{X}(t) = AX(t) + BY(t-r) + H_1\int_{-r}^{-h} Y(t+s)\mathrm{d}s + H_2\int_{-h}^{0} Y(t+s)\mathrm{d}s$$

$$Y(t) = X(t) + M\int_{-r}^{0} Y(t+s)\mathrm{d}s$$

其中, $A = A_0 - M, B = B_0 + M, H_1 = (A_0 - M)M, H_2 = C_0 + (A_0 - M)M$, 且 M 必须使算子 $\mathcal{J}(\phi) = \phi(0) - M\displaystyle\int_{-r}^{0} \phi(s)\mathrm{d}s$ 是一致稳定的. 这是混合时滞的情形且有 $r > h$. 基于本章的结论且取 $M = \delta I_2$, 则对于取 $N=4$ 和 $N=8$ 时时滞的最大估计值由表 6.3 列出. 其中时滞区间 $[-r,0]$ 取 $N=4$ 或 $N=8$ 时分别被分割成一些小区间, $-r < -\dfrac{r+2}{3} < -\dfrac{2r+1}{3} < -1 < 0$ 或者 $-r < -\dfrac{5r+1}{6} < -\dfrac{2r+2}{3} < -\dfrac{r+1}{2} < -\dfrac{r+2}{3} < -\dfrac{r+5}{6} < -1 < -0.5 < 0$.

表 6.3 δ 取不同值时系统稳定允许的最大时滞($N=4$ 和 $N=8$)

δ	0	0.1	0.2	0.3	0.4	0.6
$r_{\max,N=4}$	3.9850	3.9413	3.8164	3.3333	2.4999	1.6666
$r_{\max,N=8}$	3.9901	3.9610	3.8744	3.3333	2.4999	1.6666

表 6.3 中数据表明: ① 差分方程中积分项的出现大大影响了系统的稳定性; ② 保证系统稳定的时滞 r 的上确界当 δ 增加时逐渐减小; ③ 当 $\delta \geqslant 0.3$ 时, 系统的稳定性完全由差分积分方程的稳定性所决定.

第 7 章　具有多个已知和未知时滞泛函微分双时滞系统的稳定性

本章应用离散化 Lyapunov-Krasovskii 泛函方法研究了具有多个已知和未知时滞泛函微分双时滞系统的稳定性. 7.1 节阐述研究的必要性. 7.2 节对研究的系统进行了描述, 构造 Lyapunov-Krasovskii 泛函, 建立 Lyapunov 稳定性定理. 7.3 节应用 Lyapunov 第二方法给出差分积分方程指数稳定性条件, 即建立系统稳定的必要条件. 7.4 节对 Lyapunov-Krasovskii 泛函进行离散化操作, 基于线性矩阵不等式给出全系统稳定的充分条件. 7.5 节延伸本章结果的适用范围并通过示例说明结果的有效性.

7.1　引　　言

特殊结构的泛函微分方程

$$
\begin{aligned}
\dot{x}(t) &= f_0(t, x(t), y_t) + \int_{-r}^{0} H(\sigma)y(t+\sigma)\mathrm{d}\sigma \\
y(t) &= g_0(t, x(t), y_t) + \int_{-r}^{0} M(\sigma)y(t+\sigma)\mathrm{d}\sigma
\end{aligned}
$$

与式 (2.6) 和式 (2.7) 相比更具一般性. 特别地, $H(\sigma)$ 和 $M(\sigma)$ 在 $[-r, 0)$ 内也许是分片有界的常数矩阵. 这样的系统能被写成一个前馈系统

$$
u_i(t) = \int_{-r_i}^{0} y(t+\theta)\mathrm{d}\theta, \quad i = 1, 2, \cdots, N
$$

作为反馈. 文献 [86] 和文献 [100] 通过离散化 LKF 方法讨论了泛函微分双方程的稳定性. 然而, 在工程实际中, 系统中的一些时滞量也许是已知的或者在有限区域内是可测的, 而其他时滞量很难测量, 即使能被估计也是很大的. 因此, 我们希望控制输入中已知时滞量去正定系统. 例如, 具有未知时滞 h 和已知时滞 d 的线性中立型系统

$$
\frac{\mathrm{d}}{\mathrm{d}t}[x(t) - Gx(t-h)] = Ax(t) + A_1 x(t-d)
$$

可以转换为双时滞系统

$$\begin{aligned}\dot{z}(t) =&(A-H)z(t)+(A-H)Gy(t-h)+(A_1+H)y(t-d)+(A-H)u(t)\\ y(t) =&z(t)+Gy(t-h)+u(t)\end{aligned}$$

其中

$$u(t)=H\int_{-d}^{0}y(t+\theta)\mathrm{d}\theta$$

作为反馈. 如果我们选择相容矩阵 H 使得差分积分方程

$$y(t)=z(t)+Gy(t-h)+H\int_{-d}^{0}y(t+\theta)\mathrm{d}\theta$$

是输入输出稳定的, 那么中立型系统的稳定性就等价于双时滞系统的稳定性. 本章将研究具有多个已知和未知离散和分布时滞的泛函微分双方程的稳定性 [101], 期望建立有较好鲁棒性能的稳定性条件, 且与已知时滞相关而与未知或者大时滞无关.

7.2 问题的描述

讨论下述泛函微分双方程

$$\dot{x}(t)=Ax(t)+\sum_{i=1}^{N+M}B_iy(t-r_i)+\sum_{i=1}^{N}H_i\int_{-r_i}^{0}y(t+\theta)\mathrm{d}\theta \tag{7.1}$$

$$y(t)=Cx(t)+\sum_{i=1}^{N+M}D_iy(t-r_i)+\sum_{i=1}^{N}M_i\int_{-r_i}^{0}y(t+\theta)\mathrm{d}\theta \tag{7.2}$$

初值条件

$$\begin{aligned}x(t_0)&=\psi\\ y_t&=\phi\end{aligned}$$

其中, $x\in\mathbb{R}^n, y\in\mathbb{R}^m$ 是状态向量; $r_i\in\mathbb{R}_+$ $(i=1,2,\cdots,N)$ 是一些已知时滞量, $r_{N+j}\in\mathbb{R}_+$ $(j=1,2,\cdots,M)$ 是未知时滞量, 且 $r=\max\limits_{1\leqslant i\leqslant N+M}\{r_i\}$; $A\in\mathbb{R}^{n\times n}, C\in\mathbb{R}^{m\times n}, B_i\in\mathbb{R}^{n\times m}, H_i\in\mathbb{R}^{n\times m}, D_i\in\mathbb{R}^{m\times m}, M_i\in\mathbb{R}^{m\times m}, i=1,2,\cdots,K$ 是已知实矩阵.

对于泛函微分方程的稳定性而言, Lyapunov-Krasovskii 泛函方法是非常有效的研究方法而备受推崇. 因而, 我们选择如下 Lyapunov-Krasovskii 泛函

$$V(x(t),y_t)=V_1+V_2 \tag{7.3}$$

其中

$$
\begin{aligned}
V_1 =& x^{\mathrm{T}}(t)Px(t) + 2x^{\mathrm{T}}(t)\sum_{i=1}^{N}\int_{-r_i}^{0} Q_i(\eta)y(t+\eta)\mathrm{d}\eta \\
&+ \sum_{i=1}^{N}\sum_{j=1}^{N}\int_{-r_i}^{0}\int_{-r_j}^{0} y^{\mathrm{T}}(t+\xi)R_{ij}(\xi,\eta)y(t+\eta)\mathrm{d}\eta\mathrm{d}\xi \\
&+ \sum_{i=1}^{N}\int_{-r_i}^{0} y^{\mathrm{T}}(t+\xi)S_i(\xi)y(t+\xi)\mathrm{d}\xi \\
V_2 =& \sum_{j=N+1}^{N+M}\int_{-r_j}^{0} y^{\mathrm{T}}(t+\xi)\bar{S}_j y(t+\xi)\mathrm{d}\xi
\end{aligned}
$$

注 7.1 在式 (7.3) 中, V_1 是一个完全二次 Lyapunov-Krasovskii 泛函, 它仅与已知时滞相关联且可实施离散化操作, V_2 是一个简单 Lyapunov-Krasovskii 泛函, 且仅与未知或者大时滞相关.

对于 Lyapunov-Krasovskii 泛函 (7.3), 从文献 [51] 的定理 3 不难得出下述命题.

命题 7.1 假设差分积分方程 (7.2) 是输入输出稳定的. 如果存在对称正定矩阵 P, 连续矩阵函数 $Q_i(\eta)$, $S_i(\eta)$, $\eta \in [-r_i, 0)$; $R_{ij}(\xi,\eta) = R_{ji}^{\mathrm{T}}(\xi,\eta)$ $(\xi,\eta) \in [-r_i,0)\times[-r_j,0)$ $(i,j=1,2,\cdots,N)$ 以及数量矩阵 $\bar{S}_{N+k}$ $(k=1,2,\cdots,M)$, 使得对 Lyapunov-Krasovskii 泛函 (7.3), 存在 $\varepsilon > 0$, 满足

$$
V(x(t),y_t) \geqslant \varepsilon||x(t)||^2 \tag{7.4}
$$

$$
\dot{V}(x(t),y_t) \leqslant -\varepsilon||x(t)||^2 \tag{7.5}
$$

则系统 (7.1)-(7.2) 是渐近稳定的.

7.3 差分积分方程的稳定性

在命题 7.1 中, 式 (7.2) 的输入输出稳定性是全系统 (7.1)-(7.2) 稳定的必要条件. 然而, 众所周知, 式 (7.2) 的输入输出稳定性等价于差分积分方程

$$
y(t) = \sum_{i=1}^{N+M} D_i y(t-r_i) + \sum_{i=1}^{N} M_i \int_{-r_i}^{0} y(t+\theta)\mathrm{d}\theta \tag{7.6}
$$

的稳定性. 如果 $M_i = 0(i=1,2,\cdots,N)$, 文献 [86] 给出了差分方程

$$
y(t) = \sum_{i=1}^{N+M} D_i y(t-r_i) \tag{7.7}
$$

的稳定性条件. 也就是说, 如果存在对称正定矩阵 $S_k, k=1,2,\cdots,N+M$ 使得

$$\operatorname{diag}\begin{pmatrix} S_1 & S_2 & \cdots & S_{N+M}\end{pmatrix} - D^{\mathrm{T}}\left(\sum_{k=1}^{N+M} S_k\right) D > 0 \tag{7.8}$$

其中, $D=\begin{pmatrix} D_1 & D_2 & \cdots & D_{N+M}\end{pmatrix}$. 那么差分方程 (7.7) 是时滞无关指数稳定的. 文献 [62] 给出了式 (7.8) 的一种特殊形式.

对于给定的任意初始条件 $\phi\in\mathcal{PC}$, 我们用 $y(t,\phi)$ 表示式 (7.6) 的唯一解, $y_t(\phi)=\{y(t+\theta,\phi)|\theta\in[-r,0)\}$ 表示系统 (7.6) 的偏轨迹. 对于式 (7.6) 的指数稳定性, 我们引入 Lyapunov-Krasovskii 条件 [102].

命题 7.2 假设差分方程 (7.7) 是时滞无关指数稳定的, 如果存在泛函 $v:\mathcal{PC}\to\mathbb{R}$ 使得 $t\to v(y_t(\phi))$ 可微且下述条件

$$\alpha_1\|\phi\|_{L_2}^2 \leqslant v(\phi) \leqslant \alpha_2\|\phi\|_{L_2}^2$$

$$\frac{\mathrm{d}}{\mathrm{d}t}v(y_t(\phi)) \leqslant -\beta\|y_t(\phi)\|_{L_2}^2$$

对于 $\alpha_2>\alpha_1>0$ 及 $\beta>0$ 成立, 则差分积分方程 (7.6) 是指数稳定的.

由命题 7.2, 我们给出式 (7.6) 的 LMI 形式的稳定性条件.

引理 7.1 如果存在正定矩阵 $X_i\in\mathbb{R}^m, i=1,2,\cdots,N+M$ 及 $Y_j\in\mathbb{R}^m, j=1,2,\cdots,N$, 使得 LMI

$$\begin{pmatrix} X & 0 & D^{\mathrm{T}}\mathcal{G}(X,Y) \\ 0 & Y & M^{\mathrm{T}}\mathcal{G}(X,Y) \\ \mathcal{G}(X,Y)D & \mathcal{G}(X,Y)M & \mathcal{G}(X,Y)\end{pmatrix} > 0 \tag{7.9}$$

被满足, 则差分积分方程 (7.6) 是指数稳定的. 其中

$$X=\operatorname{diag}\begin{pmatrix} X_1 & X_2 & \cdots & X_{N+M}\end{pmatrix}$$

$$Y=\operatorname{diag}\begin{pmatrix} \dfrac{Y_1}{r_1} & \dfrac{Y_2}{r_2} & \cdots & \dfrac{Y_N}{r_N}\end{pmatrix}$$

$$\mathcal{G}(X,Y)=\sum_{i=1}^{N+M} X_i+\sum_{j=1}^{N} r_jY_j$$

$$D=\begin{pmatrix} D_1 & D_2 & \cdots & D_{N+M}\end{pmatrix}$$

$$M=\begin{pmatrix} M_1 & M_2 & \cdots & M_N\end{pmatrix}$$

证明 根据 Schur 补引理知, 式 (7.9) 等价于

$$\mathcal{F}(X,Y)=\begin{pmatrix} X-D^{\mathrm{T}}\mathcal{G}(X,Y)D & D^{\mathrm{T}}\mathcal{G}(X,Y)M \\ M^{\mathrm{T}}\mathcal{G}(X,Y)D & Y-M^{\mathrm{T}}\mathcal{G}(X,Y)M\end{pmatrix} > 0 \tag{7.10}$$

进而, 式 (7.10) 蕴含着 $X - D^{\mathrm{T}}\mathcal{G}(X,Y)D > 0$. 注意到 $\mathcal{G}(X,Y) = \sum_{i=1}^{N+M} X_i + \sum_{j=1}^{N} r_j Y_j > \sum_{i=1}^{N+M} X_i$, 可得 $X - D^{\mathrm{T}}\sum_{i=1}^{N+M} X_i D > 0$. 这说明差分方程 (7.7) 是时滞无关指数稳定的.

接下来我们利用命题 7.2 来讨论上述方程的稳定性. 让

$$\begin{aligned}\Phi_t &= \begin{pmatrix} y^{\mathrm{T}}(t-r_1) & y^{\mathrm{T}}(t-r_2) & \cdots & y^{\mathrm{T}}(t-r_{N+M}) \end{pmatrix}^{\mathrm{T}} \\ \Psi_t &= \begin{pmatrix} \int_{-r_1}^{0} y^{\mathrm{T}}(t+\theta)\mathrm{d}\theta & \int_{-r_2}^{0} y^{\mathrm{T}}(t+\theta)\mathrm{d}\theta & \cdots & \int_{-r_N}^{0} y^{\mathrm{T}}(t+\theta)\mathrm{d}\theta \end{pmatrix}^{\mathrm{T}}\end{aligned}$$

那么式 (7.6) 能被重新写成

$$y(t) = D\Phi_t + M\Psi_t \tag{7.11}$$

选择 Lyapunov 泛函

$$v(t,y_t) = \sum_{i=1}^{N+M}\int_{-r_i}^{0} y^{\mathrm{T}}(t+\theta)X_i y(t+\theta)\mathrm{d}\theta + \sum_{j=1}^{N}\int_{-r_j}^{0}\mathrm{d}\theta\int_{t+\theta}^{t} y^{\mathrm{T}}(\tau)Y_j y(\tau)\mathrm{d}\tau$$

显然 Lyapunov 泛函 $v(t,y_t)$ 满足命题 7.2 的第一个条件. 对于第二个条件, 我们沿着方程 (7.6) 的解对 v 求导数, 则有

$$\begin{aligned}\dot{v}(t,y_t) =& y^{\mathrm{T}}(t)\mathcal{G}(X,Y)y(t) - \sum_{i=1}^{N+M} y^{\mathrm{T}}(t-r_i)X_i y(t-r_i) \\ & - \sum_{j=1}^{N}\int_{-r_j}^{0} y^{\mathrm{T}}(t+\theta)Y_j y(t+\theta)\mathrm{d}\theta \\ =& -\Phi_t^{\mathrm{T}}[X - D^{\mathrm{T}}\mathcal{G}(X,Y)D]\Phi_t + 2\Phi_t^{\mathrm{T}}D^{\mathrm{T}}\mathcal{G}(X,Y)M\Psi_t \\ & + \Psi_t^{\mathrm{T}}M^{\mathrm{T}}\mathcal{G}(X,Y)M\Psi_t - \sum_{j=1}^{N}\int_{-r_j}^{0} y^{\mathrm{T}}(t+\theta)Y_j y(t+\theta)\mathrm{d}\theta\end{aligned}$$

应用 Jensen 不等式, 我们有

$$\int_{t-r_j}^{t} y^{\mathrm{T}}(\theta)Y_j y(\theta)\mathrm{d}\theta \geqslant \frac{1}{r_j}\int_{t-r_j}^{t} y^{\mathrm{T}}(\theta)\mathrm{d}\theta Y_j \int_{t-r_j}^{t} y(\theta)\mathrm{d}\theta$$

于是可得

$$\begin{aligned}\dot{v}(t,y_t) \leqslant & -\Phi_t^{\mathrm{T}}[X - D^{\mathrm{T}}\mathcal{G}(X,Y)D]\Phi_t + 2\Phi_t^{\mathrm{T}}D^{\mathrm{T}}\mathcal{G}(X,Y)M\Psi_t \\ & - \Psi_t^{\mathrm{T}}[Y - M^{\mathrm{T}}\mathcal{G}(X,Y)M]\Psi_t\end{aligned}$$

即

$$\dot{v}(t,y_t)\leqslant -\begin{pmatrix}\varPhi_t^{\mathrm{T}} & \varPsi_t^{\mathrm{T}}\end{pmatrix}\mathcal{F}(X,Y)\begin{pmatrix}\varPhi_t\\ \varPsi_t\end{pmatrix}\leqslant -\beta\|y_t(\phi)\|_{L_2}^2$$

其中, $\beta=\lambda_{\min}(\mathcal{F}(X,Y))$. 因此, 命题 7.2 的第二个条件被满足, 证毕.

注 7.2 基于式 (7.6) 的特征函数, 文献 [102] 给出了一个指数稳定性条件

$$\sum_{i=1}^{N+M}\|D_i\|+r\max_{1\leqslant i\leqslant N}\|M_i\|<1$$

文献 [102] 的例 2 说明尽管上述不等式易于验证, 但它是较为保守的. 同时例子也可以说明比较差分方程 (7.7) 的条件 $\sum\limits_{i=1}^{N+M}\|D_i\|<1$ 来说, 式 (7.8) 的保守性较小.

7.4 全系统的稳定性

7.4.1 Lyapunov-Krasovskii 泛函的导数

本节考虑具有初值条件的系统 (7.1)-(7.2) 的稳定性问题. 为了简单表达下面的公式, 定义一个实数序列

$$\mathcal{X}(i)=\begin{cases}1, & i=1,2,\cdots,N\\ 0, & i=N+1,N+2,\cdots,N+M\end{cases}$$

以及一个矩阵序列

$$\bar{\mathcal{S}}(i)=\begin{cases}S_i(-r_i), & i=1,2,\cdots,N\\ \bar{S}_i, & i=N+1,N+2,\cdots,N+M\end{cases}$$

让

$$\begin{aligned}\bar{Q}_\Sigma(0)&=\sum_{k=1}^{N}Q_k(0)\\ \bar{R}_{i\Sigma}(\eta,0)&=\sum_{k=1}^{N}R_{ik}(\eta,0)\\ \bar{S}_\Sigma(0)&=\sum_{k=1}^{N}S_k(0)+\sum_{k=N+1}^{N+M}\bar{S}_k\end{aligned}$$

沿着系统的规迹对 V 求导, 我们有

$$
\begin{aligned}
\dot{V}(x(t),y_t)=&-\sum_{i=0}^{N+M}\sum_{j=0}^{N+M}z_i^{\mathrm{T}}(t)\bar{\Delta}_{ij}z_j(t)\\
&+2\sum_{i=1}^{N}x^{\mathrm{T}}(t)\int_{-r_i}^{0}[\Pi_{0i}(\eta)-\dot{Q}_i(\eta)]y(t+\eta)\mathrm{d}\eta\\
&+2\sum_{i=1}^{N}\sum_{j=1}^{N+M}z_j^{\mathrm{T}}(t)\int_{-r_i}^{0}\Pi_{ji}(\eta)y(t+\eta)\mathrm{d}\eta\\
&+\sum_{i=1}^{N}\sum_{j=1}^{N}\int_{-r_i}^{0}\int_{-r_j}^{0}y^{\mathrm{T}}(t+\xi)\varLambda_{ij}(\xi,\eta)y(t+\eta)\mathrm{d}\eta\mathrm{d}\xi\\
&-\sum_{i=1}^{N}\int_{-r_i}^{0}y^{\mathrm{T}}(t+\eta)\dot{S}_i(\eta)y(t+\eta)\mathrm{d}\eta
\end{aligned}
$$

其中

$$
\begin{aligned}
z_i(t)=&\begin{cases}x(t), & i=0\\ y(t-r_i), & 1\leqslant i\leqslant N+M\end{cases}\\
\bar{\Delta}_{00}=&-A^{\mathrm{T}}P-PA-C^{\mathrm{T}}\bar{S}_{\Sigma}(0)C-\bar{Q}_{\Sigma}(0)C-C^{\mathrm{T}}\bar{Q}_{\Sigma}^{\mathrm{T}}(0)\\
\bar{\Delta}_{0i}=&-PB_i-\bar{Q}_{\Sigma}(0)D_i-C^{\mathrm{T}}\bar{S}_{\Sigma}(0)D_i+\mathcal{X}(i)Q_i(-r_i),\quad 1\leqslant i\leqslant N+M\\
\bar{\Delta}_{ij}=&-D_i^{\mathrm{T}}\bar{S}_{\Sigma}(0)D_j,\quad 1\leqslant i,j\leqslant N+M,\quad i\neq j\\
\bar{\Delta}_{ii}=&\bar{\mathcal{S}}(i)-D_i^{\mathrm{T}}\bar{S}_{\Sigma}(0)D_i,\quad 1\leqslant i\leqslant N+M
\end{aligned}
$$

$$
\begin{aligned}
\Pi_{0i}=&PH_i+A^{\mathrm{T}}Q_i(\eta)+C_j^{\mathrm{T}}\bar{S}_{\Sigma}(0)M_i+C^{\mathrm{T}}\bar{R}_{i\Sigma}^{\mathrm{T}}(\eta,0)+\bar{Q}_{\Sigma}(0)M_i,\quad 1\leqslant i\leqslant N\\
\Pi_{ji}(\eta)=&B_jQ_i(\eta)+D_j^{\mathrm{T}}\bar{R}_{i\Sigma}^{\mathrm{T}}(\eta,0)+D_j^{\mathrm{T}}\bar{S}_{\Sigma}(0)M_i\\
&-\mathcal{X}(j)R_{ji}^{\mathrm{T}}(\eta,-r_j),\quad 1\leqslant j\leqslant N+M,\quad 1\leqslant i\leqslant N\\
\varLambda_{ij}(\xi,\eta)=&H_i^{\mathrm{T}}Q_j(\eta)+Q_i^{\mathrm{T}}(\xi)H_j+M_i^{\mathrm{T}}\bar{R}_{j\Sigma}^{\mathrm{T}}(\eta,0)+\bar{R}_{i\Sigma}(\xi,0)M_j\\
&+M_i^{\mathrm{T}}\bar{S}_{\Sigma}(0)M_j-\frac{\partial R_{ij}(\xi,\eta)}{\partial\xi}-\frac{\partial R_{ij}(\xi,\eta)}{\partial\eta},\quad 1\leqslant i,j\leqslant N
\end{aligned}
$$

应用命题 7.1 即可归纳出, 若式 (7.9) 成立, 且对于 $\varepsilon>0$, Lyapunov-Krasovskii 泛函以及它的导数满足

$$
\varepsilon||x(t)||^2\leqslant V(x(t),y_t) \tag{7.12}
$$

$$
\dot{V}(x(t),y_t)\leqslant-\varepsilon||x(t)||^2 \tag{7.13}
$$

则系统是渐近稳定的.

7.4.2 离散化

类似于文献 [72], 限制矩阵函数 Q_i、R_{ij} 和 S_i 是分片线性的. 特别地, 分割时滞区间 $[-r_i, 0], i=1,2,\cdots,N$ 为 N_i 个等长度 $h_i = r_i/N_i$ 的小区间 $\mathcal{I}_{ip} = [\theta_{ip}, \theta_{i,p-1}]$, 其中

$$\theta_{ip} = -ph_i$$

让

$$\begin{aligned} Q_i(\theta_{ip}) &= Q_i^p \\ Q_i^{(p)}(\alpha) \stackrel{\text{def}}{=} Q_i(\theta_{ip}+\alpha h_i) &= (1-\alpha)Q_i^p + \alpha Q_i^{p-1} \end{aligned} \tag{7.14}$$

$$\begin{aligned} S_i(\theta_{ip}) &= S_i^p \\ S_i^{(p)}(\alpha) \stackrel{\text{def}}{=} S_i(\theta_{ip}+\alpha h_i) &= (1-\alpha)S_i^p + \alpha S_i^{p-1} \end{aligned} \tag{7.15}$$

及

$$\begin{aligned} & R_{ij}(\theta_{ip}, \theta_{jq}) = R_{ij}^{pq} \\ & R_{ij}^{(pq)}(\alpha, \beta) \stackrel{\text{def}}{=} R_{ij}(\theta_{ip}+\alpha h_i, \theta_{jq}+\beta h_j) \\ = & \begin{cases} (1-\alpha)R_{ij}^{pq} + \beta R_{ij}^{p-1,q-1} + (\alpha-\beta)R_{i,j}^{p-1,q}, & \alpha \geqslant \beta \\ \\ (1-\beta)R_{ij}^{pq} + \alpha R_{ij}^{p-1,q-1} + (\beta-\alpha)R_{ij}^{p,q-1}, & \alpha < \beta \end{cases} \end{aligned} \tag{7.16}$$

且 $0 \leqslant \alpha, \beta \leqslant 1, p=1,2,\cdots,N_i, q=1,2,\cdots,N_j; i=1,2,\cdots,N, j=1,2,\cdots,N$.

类似于文献 [96] 的思想, 这样的选择允许我们将稳定性条件式 (7.12) 和式 (7.13) 写成 LMI 形式.

注 7.3 注意到上述离散化方法对于多时滞系统而言有别于文献 [72] 的离散化方法, 文献 [62] 的离散化方法是在 2 维时滞参数空间 Or_Nr_N 进行的. 然而, 这里的离散化是在 N 维时滞参数空间 $Or_1r_2\cdots r_N$ 中实施的, 此方法由文献 [103] 首次给出.

下述引理特别指向式 (7.12) 的条件.

引理 7.2 式 (7.3) 表达的 Lyapunov-Krasovskii 泛函 V, 具有分片线性矩阵 Q_i、R_{ij} 及 S_i 定义如式 (7.14)~ 式 (7.16), 如果矩阵不等式

$$S_i^p > 0, \quad p=1,2,\cdots,N_i, \quad i=1,2,\cdots,N \tag{7.17}$$

$$\bar{S}_k \geqslant 0, \quad k=N+1, N+2, \cdots, M+N \tag{7.18}$$

及

$$\begin{pmatrix} P & \mathcal{Q} \\ \mathcal{Q}^{\mathrm{T}} & \mathcal{R}+\mathcal{S} \end{pmatrix} > 0 \tag{7.19}$$

成立, 则 Lyapunov-Krasovskii 泛函条件 (7.4) 被满足. 其中

$$\mathcal{Q}=\begin{pmatrix} \tilde{Q}_1 & \tilde{Q}_2 & \cdots & \tilde{Q}_N \end{pmatrix} \tag{7.20}$$
$$\tilde{Q}_i=\begin{pmatrix} Q_i^0 & Q_i^1 & \cdots & Q_i^{N_i} \end{pmatrix}$$

$$\mathcal{R}=\begin{pmatrix} \tilde{R}_{11} & \tilde{R}_{12}^{01} & \cdots & \tilde{R}_{1N} \\ \tilde{R}_{12}^{\mathrm{T}} & \tilde{R}_{22} & \cdots & \tilde{R}_{2N} \\ \vdots & \vdots & & \vdots \\ \tilde{R}_{1N}^{\mathrm{T}} & \tilde{R}_{2N}^{\mathrm{T}} & \cdots & \tilde{R}_{NN} \end{pmatrix} \tag{7.21}$$
$$\tilde{R}_{ij}=\begin{pmatrix} R_{ij}^{00} & R_{ij}^{01} & \cdots & R_{ij}^{0,N_j} \\ R_{ij}^{10} & R_{ij}^{11} & \cdots & R_{ij}^{1,N_j} \\ \vdots & \vdots & & \vdots \\ R_{ij}^{N_i,0} & R_{ij}^{N_i,1} & \cdots & R_{ij}^{N_i,N_j} \end{pmatrix}$$

$$\mathcal{S}=\operatorname{diag}\begin{pmatrix} \tilde{S}_1 & \tilde{S}_2 & \cdots & \tilde{S}_N \end{pmatrix} \tag{7.22}$$
$$\tilde{S}_i=\operatorname{diag}\begin{pmatrix} \frac{1}{h_i}S_i^0 & \frac{1}{h_i}S_i^1 & \cdots & \frac{1}{h_i}S_i^{N_i} \end{pmatrix}$$

证明 由于式 (7.18) 蕴含着式 (7.3) 的 V_2 是半正定的, 所以我们仅仅需要说明 V_1 是正定的. 类似于文献 [96] 的讨论, 式 (7.17) 和式 (7.19) 对应于文献 [96] 中命题 4 的式 (23) 和式 (14), 证明过程略.

下述引理为条件 (7.13) 所建立. 为简便表示, 定义一个矩阵序列

$$\mathcal{S}(i)=\begin{cases} S_i^{N_i}, & i=1,2,\cdots,N \\ \bar{S}_i, & i=N+1,N+2,\cdots,N+M \end{cases}$$

引理 7.3 式 (7.12)表示的 Lyapunov-Krasovskii 泛函的导数 $\dfrac{\mathrm{d}V}{\mathrm{d}t}$, 具有分片线性矩阵 Q_i、S_i 及 R_{ij} $(i,j=1,2,\cdots,N)$ 表示如式 (7.14)~ 式 (7.16), 如果存在实矩阵 $W=W^{\mathrm{T}}$ 使得

$$\begin{pmatrix} \bar{\Delta} & -Y^s & -Y^a \\ * & R_d+\varGamma_{SW}-(F^s+F^{s\mathrm{T}})-M^{\mathrm{T}}S_{\Sigma}^0M & -F^a \\ * & * & 3\varGamma_{SW} \end{pmatrix}>0 \tag{7.23}$$

与

$$\begin{pmatrix} W & R_{da} \\ R_{da}^{\mathrm{T}} & W \end{pmatrix}>0 \tag{7.24}$$

成立, 则 Lyapunov-Krasovskii 泛函条件 (7.13) 被满足. 其中

$$\Gamma_{SW} = S_d - W$$

$$S_\Sigma^0 = \sum_{k=1}^{N} S_k^0 + \sum_{k=N+1}^{N+M} \bar{S}_k$$

$$\bar{\Delta} = \begin{pmatrix} \bar{\Delta}_{00} & \bar{\Delta}_{01} & \cdots & \bar{\Delta}_{0,N+M} \\ \bar{\Delta}_{01}^{\mathrm{T}} & \bar{\Delta}_{11} & \cdots & \bar{\Delta}_{1,N+M} \\ \vdots & \vdots & & \vdots \\ \bar{\Delta}_{0,N+M}^{\mathrm{T}} & \bar{\Delta}_{1,N+M}^{\mathrm{T}} & \cdots & \bar{\Delta}_{N+M,N+M} \end{pmatrix} \tag{7.25}$$

$$\bar{\Delta}_{00} = -A^{\mathrm{T}}P - PA - C^{\mathrm{T}}S_\Sigma^0 C - \sum_{k=1}^{N}\left(Q_k^0 C + C^{\mathrm{T}} Q_k^{0\mathrm{T}}\right)$$

$$\bar{\Delta}_{0i} = -PB_i - C^{\mathrm{T}}S_\Sigma^0 D_i - \sum_{k=1}^{N} Q_k^0 D_i + \mathcal{X}(i) Q_i^{N_i}, \quad 1 \leqslant i \leqslant N+M$$

$$\bar{\Delta}_{ij} = -D_i^{\mathrm{T}} S_\Sigma^0 D_j, \quad i \neq j, \quad 1 \leqslant i,j \leqslant M+N$$

$$\bar{\Delta}_{ii} = \mathcal{S}(i) - D_i^{\mathrm{T}} S_\Sigma^0 D_i, \quad 1 \leqslant i \leqslant N+M$$

$$S_d = \mathrm{diag}\begin{pmatrix} S_{d1} & S_{d2} & \cdots & S_{dN} \end{pmatrix} \tag{7.26}$$

$$S_{di} = \mathrm{diag}\begin{pmatrix} S_{di}^1 & S_{di}^2 & \cdots & S_{di}^{N_i} \end{pmatrix}$$

$$S_{di}^p = \frac{1}{h_i^2}\left(S_i^{p-1} - S_i^p\right)$$

$$R_{ds} = \begin{pmatrix} R_{ds11} & R_{ds12} & \cdots & R_{ds1N} \\ R_{ds21} & R_{ds22} & \cdots & R_{ds2N} \\ \vdots & \vdots & & \vdots \\ R_{dsN1} & R_{dsN2} & \cdots & R_{dsNN} \end{pmatrix} \tag{7.27}$$

$$R_{dsij} = \begin{pmatrix} R_{dsij}^{11} & R_{dsij}^{12} & \cdots & R_{dsij}^{1N_j} \\ R_{dsij}^{21} & R_{dsij}^{22} & \cdots & R_{dsij}^{2N_j} \\ \vdots & \vdots & & \vdots \\ R_{dsij}^{N_i 1} & R_{dsij}^{N_i 2} & \cdots & R_{dsij}^{N_i N_j} \end{pmatrix}$$

$$R_{dsij}^{pq} = \frac{1}{2}\left(\frac{1}{h_i} + \frac{1}{h_j}\right)\left(R_{ij}^{p-1,q-1} - R_{ij}^{pq}\right) + \frac{1}{2}\left(\frac{1}{h_j} - \frac{1}{h_i}\right)\left(R_{ij}^{p,q-1} - R_{ij}^{p-1,q}\right)$$

$$R_{da}=\begin{pmatrix} R_{da11} & R_{da12} & \cdots & R_{da1N} \\ R_{da21} & R_{da22} & \cdots & R_{da2N} \\ \vdots & \vdots & & \vdots \\ R_{daN1} & R_{daN2} & \cdots & R_{daNN} \end{pmatrix} \tag{7.28}$$

$$R_{daij}=\begin{pmatrix} R_{daij}^{11} & R_{daij}^{12} & \cdots & R_{daij}^{1N_j} \\ R_{daij}^{21} & R_{daij}^{22} & \cdots & R_{daij}^{2N_j} \\ \vdots & \vdots & & \vdots \\ R_{daij}^{N_i1} & R_{daij}^{N_i2} & \cdots & R_{daij}^{N_iN_j} \end{pmatrix}$$

$$R_{daij}^{pq}=\frac{1}{2}\left(\frac{1}{h_j}-\frac{1}{h_i}\right)(R_{ij}^{p-1,q-1}-R_{ij}^{p-1,q}-R_{ij}^{p,q-1}+R_{ij}^{pq})$$

$$Y^s=\begin{pmatrix} Y_{01}^s & Y_{02}^s & \cdots & Y_{0N}^s \\ Y_{11}^s & Y_{12}^s & \cdots & Y_{1N}^s \\ \vdots & \vdots & & \vdots \\ Y_{N+M,1}^s & Y_{N+M,2}^s & \cdots & Y_{N+M,N}^s \end{pmatrix} \tag{7.29}$$

$$Y_{ji}^s=\begin{pmatrix} Y_{ji}^{s1} & Y_{ji}^{s2} & \cdots & Y_{ji}^{sN_i} \end{pmatrix},\quad j=0,1,\cdots,N+M,\quad i=1,2,\cdots,N$$

$$\begin{aligned} Y_{0i}^{sp}=&PH_i+\sum_{k=1}^{N}Q_K^0M_i+C^{\mathrm{T}}S_{\Sigma}^0M_i-\frac{1}{h_i}\left(Q_i^{p-1}-Q_i^p\right) \\ &+\frac{1}{2}A^{\mathrm{T}}\left(Q_i^p+Q_i^{p-1}\right)+\frac{1}{2}C^{\mathrm{T}}\sum_{k=1}^{N}\left(R_{ik}^{p,0\mathrm{T}}+R_{ik}^{p-1,0\mathrm{T}}\right) \\ Y_{ji}^{sp}=&\frac{1}{2}B_j^{\mathrm{T}}\left(Q_i^p+Q_i^{p-1}\right)-\frac{1}{2}\mathcal{X}(j)\left(R_{ji}^{p,N_j\mathrm{T}}+R_{ji}^{p-1,N_j\mathrm{T}}\right) \\ &+\frac{1}{2}D_j^{\mathrm{T}}\sum_{k=1}^{N}\left(R_{ik}^{p,0\mathrm{T}}+R_{ik}^{p-1,0\mathrm{T}}\right)+D_j^{\mathrm{T}}S_{\Sigma}^0M_i,\quad 1\leqslant i\leqslant N,\quad 1\leqslant j\leqslant N+M \end{aligned}$$

$$Y^a=\begin{pmatrix} Y_{01}^a & Y_{02}^a & \cdots & Y_{0N}^a \\ Y_{11}^a & Y_{12}^a & \cdots & Y_{1N}^a \\ \vdots & \vdots & & \vdots \\ Y_{N+M,1}^a & Y_{N+M,2}^a & \cdots & Y_{N+M,N}^a \end{pmatrix} \tag{7.30}$$

$$Y_{ji}^a=\begin{pmatrix} Y_{ji}^{a1} & Y_{ji}^{a2} & \cdots & Y_{ji}^{aN_i} \end{pmatrix},\quad j=0,1,\cdots,N+M,\quad i=1,2,\cdots,N$$

$$Y_{0i}^{ap}=\frac{1}{2}A^{\mathrm{T}}\left(Q_i^p-Q_i^{p-1}\right)+\frac{1}{2}C^{\mathrm{T}}\sum_{k=1}^{N}\left(R_{ik}^{p,0\mathrm{T}}-R_{ik}^{p-1,0\mathrm{T}}\right)$$

$$Y_{ji}^{ap}=\frac{1}{2}B_j^{\mathrm{T}}\left(Q_i^p-Q_i^{p-1}\right)+\frac{1}{2}D_j^{\mathrm{T}}\sum_{k=1}^{N}\left(R_{ik}^{p,0\mathrm{T}}-R_{ik}^{p-1,0\mathrm{T}}\right)$$
$$-\frac{1}{2}\mathcal{X}(j)\left(R_{ji}^{p,N_j\mathrm{T}}-R_{ji}^{p-1,N_j\mathrm{T}}\right),\quad 1\leqslant j\leqslant N+M,\quad 1\leqslant i\leqslant N$$

$$F^s=\begin{pmatrix} F_{11}^s & F_{12}^s & \cdots & F_{1N}^s \\ F_{21}^s & F_{22}^s & \cdots & F_{2N}^s \\ \vdots & \vdots & & \vdots \\ F_{N1}^s & F_{N2}^s & \cdots & F_{NN}^s \end{pmatrix} \tag{7.31}$$

$$F_{ij}^s=\begin{pmatrix} F_{ij}^{s11} & F_{ij}^{s12} & \cdots & F_{ij}^{s1N_j} \\ F_{ij}^{s21} & F_{ij}^{s22} & \cdots & F_{2N}^{s2N_j} \\ \vdots & \vdots & & \vdots \\ F_{ij}^{sN_i1} & F_{ij}^{sN_i2} & \cdots & F_{ij}^{sN_iN_j} \end{pmatrix}$$

$$F_{ij}^{spq}=\frac{1}{2}H_i^{\mathrm{T}}(Q_j^q+Q_j^{q-1})+\frac{1}{2}M_i^{\mathrm{T}}\sum_{k=1}^{N}(R_{jk}^{q,0\mathrm{T}}+R_{jk}^{q-1,0\mathrm{T}})$$

$$F^a=\begin{pmatrix} F_{11}^a & F_{12}^a & \cdots & F_{1N}^a \\ F_{21}^a & F_{22}^a & \cdots & F_{2N}^a \\ \vdots & \vdots & & \vdots \\ F_{N1}^a & F_{N2}^a & \cdots & F_{NN}^a \end{pmatrix}$$

$$F_{ij}^a=\begin{pmatrix} F_{ij}^{a11} & F_{ij}^{a12} & \cdots & F_{ij}^{a1N_j} \\ F_{ij}^{a21} & F_{ij}^{a22} & \cdots & F_{2N}^{a2N_j} \\ \vdots & \vdots & & \vdots \\ F_{ij}^{aN_i1} & F_{ij}^{aN_i2} & \cdots & F_{ij}^{aN_iN_j} \end{pmatrix}$$

$$F_{ij}^{apq}=\frac{1}{2}H_i^{\mathrm{T}}\left(Q_j^q-Q_j^{q-1}\right)+\frac{1}{2}M_i^{\mathrm{T}}\sum_{k=1}^{N}\left(R_{jk}^{q,0T}-R_{jk}^{q-1,0T}\right),\ 1\leqslant i,j\leqslant N \tag{7.32}$$

证明 证明过程是非常长的, 过程类似于文献 [72] 命题的证明. 证明过程使用的主要技巧有: ①分割积分区间 $[-r_i,0]$ 为一些小区间 $[\theta_{ip},\theta_{ip-1}],p=1,2,\cdots,N_i$, 且使用了分布积分法; ② 在重积分中应用 Fubini 定理改变积分的顺序; ③ 在 LMI 中引进和消除矩阵变量; ④ 使用 Jensen 不等式.

注 7.4 注意到引理 7.3 中式 (7.23) 与文献 [100] 中定理 3 的式 (16) 是明显不同的, 主要的不同之处在于 $\bar{\Delta}$、Y^s 和 Y^a 的维数, $\bar{\Delta}_{ii}$ 中出现的 $\mathcal{S}(i)$ 项以及 $\bar{\Delta}_{0i}$、Y_{ji}^{sp} 和 Y_{ji}^{ap} 中出现的 $\mathcal{X}(i)$ 项.

7.4.3 稳定性条件

根据引理 7.1、引理 7.2 和引理 7.3, 并应用 Schur 补我们就得到系统 (7.1)-(7.2) 的下述稳定性条件.

定理 7.1 如果存在 n 阶方阵 $P=P^{\mathrm{T}}, n\times m$ 阶矩阵 $Q_i^p, m\times m$ 阶矩阵 R_{ij}^{pq} 和 $S_i^p, p=1,2,\cdots,N_i, q=1,2,\cdots,N_j, i=1,2,\cdots,N, j=1,2,\cdots,N$; 以及 m 阶方阵 $W=W^{\mathrm{T}}$, $X_i, i=1,2,\cdots,N+M$ 及 $Y_j, j=1,2,\cdots,N$,使得 LMI (7.9)、式 (7.19)、式 (7.23) 及

$$\begin{pmatrix} \Delta & -Y^s & -Y^a & Z^{\mathrm{T}}S_{\Sigma}^0 \\ * & R_d+\Gamma_{SW}-(\digamma^s+\digamma^{sT}) & -\digamma^a & M^{\mathrm{T}}S_{\Sigma}^0 \\ * & * & 3\Gamma_{SW} & 0 \\ * & * & * & S_{\Sigma}^0 \end{pmatrix}>0 \tag{7.33}$$

被满足, 则系统 (7.1)-(7.2) 是一致渐近稳定的. 其中, 符号表示定义如式 (7.20)~ 式 (7.22)、式 (7.26)~ 式 (7.32) 以及

$$\Delta=\begin{pmatrix} \Delta_{00} & \Delta_{01} & \cdots & \Delta_{0,N+M} \\ \Delta_{01}^{\mathrm{T}} & \Delta_{11} & \cdots & \Delta_{1,N+M} \\ \vdots & \vdots & & \vdots \\ \Delta_{0,N+M}^{\mathrm{T}} & \Delta_{1,N+M}^{\mathrm{T}} & \cdots & \Delta_{N+M,N+M} \end{pmatrix} \tag{7.34}$$

$$\Delta_{00}=-A^{\mathrm{T}}P-PA-\sum_{k=1}^{N}\left(Q_k^0C+C^{\mathrm{T}}Q_k^{0\mathrm{T}}\right)$$

$$\Delta_{0i}=-PB_i-\sum_{k=1}^{N}Q_k^0D_i+\mathcal{X}(i)Q_i^{N_i},\quad 1\leqslant i\leqslant N+M$$

$$\Delta_{ij}=0\ (i\neq j),\quad 1\leqslant i,j\leqslant M+N$$

$$\Delta_{ii}=\mathcal{S}(i),\quad 1\leqslant i\leqslant M+N$$

和

$$Z=\begin{pmatrix} C & D_1 & D_2 & \cdots & D_{N+M} \end{pmatrix} \tag{7.35}$$

推论 7.1 如果存在 n 阶方阵 $P=P^{\mathrm{T}}$, $n\times m$ 阶矩阵 Q_i^p , m 阶方阵 R_{ij}^{pq} 和 $S_i^p, p=1,2,\cdots,N_i, q=1,2,\cdots,N_j, i=1,2,\cdots,N, j=1,2,\cdots,N$; 以及 m 阶方阵 $W=W^{\mathrm{T}}$, $X_i, i=1,2,\cdots,N+M$, $Y_j, j=1,2,\cdots,N$,使得式 (7.19)、式 (7.23) 及式 (7.33) 被满足, 则系统 (7.1)-(7.2) 在 $M_i=0\ (i=1,2,\cdots,N)$ 时是一致渐近稳定的.

证明 对于 $M_i=0\ (i=1,2,\cdots,N)$ 的情形, 仅需要说明差分方程 (7.7) 在这些条件下是指数稳定的. 事实上, 式 (7.33) 蕴含着

$$\Delta_{ii}=\mathcal{S}(i)>0,\quad i=1,2,\cdots,N+M$$

$$S_d>0$$

以及

$$\begin{pmatrix} \tilde{\Delta} & D^{\mathrm{T}}S_{\Sigma}^{0} \\ S_{\Sigma}^{0\mathrm{T}}D & S_{\Sigma}^{0} \end{pmatrix}>0$$

其中

$$\tilde{\Delta}=\mathrm{diag}\begin{pmatrix} S_1^{N_1} & \cdots & S_N^{N_N} & \bar{S}_1 & \cdots & \bar{S}_{N+M} \end{pmatrix}$$

即

$$\begin{aligned}&\mathrm{diag}\begin{pmatrix} S_1^{N_1} & \cdots & S_N^{N_N} & \bar{S}_1 & \cdots & \bar{S}_{N+M} \end{pmatrix}\\ &-D^{\mathrm{T}}\left(\sum_{k=1}^{N}S_k^0+\sum_{k=N+1}^{N+M}\bar{S}_k\right)D>0\end{aligned}\tag{7.36}$$

其中

$$D=\begin{pmatrix} D_1 & D_2 & \cdots & D_{N+M} \end{pmatrix}$$

从 $S_d>0$ 知 $S_{di}>0$ 或

$$S_i^{p-1}-S_i^p>0,\quad p=1,2,\cdots,N_i,\quad i=1,2,\cdots,N$$

从而有

$$S_i^0>S_i^1>\cdots>S_i^{N_i}>0,\quad i=1,2,\cdots,N$$

上式联系到式 (7.36), 可得

$$\begin{aligned}&\mathrm{diag}\begin{pmatrix} S_1^{0} & \cdots & S_N^{0} & \bar{S}_1 & \cdots & \bar{S}_{N+M} \end{pmatrix}\\ &-D^{\mathrm{T}}\left(\sum_{k=1}^{N}S_k^0+\sum_{k=N+1}^{N+M}\bar{S}_k\right)D>0\end{aligned}\tag{7.37}$$

而式 (7.37) 满足式 (7.7) 稳定的充分条件 (7.8), 证毕.

注 7.5 类似于 Gu 在文献 [70] 中的讨论, 不难去考虑系统 (7.1)-(7.2) 的系数矩阵 (A,C,B,H,M) 为一个已知紧集 Ω 上的不确定时变矩阵的情形, 即

$$(A(t),B(t),C(t),H(t),M(t))\in\Omega,\quad t>t_0$$

其中

$$B(t) = (B_1(t), B_2(t), \cdots, B_{N+M}(t))$$
$$H(t) = (H_1(t), H_2(t), \cdots, H_N(t))$$
$$M(t) = (M_1(t), M_2(t), \cdots, M_N(t))$$

7.5 数值示例

本章剩余部分我们将给出两个数值例子说明方法的有效性.

例 7.1 考虑有两个时滞的 6 维系统

$$\begin{aligned}\dot{x}(t) &= Ax(t) + By_2(t-r_2) + H\int_{-r_1}^{0} y_1(t+\theta)\mathrm{d}\theta \\ y_1(t) &= C_1x(t) + K_1\int_{-r_1}^{0} y_1(t+\theta)\mathrm{d}\theta \\ y_2(t) &= C_2x(t) + D_1y_1(t-r_1) + D_2y_2(t-r_2) - K_2\int_{-r_1}^{0} y_1(t+\theta)\mathrm{d}\theta\end{aligned}$$

其中

$$A = \begin{pmatrix} 0 & 0.5 & 0 & 0 & 0 & 0 \\ -0.5 & -1 & 0 & 0 & 0 & 0 \\ 1 & 1 & -2 & 0 & 0 & 0 \\ 0 & 0 & 0 & -0.9 & 0 & 0 \\ 0 & 0 & 1 & 0 & -1 & 0 \\ 0 & 0 & 0 & 0 & 1 & -1 \end{pmatrix}, \quad B = \begin{pmatrix} 0 & 0 \\ 0 & 0 \\ -2 & 0 \\ -1 & -1.45 \\ 0 & 0 \\ 0 & 0 \end{pmatrix}$$

$$H^{\mathrm{T}} = \begin{pmatrix} 0.25 & -0.5 & 2.5 & 0 & -1 & 0 \end{pmatrix}$$

$$C_1 = \begin{pmatrix} 0 & 1 & 0 & 0 & 0 & 0 \end{pmatrix}, \quad C_2 = \begin{pmatrix} 0.2 & 0 & 1 & 0 & 0 & 0 \\ 0 & 0 & 0 & 1 & 0 & 0 \end{pmatrix}$$

$$D_1 = \begin{pmatrix} 0.2 \\ 0 \end{pmatrix}, \quad D_2 = \begin{pmatrix} 0.5 & 0 \\ 0 & 0.5 \end{pmatrix}, \quad K_1 = 0.5, \quad K_2 = \begin{pmatrix} -1 \\ 0 \end{pmatrix}$$

这个系统方程是文献 [96] 所给出一个例子的变形, 文献 [96] 的研究表明系统是指数稳定的当且仅当 $r_1 \in [0, 2\pi)$ 且 $r_2 \in [0, 4.7388)$. 尽管上述系统与文献 [96] 中的例子有相同的特征方程, 但是它们的稳定性并不等价. 事实上, 有附加动态 [104]

$$\det\left(I + K_1\frac{1-\mathrm{e}^{-r_1 s}}{s}\right) = 0$$

被引入差分积分方程, 而差分积分方程的稳定性是全系统的必要条件, 因而使系统稳定的时滞 r_1 的上界由上述方程和特征方程两者所决定. 注意到附加动态是积分方程

$$y(t) + 0.5\int_{-r_1}^{0} y(t+\sigma)\mathrm{d}\sigma = 0 \tag{7.38}$$

的特征方程, 应用文献 [102] 中例 1 的条件, 我们得到方程 (7.38) 是指数稳定的当且仅当 $r_1 \in [0,2)$. 联系到 r_1 的稳定性区间 $[0,2\pi)$, 可得全系统是指数稳定的当且仅当 $r_1 \in [0,2)$ 且 $r_2 \in [0,4.7388)$.

应用定理 7.1, 对于给定 r_1/r_2 的四个比例 $1/\sqrt{5}$、$1/\sqrt{2}$、$\sqrt{2}$ 及 $\sqrt{5}$, 我们应用二分过程的 MATLAB 程序计算时滞 r_2 的上界, 其结果被列在表 7.1 之中.

表 7.1　r_1/r_2 取不同的比例系统稳定允许的最大时滞

r_1/r_2	$1/\sqrt{5}$	$1/\sqrt{2}$	$\sqrt{2}$	$\sqrt{5}$
(N_1, N_2)	(1,2)	(1,2)	(2,1)	(2,1)
$r_{2\max}$	4.4721	2.8284	1.4142	0.8944

从表 7.1 不难发现, 当 r_1/r_2 的比例分别为 $1/\sqrt{5}$、$1/\sqrt{2}$、$\sqrt{2}$ 和 $\sqrt{5}$ 时, r_1 的上确界是 2. 事实上, r_1/r_2 的比例大于 2/4.7388 时, r_2 的最大估计完全被 r_1 的上确界 2 所约束. 然而, 对于一些固定的 $r_1 \in [0,2)$ 或者 $r_1/r_2 \in [0, 2/4.7388)$, 则由计算得知 r_2 的最大估计能逼近解析解. 表 7.2 列出了 $r_1 = 1.9999$ 与 $r_1/r_2 = 0.4$ 的结果.

表 7.2　r_1 接近取最大值与 r_1/r_2 取最大比例时系统稳定允许的最大时滞

r_1=1.9999				
(N_1, N_2)	(1,2)	(2,3)	(2,4)	Analytical
$r_{2\max}$	4.7354	4.7381	4.7385	4.7388
r_1/r_2=0.4				
(N_1, N_2)	(1,2)	(1,3)	(2,4)	Analytical
$r_{2\max}$	4.7354	4.7381	4.7385	4.7388

例 7.2　考虑 2 维系统

$$\frac{\mathrm{d}}{\mathrm{d}t}[x(t) - D_0 x(t-r)] = A_0 x(t) + B_0 x(t-r) + C_0 \int_{t-\tau}^{t} x(s)\mathrm{d}s \tag{7.39}$$

其中

$$A_0 = \begin{pmatrix} -a_1 & 0 \\ 0 & -a_2 \end{pmatrix}, \quad B_0 = \begin{pmatrix} b_1 & b_2 \\ -b_2 & b_1 \end{pmatrix}, \quad C_0 = \begin{pmatrix} c_1 & c_2 \\ -c_2 & c_2 \end{pmatrix}$$

文献 [105] 和文献 [106] 对于所有的 r 和允许的 τ 通过下述三种情形验证了系统的稳定性.

C1: $D_0 = 0, a_1 = a_2 = 1.5, b_1 = b_2 = 1, c_1 = 1, c_2 = 0.5$

C2: $D_0 = 0, a_1 = 2, a_2 = 15, b_1 = 1; b_2 = 3, cL = 1, c_2 = 0.5$

C3: $D_0 = \begin{pmatrix} -0.2 & 0 \\ 0.2 & -0.1 \end{pmatrix}, a_1 = 2, a_2 = 15, b_1 = 1; b_2 = 3, c_1 = 1, c_2 = 0.5$

系统也可以转换为一个标准的双方程 (7.1)-(7.2) 的形式

$$\dot{\tilde{x}}(t) = A\tilde{x}(t) - k\tilde{y}(t-\tau) + B\tilde{y}(t-r) + M\int_{-\tau}^{0} \tilde{y}(t+s)\mathrm{d}s$$

$$\tilde{y}(t) = \tilde{x}(t) + D_0\tilde{y}(t-r) - k\int_{-\tau}^{0} \tilde{y}(t+s)\mathrm{d}s$$

其中, k 是一个调节参数, 且系数矩阵均为 k 的参数矩阵

$$A = A_0 + kI, \quad B = B_0 + (A_0 + kI)D_0, \quad M = C_0 - (A_0 + kI)k$$

当 $k = 0$ 时, 应用本章的定理, 对于所有的 r 和允许的 τ 系统的稳定性能被测试. 对于上述三种参数情形, 时滞最大上界的估计值连同文献 [105] 和文献 [106] 的估值一起被列在表 7.3 之中.

表 7.3　不同的方法系统稳定允许的最大时滞比较

$\tau_{\max}$	文献 [105]	文献 [106]	定理 7.1($N = 2$)
C1	0.07	0.03	0.1138
C2	1.1	—	1.2897
C3	1	—	1.2303

对于一些满足条件 (7.9) 的固定 $k(\neq 0)$ 值, 让 $N = 2$, 对所有的 r 和允许的 τ, 系统的稳定性被测试. 结果显示情形 1 与情形 2 结果均与 $k = 0$ 是相同的. 情形 3 的测试结果见表 7.4.

表 7.4　k 取不同值 C3 系统稳定允许的最大时滞 r

k	−0.7	−0.5	−0.3	−0.1	0.1	0.3	0.5	0.7
$\tau_{\max}$(C3)	1.1435	1.2299	1.2308	1.2306	1.2301	1.2298	1.2290	1.1514

表 7.4 中的数据显示, 对于选择适当的 k, 系统的稳定性在一定程度上可以被改进.

第 8 章　微分差分双时滞大系统的稳定性

本章将讨论微分差分双时滞大系统的稳定性, 8.1 节介绍一般微分差分大系统的基本结构及其稳定性研究的基本要求. 8.2 节由基本解给出线性时不变系统一般解的表达式. 8.3 节基于基本解构造 Lyapunov-Krasovskii 泛函, 并说明为了数值计算的便利, 附加一项是必要的. 8.4 节通过离散化 Lyapunov-Krasovskii 泛函方法, 对系统进行了稳定性分析, 基于线性矩阵不等式给出了系统的稳定性条件. 8.5 节进行讨论和总结, 并通过两个示例说明本章方法的有效性以及计算和模型的优点.

8.1　引　　言

实际工程中, 大多数时滞系统其状态变量的维数是比较高的, 而仅有少量的元件含有时滞, 时滞为标量且维数较低. 典型地, 一个元件仅出现一个时滞. 这样的系统初始来源于无损传输线模型、汽轮机系统模型, 可由下述微分差分双方程描述

$$\dot{x}(t) = f(t, x(t), y_1(t-r_1), y_2(t-r_2), \cdots, y_K(t-r_K)) \tag{8.1}$$

$$y_i(t) = g_i(t, x(t), y_1(t-r_1), y_2(t-r_2), \cdots, y_K(t-r_K)), \quad i = 1, 2, \cdots, K \tag{8.2}$$

其中, $x(t) \in \mathbb{R}^n$, $y_i(t) \in \mathbb{R}^{m_i}$, $i = 1, 2, \cdots, K$. 所有的时滞 r_i, $i = 1, 2, \cdots, K$ 为正数. 对于给定最小的初始时间 σ, 初值条件可被定义为: 对任意 $t_0 \geqslant \sigma$, 有

$$x(t_0) = \psi \tag{8.3}$$

$$y_{i(r_i)t} = \phi_i \tag{8.4}$$

其中, $\psi \in \mathbb{R}^n$, $\phi_i \in \mathcal{PC}(r_i, m_i)$, $i = 1, 2, \cdots, K$. 实函数 f 和 g_i 满足

$$f(t, 0, 0, \cdots, 0) = 0$$

$$g_i(t, 0, 0, \cdots, 0) = 0, \quad i = 1, 2, \cdots, K$$

方便起见, 通常用 $y(t)$ 表示 $(y_1(t), y_2(t), \cdots, y_K(t))$, g 表示 $(g_1, g_2, \cdots, g_K)$, ϕ 表示 $(\phi_1, \phi_2, \cdots, \phi_K)$, 及 y_t 表示 $(y_{1(r_1)t}, y_{2(r_2)t}, \cdots, y_{K(r_K)t})$. 如果 $\phi_i \in \mathcal{PC}(r_i, m_i)$, $i = 1, 2, \cdots, K$, 我们称 $\phi \in \mathcal{PC}$. 于是, 式 (8.1)$\sim$ 式 (8.4) 可被写成

$$\dot{x}(t) = f(t, x(t), y(t)) \tag{8.5}$$

$$y(t) = g(t, x(t), y(t)) \tag{8.6}$$

及初值条件

$$x(t_0)=\psi \tag{8.7}$$

$$y_{t_0}=\phi \tag{8.8}$$

对任意初值条件 $t_0 \geqslant \sigma$ 且 $\psi \in \mathbb{R}^n$, $\phi \in \mathcal{PC}$, 假定方程 (8.5)-(8.6) 在 $[t_0,\infty)$ 上存在唯一解 $(x(t),y_t)$. 必要时, 与初值条件相关的解可表示为 $x(t;t_0,\psi,\phi)$ 及 $y(t;t_0,\psi,\phi)$. 我们知道唯一解存在的充分条件是 f 和 g_i 关于变量 t 是连续的, 关于 ψ 和 ϕ_i, $i=1,2,\cdots,K$ 是 Lipschitz 的.

上述使用的方法认为 $(x(t),y_{1(r_1)t},y_{2(r_2)t},\cdots,y_{K(r_K)t})$ 为系统的状态. 研究系统 (8.1)-(8.4) 的稳定性, 另一种可选择的方法是延拓所有 y_i 的过去时间的长度到 $r=\max_{1\leqslant i\leqslant K}\{r_i\}$, 且定义 $y_t=(y_{1(r)t},y_{2(r)t},\cdots,y_{K(r)t})$. 在一致 input to state 稳定性的定义 2.4 中及 Lyapunov 泛函 $V(t,\psi,\phi)$, ϕ 的定义必须作相应的修改. 这就使得我们可以认为它是文献 [51] 考虑的泛函微分双方程的特殊情形. 这就使得与定理 2.1 有非常类似结构的文献 [51] 中的定理 3 能被应用. 对于渐近稳定性, 文献 [41] 和文献 [50] 也可以应用. 然而, 本章选择 $(x(t),y_{1(r_1)t},y_{2(r_2)t},\cdots,y_{K(r_K)t})$ 作为系统的状态有数值计算上的优点, 至少本章后面讨论的线性的情形是这样. 事实上, 这样的系统能被写成下述反馈结构

$$\dot{x}(t)=f(t,x(t),u_1(t),u_2(t),\cdots,u_K(t)) \tag{8.9}$$

$$y_i(t)=g_i(t,x(t),u_1(t),u_2(t),\cdots,u_K(t)),\quad i=1,2,\cdots,K \tag{8.10}$$

且

$$u_i(t)=y(t-r_i),\quad i=1,2,\cdots,K \tag{8.11}$$

作为反馈, 这时时滞仅出现在反馈路径中.

8.2　线性系统的基本解

本节讨论由微分差分双方程描述的下述线性系统

$$\dot{x}(t)=Ax(t)+\sum_{j=1}^{K}B_jy_j(t-r_j) \tag{8.12}$$

$$y_i(t)=C_ix(t)+\sum_{j=1}^{K}D_{ij}y_j(t-r_j),\quad i=1,2,\cdots,K \tag{8.13}$$

易见, 这是系统 (8.1)-(8.2) 的特殊情形. 由于是时不变的, 所以考虑 $t_0=0$ 的情形

即可, 且写初值条件为

$$x(0) = \psi \tag{8.14}$$

$$y_{i(r_i)0} = \phi_i \tag{8.15}$$

从而, 相关初值条件 (8.3)-(8.4) 且依赖于 $t - t_0$ 的解 $x(t; t_0, \psi, \phi)$ 和 $y(t; t_0, \psi, \phi)$ 能被写成

$$x(t; t_0, \psi, \phi) = x(t - t_0, \psi, \phi) \tag{8.16}$$

$$y(t; t_0, \psi, \phi) = y(t - t_0, \psi, \phi) \tag{8.17}$$

定义 8.1 *方程*

$$\dot{x}(t) = Ax(t) + \sum_{j=1}^{K} B_j y_j(t - r_j) + \delta(t)I \tag{8.18}$$

$$y_i(t) = C_i x(t) + \sum_{j=1}^{K} D_{ij} y_j(t - r_j), \quad i = 1, 2, \cdots, K \tag{8.19}$$

具有零初值条件

$$x(0) = 0 \tag{8.20}$$

$$y_{i(r_i)0} = 0, \quad i = 1, 2, \cdots, K \tag{8.21}$$

的解由 $X_x(t)$ 和 $Y_{ix}(t)$, $i = 1, 2, \cdots, K$ 表示. 在式 (8.18) 中, $\delta(t)$ 是 Dirac δ- 函数. 方程

$$\dot{x}(t) = Ax(t) + \sum_{i=1}^{K} B_i y_i(t - r_i) \tag{8.22}$$

$$y_k(t) = C_k x(t) + \sum_{j=1}^{K} D_{kj} y_j(t - r_j) + \delta(t)I \tag{8.23}$$

$$y_i(t) = C_i x(t) + \sum_{j=1}^{K} D_{ij} y_j(t - r_j), \quad 1 \leqslant i \leqslant K, \quad i \neq k \tag{8.24}$$

的零初值条件解由 $X_k(t)$ 和 $Y_{ik}(t)$, $i = 1, 2, \cdots, K$ 表示, 这些解被知道是基本解. 并且我们认为 $X_x(t) = 0$, $Y_{ix}(t) = 0$, $X_k(t) = 0$ 及 $Y_{ik}(t) = 0$, $i = 1, 2, \cdots, K$, $k = 1, 2, \cdots, K$, $t < 0$.

基本解 $X_x(t)$ 和 $Y_{ix}(t)$ 可以被解释为方程 (8.12)-(8.13) 具有初值条件 $x(0) = I$, $y_{i(r_i)0} = 0$, $i = 1, 2, \cdots, K$ 的解. 类似地, 基本解 $X_k(t)$ 和 $Y_{ik}(t)$ 可以被解释为方

程 (8.12)-(8.13) 具有初值条件 $x(0)=0$, $y_{i(r_i)0}=0$, $1\leqslant i\leqslant K$, $i\neq k$; $y_{k(r_k)0}=\delta(\theta-\varepsilon)I$, $\varepsilon\to 0^-$ 的解. 对于这样的解释, 不难看出方程 (8.12)-(8.13) 具有初值条件 (8.14)-(8.15) 的一般解可被表示为 [107,108]

$$x(t)=X_x(t)\psi+\sum_{j=1}^{K}\int_{-r_j}^{0}X_j(t+\theta)\phi_j(\theta)\mathrm{d}\theta \tag{8.25}$$

$$y_i(t)=Y_{ix}(t)\psi+\sum_{j=1}^{K}\int_{-r_j}^{0}Y_{ij}(t+\theta)\phi_j(\theta)\mathrm{d}\theta,\quad i=1,2,\cdots,K \tag{8.26}$$

尽管它在这里没被使用, 然而感兴趣的是注意到非奇次方程

$$\dot{x}(t)=Ax(t)+\sum_{j=1}^{K}B_jy_j(t-r_j)+u(t)$$

$$y_i(t)=C_ix(t)+\sum_{j=1}^{K}D_{ij}y_j(t-r_j)+u_i(t),\quad i=1,2,\cdots,K$$

具有初值条件 (8.14)-(8.15) 的解可被表示为

$$\begin{aligned}x(t)=&X_x(t)\psi+\sum_{j=1}^{K}\int_{-r_j}^{0}X_j(t+\theta)\phi_j(\theta)\mathrm{d}\theta\\&+\int_0^t\left[X_x(t-\tau)u(\tau)+\sum_{j=1}^{K}X_j(t-\tau)u_j(\tau)\right]\mathrm{d}\tau\\y_i(t)=&Y_{ix}(t)\psi+\sum_{j=1}^{K}\int_{-r_j}^{0}Y_{ij}(t+\theta)\phi_j(\theta)\mathrm{d}\theta\\&+\int_0^t\left[Y_{ix}(t-\tau)u(\tau)+\sum_{j=1}^{K}Y_{ij}(t-\tau)u_j(\tau)\right]\mathrm{d}\tau,\quad i=1,2,\cdots,K\end{aligned}$$

为了进一步理解基本解, 让 $Y_{ik}^{(i)}(t)$, $i=1,2,\cdots,K$ 表示差分方程

$$Y_{kk}^{(i)}(t)=\sum_{j=1}^{K}D_{kj}Y_{jk}^{(i)}(t-r_j)+\delta(t)I \tag{8.27}$$

$$Y_{ik}^{(i)}(t)=\sum_{j=1}^{K}D_{ij}Y_{jk}^{(i)}(t-r_j),\quad 1\leqslant i\leqslant K,\quad i\neq k \tag{8.28}$$

具有初值条件 $Y_{ij}^{(i)}(t)=0$, $t<0$; $i,j=1,2,\cdots,K$ 的解. 那么, 很明显 $Y_{ik}^{(i)}(t)$ 形成

一系列的脉冲

$$Y_{kk}^{(i)}(t)=0, t\in(0,r_k) \tag{8.29}$$

$$Y_{ik}^{(i)}(t)=0,\quad t<r_k,\quad i\neq k \tag{8.30}$$

我们可以分解基本解

$$Y_{ik}(t)=Y_{ik}^{(i)}(t)+Y_{ik}^{(c)}(t),\quad i=1,2,\cdots,K$$

从 $Y_{ik}(t)$ 的定义容易看出 $X_k(t)$ 和 $Y_{ik}^{(c)}(t), i=1,2,\cdots,K$ 满足

$$\dot{X}_k(t)=AX_k(t)+\sum_{j=1}^{K}B_jY_{jk}^{(c)}(t-r_j)+\sum_{j=1}^{K}B_jY_{jk}^{(i)}(t-r_j) \tag{8.31}$$

$$Y_{ik}^{(c)}(t)=C_iX_k(t)+\sum_{j=1}^{K}D_{ij}Y_{jk}^{(c)}(t-r_j),\quad i=1,2,\cdots,K \tag{8.32}$$

且具有初值条件 $X_k(t)=0$, $Y_{ik}^{(c)}(t)=0$, $t<0; i,k=1,2,\cdots,K$. 从上述分析可见 $X_x(t)$ 是连续的, $Y_{ix}(t)$、$X_k(t)$ 及 $Y_{ik}^{(c)}(t)$ 是分片连续的. 进一步, 由式 (8.30) 得到 $X_k(t)=0$ 及 $Y_{ik}^{(c)}(t)=0$, $t<r_k$.

8.3 二次 Lyapunov-Krasovskii 泛函的构造

假定系统 (8.12)-(8.13) 是指数稳定的 (线性使得它等价于一致渐近稳定的), 对于给定的适当维数的对称正定矩阵 W, 基于基本解构造 Lyapunov-Krasovskii 泛函满足

$$\dot{V}(x(t),y_t)=-x^{\mathrm{T}}(t)Wx(t) \tag{8.33}$$

事实上, 这样的 V 可以被解释为

$$V(\psi,\phi)=\int_0^{\infty}x^{\mathrm{T}}(t,\psi,\phi)Wx(t,\psi,\phi)\mathrm{d}t \tag{8.34}$$

为了说明 V 满足式 (8.33), 计算

$$\begin{aligned}\dot{V}(\psi,\phi)&=\dot{V}(x(t),y_t)|_{t=0,x(t)=\psi,y(t)=\phi}\\&=\int_0^{\infty}\frac{\partial}{\partial t}[x^{\mathrm{T}}(\xi,x(t),y_t)Wx(\xi,x(t),y_t)]\Big|_{\substack{t=0\\x(t)=\psi\\y(t)=\phi}}\mathrm{d}\xi\\&=\int_0^{\infty}\frac{\partial}{\partial t}[x^{\mathrm{T}}(\xi+t,\psi,\phi)Wx(\xi+t,\psi,\phi)]_{t=0}\mathrm{d}\xi\\&=\int_0^{\infty}\frac{\partial}{\partial \xi}[x^{\mathrm{T}}(\xi,\psi,\phi)Wx(\xi,\psi,\phi)]\mathrm{d}\xi\\&=[x^{\mathrm{T}}(\xi,\psi,\phi)Wx(\xi,\psi,\phi)]_{\xi=0}^{\xi=\infty}\end{aligned}$$

当 $\xi \to \infty$, $x(\xi) \to 0$ 即得式 (8.33). 另外, 上式计算中应用了式 (8.16).

由式 (8.25) 得, $V(\psi,\phi)$ 能被写成

$$V(\psi,\phi) = \psi^{\mathrm{T}} U_{xx}\psi + 2\psi^{\mathrm{T}}\sum_{i=1}^{K}\int_{-r_i}^{0} U_{xi}(\eta)\phi_i(\eta)\mathrm{d}\eta + \sum_{i=1}^{K}\sum_{j=1}^{K}\int_{-r_i}^{0}\int_{-r_j}^{0}\phi_i^{\mathrm{T}}(\xi)U_{ij}(\xi,\eta)\phi_j(\eta)\mathrm{d}\eta\mathrm{d}\xi$$

其中

$$\begin{aligned}
U_{xx} &= \int_0^{\infty} X_x^{\mathrm{T}}(t)WX_x(t)\mathrm{d}t \\
U_{xi}(\eta) &= \int_0^{\infty} X_x^{\mathrm{T}}(t)WX_i(t-\eta)\mathrm{d}t, \quad -r_i \leqslant \eta < 0 \\
U_{ij}(\xi,\eta) &= \int_0^{\infty} X_i^{\mathrm{T}}(t-\xi)WX_j(t-\eta)\mathrm{d}t, \quad -r_i \leqslant \xi < 0,\ -r_j \leqslant \eta < 0
\end{aligned}$$

很明显, U_{xx} 是对称正定的, 且 $U_{ij}(\xi,\eta) = U_{ji}^{\mathrm{T}}(\eta,\xi)$.

从定理 2.1 以及 8.2 节的改进可得下述结论.

定理 8.1 如果存在对称正定矩阵 $S_i, i = 1,2,\cdots,K$ 使得

$$S - D^{\mathrm{T}}SD > 0 \tag{8.35}$$

其中

$$D = \begin{pmatrix} D_{11} & D_{12} & \cdots & D_{1K} \\ D_{21} & D_{22} & \cdots & D_{2K} \\ \vdots & \vdots & & \vdots \\ D_{K1} & D_{K2} & \cdots & D_{KK} \end{pmatrix}$$

$$S = \mathrm{diag}\begin{pmatrix} S_1 & S_2 & \cdots & S_K \end{pmatrix}$$

那么系统 (8.12)-(8.13) 是指数稳定的当且仅当存在二次 Lyapunov-Krasovskii 泛函结构如下

$$V(\psi,\phi) = \psi^{\mathrm{T}}P\psi + 2\psi^{\mathrm{T}}\sum_{i=1}^{K}\int_{-r_i}^{0} Q_i(\eta)\phi_i(\eta)\mathrm{d}\eta + \sum_{i=1}^{K}\sum_{j=1}^{K}\int_{-r_i}^{0}\int_{-r_j}^{0}\phi_i^{\mathrm{T}}(\xi)R_{ij}(\xi,\eta)\phi_j(\eta)\mathrm{d}\eta\mathrm{d}\xi \tag{8.36}$$

其中, $P=P^{\mathrm{T}}\in\mathbb{R}^{n\times n}$, $Q_i:[-r_i,0)\rightarrow\mathbb{R}^{n\times m_i}$ 及 $R_{ij}:[-r_i,0)\times[-r_j,0)\rightarrow\mathbb{R}^{m_i\times m_j}$, $R_{ij}(\xi,\eta)=R_{ji}^{\mathrm{T}}(\eta,\xi)$, 使得存在 $\varepsilon>0$, 有

$$V(\psi,\phi)\geqslant\varepsilon||\psi||^2$$
$$\dot{V}(\psi,\phi)\leqslant-\varepsilon||\psi||^2$$

证明 在第 2 章已经说明式 (8.35) 是子系统 (8.13) 一致 input-to-state 稳定的充分条件, 如此,则必要性由 Lyapunov-Krasovskii 泛函的结构以及定理前的讨论很容易得出. 从式 (8.36) 观测到 $V(\psi,\phi)$ 很明显对充分大的 $M>0$, $M\Big(\|\psi\|^2+\sum_{i=1}^{K}\|\phi_i\|^2\Big)$ 是有界的, 于是充分性由定理 2.1 可导出.

定理 8.1 使得它有可能利用一系列数值方法判定稳定性. 典型的方法要求附加一项

$$\sum_{i=1}^{K}\int_{-r_i}^{0}\phi_i^{\mathrm{T}}(\xi)S_i(\xi)\phi_i(\xi)\mathrm{d}\xi$$

到式 (8.36) 的表达式 $V(\psi,\phi)$ 中是行之有效的. 这些方法包括文献 [51]、文献 [70] 和文献 [72] 给出的离散 Lyapunov 泛函方法、文献 [71] 的平方和方法. 另外, 还有文献 [109] 和文献 [110] 给出的离散化方法, 应用多项式矩阵函数逼近理论解. 这样的公式也能用来研究具有不确定性系统的稳定性.

8.4 稳定性分析

本节将利用离散化 Lyapunov-Krasovskii 泛函方法, 对系统进行稳定性分析 [111], 基于三个 LMI 给出系统稳定的充分性条件.

8.4.1 完全的二次 Lyapunov-Krasovskii 泛函

对于系统 (8.12)-(8.13) 及初值条件 (8.14)-(8.15), 选择 Lyapunov-Krasovskii 泛函如下

$$\begin{aligned}V(\psi,\phi)=&\psi^{\mathrm{T}}P\psi+2\psi^{\mathrm{T}}\sum_{i=1}^{K}\int_{-r_i}^{0}Q_i(\eta)\phi_i(\eta)\mathrm{d}\eta\\&+\sum_{i=1}^{K}\sum_{j=1}^{K}\int_{-r_i}^{0}\int_{-r_j}^{0}\phi_i^{\mathrm{T}}(\xi)R_{ij}(\xi,\eta)\phi_j(\eta)\mathrm{d}\eta\mathrm{d}\xi\\&+\sum_{i=1}^{K}\int_{-r_i}^{0}\phi_i^{\mathrm{T}}(\xi)S_i(\xi)\phi_i(\xi)\mathrm{d}\xi\end{aligned}\tag{8.37}$$

其中

$$
\begin{aligned}
P &= P^{\mathrm{T}} \in \mathbb{R}^{n\times n}\\
Q_i(\eta) &\in \mathbb{R}^{n\times m_i}\\
R_{ij}(\xi,\eta) &= R_{ji}^{\mathrm{T}}(\eta,\xi) \in \mathbb{R}^{m_i\times m_j}\\
S_i(\eta) &= S_i^{\mathrm{T}}(\eta) \in \mathbb{R}^{m_i\times m_i}
\end{aligned}
\tag{8.38}
$$

对式 (8.37) 表述的 V 沿着系统的轨迹计算导数

$$
\begin{aligned}
\dot V(\psi,\phi) =& 2\psi^{\mathrm{T}}P\left[A\psi+\sum_{i=1}^{K}B_i\phi_i(-r_i)\right]\\
&+2\sum_{i=1}^{K}\left[A\psi+\sum_{i=1}^{K}B_i\phi_i(-r_i)\right]^{\mathrm{T}}\int_{-r_i}^{0}Q_i(\eta)\phi_i(\eta)\mathrm{d}\eta\\
&+2\sum_{i=1}^{K}\psi^{\mathrm{T}}\left[Q_i(0)\phi_i(0)-Q_i(-r_i)\phi_i(-r_i)-\int_{-r_i}^{0}\dot Q_i(\eta)\phi_i(\eta)\mathrm{d}\eta\right]\\
&+2\sum_{i=1}^{K}\sum_{j=1}^{K}\int_{-r_i}^{0}[\phi_i^{\mathrm{T}}(\xi)R_{ij}(\xi,0)\phi_j(0)-\phi_i^{\mathrm{T}}(\xi)R_{ij}(\xi,-r_j)\phi_j(-r_j)\\
&-\int_{-r_i}^{0}\phi_i^{\mathrm{T}}(\xi)\frac{\partial R_{ij}(\xi,\eta)}{\partial\eta}\phi_j(\eta)\mathrm{d}\eta]\mathrm{d}\xi+\sum_{i=1}^{K}\Big[\phi_i^{\mathrm{T}}(0)S_i(0)\phi_i(0)\\
&-\phi_i^{\mathrm{T}}(-r_i)S_i(-r_i)\phi_i(-r_i)-\int_{-r_i}^{0}\phi_i^{\mathrm{T}}(\eta)\dot S_i(\eta)\phi_i(\eta)\mathrm{d}\eta\Big]
\end{aligned}
$$

或

$$
\begin{aligned}
\dot V(\psi,\phi) =& 2\psi^{\mathrm{T}}P[A\psi+\sum_{i=1}^{K}B_i\phi_i(-r_i)]\\
&+2\sum_{i=1}^{K}[A\psi+\sum_{j=1}^{K}B_j\phi_j(-r_j)]^{\mathrm{T}}\int_{-r_i}^{0}Q_i(\eta)\phi_i(\eta)\mathrm{d}\eta\\
&+2\sum_{i=1}^{K}\psi^{\mathrm{T}}\{Q_i(0)[C_i\psi+\sum_{j=1}^{K}D_{ij}\phi_j(-r_j)]\\
&-Q_i(-r_i)\phi_i(-r_i)-\int_{-r_i}^{0}\dot Q_i(\eta)\phi_i(\eta)\mathrm{d}\eta\}\\
&+2\sum_{i=1}^{K}\sum_{j=1}^{K}\int_{-r_i}^{0}\{\phi_i^{\mathrm{T}}(\xi)R_{ij}(\xi,0)[C_j\psi+\sum_{k=1}^{K}D_{jk}\phi_k(-r_k)]\\
&-\phi_i^{\mathrm{T}}(\xi)R_{ij}(\xi,-r_j)\phi_j(-r_j)-\int_{-r_i}^{0}\phi_i^{\mathrm{T}}(\xi)\frac{\partial R_{ij}(\xi,\eta)}{\partial\eta}\phi_j(\eta)\mathrm{d}\eta\}\mathrm{d}\xi
\end{aligned}
$$

$$+\sum_{i=1}^{K}\{[C_i\psi+\sum_{j=1}^{K}D_{ij}\phi_j(-r_j)]^{\mathrm{T}}S_i(0)[C_i\psi+\sum_{k=1}^{K}D_{ik}\phi_k(-r_k)]$$
$$-\phi_i^{\mathrm{T}}(-r_i)S_i(-r_i)\phi_i(-r_i)-\int_{-r_i}^{0}\phi_i^{\mathrm{T}}(\xi)\dot{S}_i(\eta)\phi_i(\eta)\mathrm{d}\eta\}$$

合并同类项得

$$\begin{aligned}\dot{V}(\psi,\phi)=&\psi^{\mathrm{T}}\left\{PA+A^{\mathrm{T}}P+\sum_{i=1}^{K}[Q_i(0)C_i+C_i^{\mathrm{T}}Q_i^{\mathrm{T}}(0)+C_i^{\mathrm{T}}S_i(0)C_i]\right\}\psi\\
&+2\sum_{i=1}^{K}\psi^{\mathrm{T}}\left\{PB_i+\sum_{j=1}^{K}[Q_j(0)D_{ji}+C_j^{\mathrm{T}}S_j(0)D_{ji}]-Q_i(-r_i)\right\}\phi_i(-r_i)\\
&+2\sum_{i=1}^{K}\psi^{\mathrm{T}}\int_{-r_i}^{0}\left[A^{\mathrm{T}}Q_i(\eta)-\dot{Q}_i(\eta)+\sum_{j=1}^{K}C_j^{\mathrm{T}}R_{ij}^{\mathrm{T}}(\eta,0)\right]\phi_i(\eta)\mathrm{d}\eta\\
&+2\sum_{i=1}^{K}\sum_{j=1}^{K}\phi_j^{\mathrm{T}}(-r_j)\int_{-r_i}^{0}\left[B_j^{\mathrm{T}}Q_i(\eta)+\sum_{k=1}^{K}D_{kj}^{\mathrm{T}}R_{ik}^{\mathrm{T}}(\eta,0)-R_{ij}^{\mathrm{T}}(\eta,-r_j)\right]\phi_i(\eta)\mathrm{d}\eta\\
&-2\sum_{i=1}^{K}\sum_{j=1}^{K}\int_{-r_i}^{0}\phi_i^{\mathrm{T}}(\xi)\mathrm{d}\xi\int_{-r_j}^{0}\frac{\partial R_{ij}(\xi,\eta)}{\partial\eta}\phi_j(\eta)\mathrm{d}\eta\\
&+\sum_{i=1}^{K}\sum_{j=1}^{K}\phi_j^{\mathrm{T}}(-r_j)\sum_{k=1}^{K}D_{kj}^{\mathrm{T}}S_k(0)D_{ki}\phi_i(-r_i)\\
&-\sum_{i=1}^{K}\phi_i^{\mathrm{T}}(-r_i)S_i(-r_i)\phi_i(-r_i)\\
&-\sum_{i=1}^{K}\int_{-r_i}^{0}\phi_i^{\mathrm{T}}(\eta)\dot{S}_i(\eta)\phi_i(\eta)\mathrm{d}\eta\end{aligned}$$

或

$$\begin{aligned}\dot{V}(\psi,\phi)=&-\sum_{j=0}^{K}\sum_{i=0}^{K}\varphi_j^{\mathrm{T}}\bar{\Delta}_{ji}\varphi_i\\
&+2\sum_{i=1}^{K}\varphi_0^{\mathrm{T}}\int_{-r_i}^{0}\left[\Pi_{0i}(\eta)-\dot{Q}_i(\eta)\right]\phi_i(\eta)\mathrm{d}\eta\\
&+2\sum_{j=1}^{K}\sum_{i=1}^{K}\varphi_j^{\mathrm{T}}\int_{-r_i}^{0}\Pi_{ji}(\eta)\phi_i(\eta)\mathrm{d}\eta\\
&-2\sum_{i=1}^{K}\sum_{j=1}^{K}\int_{-r_i}^{0}\phi_i^{\mathrm{T}}(\xi)\mathrm{d}\xi\int_{-r_j}^{0}\frac{\partial R_{ij}(\xi,\eta)}{\partial\eta}\phi_j(\eta)\mathrm{d}\eta\end{aligned}$$

$$-\sum_{i=1}^{K}\int_{-r_i}^{0}\phi_i^{\mathrm{T}}(\eta)\dot{S}_i(\eta)\phi_i(\eta)\mathrm{d}\eta \tag{8.39}$$

其中

$$\varphi_i=\begin{cases}\psi, & i=0\\ \phi_i(-r_i), & i=1,\cdots,K\end{cases}$$

$$\bar{\Delta}_{00}=-PA-A^{\mathrm{T}}P-\sum_{k=1}^{K}[Q_k(0)C_k+C_k^{\mathrm{T}}Q_k^{\mathrm{T}}(0)+C_k^{\mathrm{T}}S_k(0)C_k] \tag{8.40}$$

$$\bar{\Delta}_{0i}=-PB_i-\sum_{k=1}^{K}[Q_k(0)D_{ki}+C_k^{\mathrm{T}}S_k(0)D_{ki}]+Q_i(-r_i)$$

$$\bar{\Delta}_{ji}=-\sum_{k=1}^{K}D_{kj}^{\mathrm{T}}S_k(0)D_{ki},\quad i\neq j$$

$$\bar{\Delta}_{ii}=S_i(-r_i)-\sum_{k=1}^{K}D_{ki}^{\mathrm{T}}S_k(0)D_{ki} \tag{8.41}$$

$$\Pi_{0i}=A^{\mathrm{T}}Q_i(\eta)+\sum_{k=1}^{K}C_k^{\mathrm{T}}R_{ik}^{\mathrm{T}}(\eta,0)$$

$$\Pi_{ji}=B_j^{\mathrm{T}}Q_i(\eta)+\sum_{k=1}^{K}D_{kj}^{\mathrm{T}}R_{ik}^{\mathrm{T}}(\eta,0)-R_{ij}^{\mathrm{T}}(\eta,-r_j),\quad 1\leqslant i\leqslant K,\ \ 1\leqslant j\leqslant K$$

8.4.2 离散化

下面我们将限制函数 Q_i、R_{ij} 及 S_i 为分片线性的. 特别地, 分割区间 $[-r_i,0]$, $i=1,2,\cdots,K$ 为等长度的 N_i 个小区间 $\mathcal{I}_{ip}=[\theta_{ip},\theta_{i,p-1}],p=1,2,\cdots,N_i$, 且小区间的长度为

$$h_i=\frac{r_i}{N_i}$$

其中, $\theta_{ip}=-ph_i$.

让

$$Q_i(\theta_{ip})=Q_i^p$$

$$Q_i^{(p)}(\alpha)\triangleq Q_i(\theta_{ip}+\alpha h_i)=(1-\alpha)Q_i^p+\alpha Q_i^{p-1} \tag{8.42}$$

$$S_i(\theta_{ip})=S_i^p$$

$$S_i^{(p)}(\alpha)\triangleq S_i(\theta_{ip}+\alpha h_i)=(1-\alpha)S_i^p+\alpha S_i^{p-1} \tag{8.43}$$

$$R_{ij}(\theta_{ip},\theta_{jq})=R_{ij}^{pq}$$

$$R_{ij}^{(pq)}(\alpha,\beta) \triangleq R_{ij}(\theta_{ip}+\alpha h_i, \theta_{jq}+\beta h_j)$$
$$= \begin{cases} (1-\alpha)R_{ij}^{pq} + \beta R_{ij}^{p-1,q-1} + (\alpha-\beta)R_{ij}^{p-1,q}, & \alpha \geqslant \beta \\ (1-\beta)R_{ij}^{pq} + \alpha R_{ij}^{p-1,q-1} + (\beta-\alpha)R_{ij}^{p,q-1}, & \alpha < \beta \end{cases} \tag{8.44}$$

其中, $0 \leqslant \alpha,\beta \leqslant 1, p=1,2,\cdots,N_i, q=1,2,\cdots,N_j; i=1,2,\cdots,K, j=1,2,\cdots,K$.

分片线性函数 Q_i、R_{ij} 及 S_i 的导数项离散化有

$$\dot{S}_i(\eta) = \frac{1}{h_i}(S_i^{p-1} - S_i^p)$$

$$\dot{Q}_i(\eta) = \frac{1}{h_i}(Q_i^{p-1} - Q_i^{p-1})$$

$$\frac{\partial R_{ij}(\xi,\eta)}{\partial \eta} = \begin{cases} \dfrac{1}{h_j}(R_{ij}^{p-1,q-1} - R_{ij}^{p-1,q}), & \alpha \geqslant \beta \\ \dfrac{1}{h_j}(R_{ij}^{p,q-1} - R_{ij}^{pq}), & \alpha < \beta \end{cases}$$

$$0 \leqslant \alpha,\beta \leqslant 1$$

$$\theta_{ip} < \xi < \theta_{i,p-1}$$

$$\theta_{iq} < \eta < \theta_{i,q-1}$$

其中, $p=1,2,\cdots,N_i, q=1,2,\cdots,N_j; i=1,2,\cdots,K, j=1,2,\cdots,K$.

8.4.3 Lyapunov-Krasovskii 泛函条件

定理 8.2 对于分片线性矩阵 Q_i、R_{ij} 及 S_i 的选取如式 (8.42)~ 式 (8.44), 分割积分区间 $[-r_i, 0]$ 为 N_i 个小段 $[\theta_{ip}, \theta_{i,p-1}], p=1,2,\cdots,N_i$, 则 Lyapunov-Krasovskii 泛函 (8.37) 可以被重新写成

$$V(\psi,\phi) = \psi^{\mathrm{T}} P\psi + 2\psi^{\mathrm{T}} \sum_{i=1}^{K}\sum_{p=1}^{N_i} V_{Q_i^p} + \sum_{i=1}^{K}\sum_{j=1}^{K}\sum_{p=1}^{N_i}\sum_{q=1}^{N_j} V_{R_{ij}^{pq}} + \sum_{i=1}^{K}\sum_{p=1}^{N_i} V_{S_i^p} \tag{8.45}$$

其中

$$V_{Q_i^p} = \int_0^1 Q_i^{(p)}(\alpha)\phi_i^{(p)}(\alpha) h_i \mathrm{d}\alpha \tag{8.46}$$

$$V_{R_{ij}^{pq}} = \int_0^1 \left[\int_0^1 \phi_i^{(p)\mathrm{T}}(\alpha) R_{ij}^{(pq)}(\alpha,\beta)\phi_j^{(q)}(\beta) h_j \mathrm{d}\beta\right] h_i \mathrm{d}\alpha \tag{8.47}$$

$$V_{S_i^p} = \int_0^1 \phi_i^{(p)\mathrm{T}}(\alpha) S_i^{(p)}(\alpha)\phi_i^{(p)}(\alpha) h_i \mathrm{d}\alpha \tag{8.48}$$

$$\phi_i^{(p)}(\alpha) = \phi_i(\theta_{ip} + \alpha h_i) \tag{8.49}$$

定理 8.3 由式 (8.37) 和式 (8.38) 描述的 Lyapunov-Krasovskii 泛函 $V(\psi,\phi)$，具有分片线性矩阵 Q_i、R_{ij} 及 S_i 如式 (8.42)~ 式 (8.44), 满足

$$V(\psi,\phi)\geqslant\int_0^1\begin{pmatrix}\psi^{\mathrm{T}} & \varPhi^{\mathrm{T}}(\alpha)\end{pmatrix}\varTheta\begin{pmatrix}\psi^{\mathrm{T}} & \varPhi^{\mathrm{T}}(\alpha)\end{pmatrix}^{\mathrm{T}}\mathrm{d}\alpha \tag{8.50}$$

其中

$$\varTheta=\begin{pmatrix}P & \tilde{Q}_1 & \tilde{Q}_2 & \cdots & \tilde{Q}_K\\ * & \tilde{R}_{11}+\tilde{S}_1 & \tilde{R}_{12} & \cdots & \tilde{R}_{1K}\\ * & * & \tilde{R}_{22}+\tilde{S}_2 & \cdots & \tilde{R}_{2K}\\ \vdots & \vdots & \vdots & & \vdots\\ * & * & * & \cdots & \tilde{R}_{KK}+\tilde{S}_K\end{pmatrix} \tag{8.51}$$

如果

$$S_i^p>0,\quad p=0,1,2,\cdots,N_i,\quad i=1,2,\cdots,K \tag{8.52}$$

及

$$\varTheta>0 \tag{8.53}$$

则 Lyapunov-Krasovskii 泛函条件

$$V(\psi,\phi)\geqslant\varepsilon||\psi||^2$$

被满足. 其中

$$\tilde{Q}_i=\begin{pmatrix}Q_i^0 & Q_i^1 & \cdots & Q_i^{N_i}\end{pmatrix} \tag{8.54}$$

$$\tilde{R}_{ij}=\begin{pmatrix}R_{ij}^{00} & R_{ij}^{01} & \cdots & R_{ij}^{0,N_j}\\ R_{ij}^{10} & R_{ij}^{11} & \cdots & R_{ij}^{1,N_j}\\ \vdots & \vdots & & \vdots\\ R_{ij}^{N_i,0} & R_{ij}^{N_i,1} & \cdots & R_{ij}^{N_i,N_j}\end{pmatrix} \tag{8.55}$$

$$\tilde{S}_i=\begin{pmatrix}\dfrac{1}{h_i}S_i^0 & \dfrac{1}{h_i}S_i^1 & \cdots & \dfrac{1}{h_i}S_i^{N_i}\end{pmatrix} \tag{8.56}$$

以及

$$\varPhi(\alpha)=\begin{pmatrix}\varPhi_1(\alpha)\\ \varPhi_2(\alpha)\\ \vdots\\ \varPhi_K(\alpha)\end{pmatrix}$$

$$\Phi_i(\alpha)=\begin{pmatrix}\Phi_{i1}(\alpha)\\ \Phi_{i2}(\alpha)\\ \vdots\\ \Phi_{i,N_i-1}(\alpha)\\ \Phi_{i,N_i}(\alpha)\end{pmatrix}=\begin{pmatrix}\Phi_{i(1)}(\alpha)\\ \Phi_{i(2)}(\alpha)+\Phi_i^{(1)}(\alpha)\\ \vdots\\ \Phi_{i(N_i)}(\alpha)+\Phi_i^{(N_i-1)}(\alpha)\\ \Phi_i^{(N_i)}(\alpha)\end{pmatrix}$$

$$\Phi_i^{(p)}(\alpha)=h_i\int_0^\alpha \phi_i^{(p)}(\beta)\mathrm{d}\beta$$

$$\Phi_{i(p)}(\alpha)=h_i\int_\alpha^1 \phi_i^{(p)}(\beta)\mathrm{d}\beta$$

$$p=1,2,\cdots,N_i,\quad i=1,2,\cdots,K$$

证明 式 (8.50) 被满足, 式 (8.53) 的充分性是显然的, 所以我们只需证明式 (8.53) 成立即可. 具有式 (8.45)~ 式 (8.49) 表示的 V , 对于 $V_{Q_i^p}$, $i=1,2,\cdots,K$, 应用分部积分有

$$\begin{aligned}V_{Q_i^p}&=\int_0^1 Q_i^{(p)}(\alpha)\phi_i^{(p)}(\alpha)h_i\mathrm{d}\alpha\\&=Q_i^{(p)}(1)\Phi_i^{(p)}(1)-\int_0^1\frac{dQ_i^{(p)}(\alpha)}{d\alpha}\Phi_i^{(p)}(\alpha)\mathrm{d}\alpha\\&=Q_i^{p-1}\Phi_i^{(p)}(1)-\int_0^1(Q_i^{p-1}-Q_i^p)\Phi_i^{(p)}(\alpha)\mathrm{d}\alpha\\&=\int_0^1[Q_i^{p-1}\Phi_{i(p)}(\alpha)+Q_i^p\Phi_i^{(p)}(\alpha)]\mathrm{d}\alpha\end{aligned}\tag{8.57}$$

类似地, 对于 $V_{R_{ij}^{pq}}, i=1,2,\cdots,K, j=1,2,\cdots,K$, 关于 β 进行分部积分得

$$\begin{aligned}V_{R_{ij}^{pq}}&=h_ih_j\int_0^1\left[\int_0^1\phi_i^{(p)\mathrm{T}}(\alpha)R_{ij}^{(pq)}(\alpha,\beta)\phi_j^{(q)}(\beta)\mathrm{d}\beta\right]\mathrm{d}\alpha\\&=h_i\int_0^1\phi_i^{(p)\mathrm{T}}(\alpha)\left[R_{ij}^{(pq)}(\alpha,\beta)\Phi_j^{(q)}(\beta)\Big|_{\beta=0}^{\beta=1}-\int_0^1\frac{\partial R_{ij}^{(pq)}(\alpha,\beta)}{\partial\beta}\Phi_j^{(q)}(\beta)\mathrm{d}\beta\right]\mathrm{d}\alpha\\&=h_i\int_0^1\phi_i^{(p)\mathrm{T}}(\alpha)R_{ij}^{(pq)}(\alpha,1)\Phi_j^{(q)}(1)\mathrm{d}\alpha\\&\quad-h_i\int_0^1\phi_i^{(p)\mathrm{T}}(\alpha)\left[\int_0^\alpha[R_{ij}^{p-1,q-1}-R_{ij}^{p-1,q}]\Phi_j^{(q)}(\beta)\mathrm{d}\beta\right.\\&\quad\left.-\int_\alpha^1[R_{ij}^{p,q-1}-R_{ij}^{p,q}]\Phi_j^{(q)}(\beta)\mathrm{d}\beta\right]\mathrm{d}\alpha\\&=h_i\int_0^1\phi_i^{(p)\mathrm{T}}(\alpha)[\alpha R_{ij}^{p-1,q-1}+(1-\alpha)R_{ij}^{p,q-1}]\Phi_j^{(q)}(1)\mathrm{d}\alpha\end{aligned}$$

$$
\begin{aligned}
&-h_i\int_0^1 \mathrm{d}\beta\int_\beta^1 \phi_i^{(p)\mathrm{T}}(\alpha)[R_{ij}^{p-1,q-1}-R_{ij}^{p-1,q}]\varPhi_j^{(q)}(\beta)\mathrm{d}\alpha\\
&-h_i\int_0^1 \mathrm{d}\beta\int_0^\beta \phi_i^{(p)\mathrm{T}}(\alpha)[R_{ij}^{p,q-1}-R_{ij}^{p,q}]\varPhi_j^{(q)}(\beta)\mathrm{d}\alpha\\
=&\varPhi_i^{(p)\mathrm{T}}(1)R_{ij}^{p-1,q-1}\varPhi_j^{(q)}(1)\\
&-\int_0^1 \varPhi_i^{(p)\mathrm{T}}(\alpha)[R_{ij}^{p-1,q-1}-R_{ij}^{p,q-1}]\varPhi_j^{(q)}(1)\mathrm{d}\alpha\\
&-\int_0^1 \varPhi_{i(p)}^{\mathrm{T}}(\alpha)[R_{ij}^{p-1,q-1}-R_{ij}^{p-1,q}]\varPhi_j^{(q)}(\alpha)\mathrm{d}\alpha\\
&-\int_0^1 \varPhi_i^{(p)\mathrm{T}}(\alpha)[R_{ij}^{p,q-1}-R_{ij}^{pq}]\varPhi_j^{(q)}(\alpha)\mathrm{d}\alpha\\
=&\int_0^1[\varPhi_{i(p)}^{\mathrm{T}}(\alpha)R_{ij}^{p-1,q-1}\varPhi_{j(q)}(\alpha)+\varPhi_{i(p)}^{\mathrm{T}}(\alpha)R_{ij}^{p-1,q}\varPhi_j^{(q)}(\alpha)\\
&+\varPhi_i^{(p)\mathrm{T}}(\alpha)R_{ij}^{p,q-1}\varPhi_{j(q)}(\alpha)+\varPhi_i^{(p)\mathrm{T}}(\alpha)R_{ij}^{pq}\varPhi_j^{(q)}(\alpha)]\mathrm{d}\alpha
\end{aligned}
\tag{8.58}
$$

应用式 (8.57) 和式 (8.58) 到式 (8.45) 就有

$$
V(\psi,\phi)=\int_0^1\begin{pmatrix}\psi^{\mathrm{T}} & \varPhi^{\mathrm{T}}(\alpha)\end{pmatrix}\bar{\varTheta}\begin{pmatrix}\psi^{\mathrm{T}} & \varPhi^{\mathrm{T}}(\alpha)\end{pmatrix}^{\mathrm{T}}\mathrm{d}\alpha+\sum_{i=1}^{K}\sum_{p=1}^{N_i}V_{S_i^p}
\tag{8.59}
$$

其中

$$
\bar{\varTheta}=\begin{pmatrix}
P & \tilde{Q}_1 & \tilde{Q}_2 & \cdots & \tilde{Q}_K\\
* & \tilde{R}_{11} & \tilde{R}_{12} & \cdots & \tilde{R}_{1K}\\
* & * & \tilde{R}_{22} & \cdots & \tilde{R}_{2K}\\
\vdots & \vdots & \vdots & & \vdots\\
* & * & * & \cdots & \tilde{R}_{KK}
\end{pmatrix}
$$

对于 $S_i^p>0, i=1,2,\cdots,K$, 我们有

$$
\begin{aligned}
\sum_{p=1}^{N_i}V_{S_i^p}=&\sum_{p=1}^{N_i}\int_0^1 \phi_i^{(p)\mathrm{T}}(\alpha)S_i^{(p)}(\alpha)\phi_i^{(p)}(\alpha)h_i\mathrm{d}\alpha\\
=&\sum_{p=1}^{N_i}\int_0^1 \phi_i^{(p)\mathrm{T}}(\alpha)[\alpha S_i^{p-1}+(1-\alpha)S_i^p]\phi_i^{(p)}(\alpha)h_i\mathrm{d}\alpha\\
=&\int_0^1 \alpha\phi_i^{(1)\mathrm{T}}(\alpha)S_i^0\phi_i^{(1)}(\alpha)h_i\mathrm{d}\alpha+\int_0^1(1-\alpha)\phi_i^{(N_i)\mathrm{T}}(\alpha)S_i^{N_i}\phi_i^{(N_i)}(\alpha)h_i\mathrm{d}\alpha\\
&+\sum_{p=1}^{N_i-1}\int_0^1[\alpha\phi_i^{(p+1)\mathrm{T}}(\alpha)S_i^p\phi_i^{(p+1)}(\alpha)+(1-\alpha)\phi_i^{(p)\mathrm{T}}(\alpha)S_i^p\phi_i^{(p)}(\alpha)]h_i\mathrm{d}\alpha
\end{aligned}
$$

对上式的每一项运用 Jensen 不等式则得

$$
\begin{aligned}
\sum_{p=1}^{N_i} V_{S_i^p} \geqslant & \frac{1}{h_i}\int_0^1 \left[\int_\alpha^1 \phi_i^{(1)}(\beta)h_i\mathrm{d}\beta\right]^{\mathrm{T}} S_i^0 \left[\int_\alpha^1 \phi_i^{(1)}(\beta)h_i\mathrm{d}\beta\right]\mathrm{d}\alpha \\
& +\frac{1}{h_i}\int_0^1 \left[\int_0^\alpha \phi_i^{(N_i)}(\beta)h_i\mathrm{d}\beta\right]^{\mathrm{T}} S_i^{N_i} \left[\int_0^\alpha \phi_i^{(N_i)}(\beta)h_i\mathrm{d}\beta\right]\mathrm{d}\alpha \\
& +\frac{1}{h_i}\sum_{p=1}^{N_i-1}\int_0^1 \left[\int_\alpha^1 \phi_i^{(p+1)}(\beta)h_i\mathrm{d}\beta + \int_0^\alpha \phi_i^{(p)}(\beta)h_i\mathrm{d}\beta\right]^{\mathrm{T}} \\
& \times S_i^p \left[\int_\alpha^1 \phi_i^{(p+1)}(\beta)h_i\mathrm{d}\beta + \int_0^\alpha \phi_i^{(p)}(\beta)h_i\mathrm{d}\beta\right]\mathrm{d}\alpha \\
= & \frac{1}{h_i}\int_0^1 \Big[\Phi_{i(1)}^{\mathrm{T}}(\alpha)S_i^0\Phi_{i(1)}(\alpha) + \Phi_i^{(N_i)\mathrm{T}}(\alpha)S_i^{N_i}\Phi_i^{(N_i)}(\alpha) \\
& +\frac{1}{h_i}\sum_{p=1}^{N_i-1}\left(\Phi_{i(p+1)}(\alpha)+\Phi_i^{(p)}(\alpha)\right)^{\mathrm{T}} S_{i(p)}\left(\Phi_{i(p+1)}(\alpha)+\Phi_i^{(p)}(\alpha)\right)\Big]\mathrm{d}\alpha \\
= & \int_0^1 \Phi_i^{\mathrm{T}}(\alpha)\tilde{S}_i\Phi_i(\alpha)\mathrm{d}\alpha
\end{aligned} \tag{8.60}
$$

从而应用式 (8.60) 到式 (8.59) 就得到式 (8.50), 证毕.

8.4.4 Lyapunov-Krasovskii 导数条件

引理 8.1 对于 Lyapunov-Krasovskii 泛函 $V(\psi,\phi)$, 具有分片线性矩阵 $Q_i, R_{ij}, S_i, i=1,2,\cdots,K$ 如式 (8.42)~ 式 (8.44), 它的导数 $\dot{V}(\psi,\phi)$ 离散化满足

$$
\begin{aligned}
\dot{V}(\psi,\phi) = & -\varphi^{\mathrm{T}}\Delta\varphi - \int_0^1 \tilde{\phi}^{\mathrm{T}}(\alpha)S_d\tilde{\phi}(\alpha)\mathrm{d}\alpha \\
& +2\varphi^{\mathrm{T}}\int_0^1 [Y^s + (1-2\alpha)Y^a]\tilde{\phi}(\alpha)\mathrm{d}\alpha \\
& -\left[\int_0^1 \tilde{\phi}(\alpha)\mathrm{d}\alpha\right]^{\mathrm{T}} R_{ds}\left[\int_0^1 \tilde{\phi}(\alpha)\mathrm{d}\alpha\right] \\
& -\int_0^1\int_0^\alpha \begin{pmatrix} \tilde{\phi}(\alpha) \\ \tilde{\phi}(\beta) \end{pmatrix}^{\mathrm{T}} \begin{pmatrix} 0 & R_{da} \\ R_{da}^{\mathrm{T}} & 0 \end{pmatrix} \begin{pmatrix} \tilde{\phi}(\alpha) \\ \tilde{\phi}(\beta) \end{pmatrix}\mathrm{d}\beta\mathrm{d}\alpha
\end{aligned} \tag{8.61}
$$

其中

$$
\varphi = \begin{pmatrix} \psi \\ \phi_1(-r_1) \\ \phi_2(-r_2) \\ \vdots \\ \phi_K(-r_K) \end{pmatrix}
$$

$$\tilde{\phi}(\alpha)=\begin{pmatrix}\tilde{\phi}_1(\alpha)\\ \tilde{\phi}_2(\alpha)\\ \vdots\\ \tilde{\phi}_K(\alpha)\end{pmatrix}$$

$$\tilde{\phi}_i(\alpha)=\begin{pmatrix}\phi_i^1(\alpha)\\ \phi_i^2(\alpha)\\ \vdots\\ \phi_i^{N_i}(\alpha)\end{pmatrix}=\begin{pmatrix}\phi_i^1(\theta_{i1}+\alpha h_i)\\ \phi_i^2(\theta_{i2}+\alpha h_i)\\ \vdots\\ \phi_i^{N_i}(\theta_{iN_i}+\alpha h_i)\end{pmatrix}$$

$$\Delta=\begin{pmatrix}\Delta_{00} & \Delta_{01} & \cdots & \Delta_{0K}\\ \Delta_{01}^{\mathrm{T}} & \Delta_{11} & \cdots & \Delta_{1K}\\ \vdots & \vdots & & \vdots\\ \Delta_{0K}^{\mathrm{T}} & \Delta_{1K}^{\mathrm{T}} & \cdots & \Delta_{KK}\end{pmatrix} \tag{8.62}$$

$$\Delta_{00}=-PA-A^{\mathrm{T}}P-\sum_{k=1}^{K}[Q_k^0C_k+C_k^{\mathrm{T}}Q_k^{0\mathrm{T}}+C_k^{\mathrm{T}}S_k^0C_k]$$

$$\Delta_{0i}=-PB_i-\sum_{k=1}^{K}[Q_k^0D_{ki}+C_k^{\mathrm{T}}S_k^0D_{ki}]+Q_i^{N_i}$$

$$\Delta_{ji}=-\sum_{k=1}^{K}D_{kj}^{\mathrm{T}}S_k^0D_{ki},\quad i\neq j$$

$$\Delta_{ii}=S_i^{N_i}-\sum_{k=1}^{K}D_{ki}^{\mathrm{T}}S_k^0D_{ki},\quad 1\leqslant i,j\leqslant K$$

$$S_d=\mathrm{diag}\begin{pmatrix}S_{d1} & S_{d2} & \cdots & S_{dK}\end{pmatrix} \tag{8.63}$$

$$S_{di}=\mathrm{diag}\begin{pmatrix}S_{di}^1 & S_{di}^2 & \cdots & S_{di}^{N_i}\end{pmatrix}$$

$$S_{di}^p=S_i^{p-1}-S_i^p$$

$$R_{ds}=\begin{pmatrix}R_{ds11} & R_{ds12} & \cdots & R_{ds1K}\\ R_{ds21} & R_{ds22} & \cdots & R_{ds2K}\\ \vdots & \vdots & & \vdots\\ R_{dsK1} & R_{dsK2} & \cdots & R_{dsKK}\end{pmatrix} \tag{8.64}$$

$$R_{dsij}=\begin{pmatrix} R_{dsij}^{11} & R_{dsij}^{12} & \cdots & R_{dsij}^{1N_j} \\ R_{dsij}^{21} & R_{dsij}^{22} & \cdots & R_{dsij}^{2N_j} \\ \vdots & \vdots & & \vdots \\ R_{dsij}^{N_i1} & R_{dsij}^{N_i2} & \cdots & R_{dsij}^{N_iN_j} \end{pmatrix}$$

$$R_{dsij}^{pq}=\frac{1}{2}[(h_i+h_j)(R_{ij}^{p-1,q-1}-R_{ij}^{pq})+(h_i-h_j)(R_{ij}^{p,q-1}-R_{ij}^{p-1,q})]$$

$$R_{da}=\begin{pmatrix} R_{da11} & R_{da12} & \cdots & R_{da1K} \\ R_{da21} & R_{da22} & \cdots & R_{da2K} \\ \vdots & \vdots & & \vdots \\ R_{daK1} & R_{daK2} & \cdots & R_{daKK} \end{pmatrix} \tag{8.65}$$

$$R_{daij}=\begin{pmatrix} R_{daij}^{11} & R_{daij}^{12} & \cdots & R_{daij}^{1N_j} \\ R_{daij}^{21} & R_{daij}^{22} & \cdots & R_{daij}^{2N_j} \\ \vdots & \vdots & & \vdots \\ R_{daij}^{N_i1} & R_{daij}^{N_i2} & \cdots & R_{daij}^{N_iN_j} \end{pmatrix}$$

$$R_{daij}^{pq}=\frac{1}{2}(h_i-h_j)(R_{ij}^{p-1,q-1}-R_{ij}^{p-1,q}-R_{ij}^{p,q-1}+R_{ij}^{pq}) \tag{8.66}$$

$$Y^s=\begin{pmatrix} Y_{01}^s & Y_{02}^s & \cdots & Y_{0K}^s \\ Y_{11}^s & Y_{12}^s & \cdots & Y_{1K}^s \\ \vdots & \vdots & & \vdots \\ Y_{K1}^s & Y_{K2}^s & \cdots & Y_{KK}^s \end{pmatrix} \tag{8.67}$$

$$Y_{ji}^s=\begin{pmatrix} Y_{ji}^{s1} & Y_{ji}^{s2} & \cdots & Y_{ji}^{sN_i} \end{pmatrix},\quad j=0,1,\cdots,K,\quad i=1,2,\cdots,K$$

$$Y_{0i}^{sp}=\frac{h_i}{2}[A^{\mathrm{T}}(Q_i^p+Q_i^{p-1})+\sum_{k=1}^{K}C_k^{\mathrm{T}}(R_{ik}^{p,0\mathrm{T}}+R_{ik}^{p-1,0\mathrm{T}})]-(Q_i^{p-1}-Q_i^p)$$

$$Y_{ji}^{sp}=\frac{h_i}{2}[B_j^{\mathrm{T}}(Q_i^p+Q_i^{p-1})+\sum_{k=1}^{K}D_{kj}^{\mathrm{T}}(R_{ik}^{p,0\mathrm{T}}+R_{ik}^{p-1,0\mathrm{T}})-(R_{ij}^{p,N_j\mathrm{T}}+R_{ij}^{p-1,N_j\mathrm{T}})]$$

$$j=1,2,\cdots,K,\quad i=1,2,\cdots,K$$

$$Y^a=\begin{pmatrix} Y_{01}^a & Y_{02}^a & \cdots & Y_{0K}^a \\ Y_{11}^a & Y_{12}^a & \cdots & Y_{1K}^a \\ \vdots & \vdots & & \vdots \\ Y_{K1}^a & Y_{K2}^a & \cdots & Y_{KK}^a \end{pmatrix} \tag{8.68}$$

$$
\begin{aligned}
Y_{ji}^{a} &= \begin{pmatrix} Y_{ji}^{a1} & Y_{ji}^{a2} & \cdots & Y_{ji}^{aN_i} \end{pmatrix}, \quad j=0,1,\cdots,K, \quad i=1,2,\cdots,K \\
Y_{0i}^{ap} &= \frac{h_i}{2}[A^{\mathrm{T}}(Q_i^p - Q_i^{p-1}) + \sum_{k=1}^{K} C_k^{\mathrm{T}}(R_{ik}^{p,0\mathrm{T}} - R_{ik}^{p-1,0\mathrm{T}})] \\
Y_{ji}^{ap} &= \frac{h_i}{2}[B_j^{\mathrm{T}}(Q_i^p - Q_i^p) + \sum_{k=1}^{K} D_{kj}^{\mathrm{T}}(R_{ik}^{p,0\mathrm{T}} - R_{ik}^{p-1,0\mathrm{T}}) \\
&\quad -(R_{ij}^{p,N_j\mathrm{T}} - R_{ij}^{p-1,N_j\mathrm{T}})], \quad j=1,\cdots,K, \quad i=1,2,\cdots,K
\end{aligned} \tag{8.69}
$$

证明　分割积分区间 $[-r_i,0], i=1,2,\cdots,K$ 为离散化小段 $[\theta_{ip},\theta_{ip-1}], p=1,2,\cdots,N_i$, 我们可以重新写式 (8.39) 表示的 $\dot{V}(\psi,\phi)$ 为

$$
\dot{V}(\psi,\phi) = -\dot{V}_{\Delta} - \sum_{i=1}^{K}\dot{V}_{S_i} + 2\sum_{i=1}^{K}\dot{V}_{\Pi_i} - \sum_{i=1}^{K}\sum_{j=1}^{K}\dot{V}_{R_{ij}}
$$

其中

$$
\begin{aligned}
\dot{V}_{\Delta} &= \varphi^{\mathrm{T}}\Delta\varphi \\
\dot{V}_{S_i} &= h_i\sum_{p=1}^{N_i}\int_0^1 \phi_i^{(p)\mathrm{T}}(\alpha)\dot{S}(\theta_p+\alpha h_i)\phi_i^{(p)}(\alpha)\mathrm{d}\alpha \\
\dot{V}_{\Pi_i} &= 2h_i\sum_{p=1}^{N_i}\varphi_0^{\mathrm{T}}\int_0^1 \left[\Pi_{0i}(\theta_p+\alpha h_i) - \dot{Q}_i(\theta_p+\alpha h_i)\right]\phi_i^{(p)}(\alpha)\mathrm{d}\alpha \\
&\quad +2h_i\sum_{j=1}^{K}\sum_{p=1}^{N_i}\varphi_j^{\mathrm{T}}\int_0^1 \Pi_{ji}(\theta_p+\alpha h_i)\phi_i^{(p)}(\alpha)\mathrm{d}\alpha \\
\dot{V}_{R_{ij}} &= h_ih_j\sum_{p=1}^{N_i}\sum_{q=1}^{N_j}\int_0^1 \phi_i^{(p)\mathrm{T}}(\alpha)\int_0^1 \left(\frac{1}{h_i}\frac{\partial}{\partial\alpha} + \frac{1}{h_j}\frac{\partial}{\partial\beta}\right) \\
&\quad \times R_{ij}(\theta_p+\alpha h_i, \theta_p+\beta h_j)\phi_j^{(q)}(\beta)\mathrm{d}\beta\mathrm{d}\alpha
\end{aligned}
$$

对上面的项进行离散化得

$$
\begin{aligned}
\dot{V}_{S_i} &= \sum_{p=1}^{N_i}\int_0^1 \phi_i^{(p)\mathrm{T}}(\alpha)S_{di}^p\phi_i^{(p)}(\alpha)\mathrm{d}\alpha = \int_0^1 \tilde{\phi}_i^{\mathrm{T}}(\alpha)S_{di}\tilde{\phi}_i(\alpha)\mathrm{d}\alpha \\
\dot{V}_{\Pi_i} &= 2h_i\sum_{p=1}^{N_i}\varphi_0^{\mathrm{T}}\int_0^1 [(1-\alpha)\Pi_{0i}^p + \alpha\Pi_{0i}^{p-1} - \frac{1}{h_i}(Q_i^{p-1} - Q_i^p)]\phi_i^{(p)}(\alpha)\mathrm{d}\alpha \\
&\quad +2h_i\sum_{j=1}^{K}\sum_{p=1}^{N_i}\varphi_j^{\mathrm{T}}\int_0^1 [(1-\alpha)\Pi_{ji}^p + \alpha\Pi_{ji}^{p-1}]\phi_i^{(p)}(\alpha)\mathrm{d}\alpha
\end{aligned}
$$

$$
\begin{aligned}
&= 2h_i \sum_{j=0}^{K}\sum_{p=1}^{N_i} \varphi_j^{\mathrm{T}} \int_0^1 [(1-\alpha)(Y_{ij}^{sp}+Y_{ij}^{ap})+\alpha(Y_{ij}^{sp}-Y_{ij}^{ap})]\phi_i^{(p)}(\alpha)\mathrm{d}\alpha \\
&= 2\varphi^{\mathrm{T}} \int_0^1 [(1-\alpha)(Y_i^s+Y_i^a)+\alpha(Y_i^s-Y_i^a)]\tilde{\phi}_i(\alpha)\mathrm{d}\alpha
\end{aligned}
$$

其中

$$
\begin{aligned}
Y_{0i}^{sp} &= \frac{h_i}{2}(\Pi_{0i}^{p}+\Pi_{0i}^{p-1}) - (Q_i^{p-1}-Q_i^{p}) \\
Y_{ji}^{sp} &= \frac{h_i}{2}(\Pi_{ji}^{p}+\Pi_{ji}^{p-1}) \\
Y_{0i}^{ap} &= \frac{h_i}{2}(\Pi_{0i}^{p}-\Pi_{0i}^{p-1}) \\
Y_{ji}^{ap} &= \frac{h_i}{2}(\Pi_{ji}^{p}-\Pi_{ji}^{p-1}) \\
Y_i^s &= \begin{pmatrix} Y_{i0}^{s1} & Y_{i0}^{s2} & \cdots & Y_{i0}^{sN_i} \\ Y_{i1}^{s1} & Y_{i1}^{s2} & \cdots & Y_{i1}^{sN_i} \\ \vdots & \vdots & & \vdots \\ Y_{iK}^{s1} & Y_{iK}^{s2} & \cdots & Y_{iK}^{sN_i} \end{pmatrix} \\
Y_i^a &= \begin{pmatrix} Y_{i0}^{a1} & Y_{i0}^{a2} & \cdots & Y_{i0}^{aN_i} \\ Y_{i1}^{a1} & Y_{i1}^{a2} & \cdots & Y_{i1}^{aN_i} \\ \vdots & \vdots & & \vdots \\ Y_{iK}^{a1} & Y_{iK}^{a2} & \cdots & Y_{iK}^{aN_i} \end{pmatrix} \\
i &= 1,2,\cdots,K, \quad j=1,2,\cdots,K
\end{aligned}
$$

对于 $\dot{V}_{R_{ij}}$, 划分积分区域

$$
\{(\alpha,\beta)|0\leqslant\alpha,\beta\leqslant 1\}
$$

为两个三角形区域

$$
\begin{aligned}
&\{(\alpha,\beta)|0\leqslant\alpha\leqslant 1, 0\leqslant\beta\leqslant\alpha\} \\
&\{(\alpha,\beta)|0\leqslant\alpha\leqslant 1, \alpha\leqslant\beta\leqslant 1\}
\end{aligned}
$$

且写

$$
\begin{aligned}
\dot{V}_{R_{ij}} = &\sum_{p=1}^{N_i}\sum_{q=1}^{N_j}\int_0^1 \phi_i^{(p)\mathrm{T}}(\alpha)\left\{\int_0^\alpha [h_i(R_{ij}^{p-1,q-1}-R_{ij}^{p-1,q})+h_j(R_{ij}^{p-1,q}-R_{ij}^{pq})]\phi_j^{(q)}(\beta)\mathrm{d}\beta\right. \\
&\left. + \int_\alpha^1 [h_j(R_{ij}^{p-1,q-1}-R_{ij}^{p,q-1})+h_i(R_{ij}^{p,q-1}-R_{ij}^{pq})]\phi_j^{(q)}(\beta)\mathrm{d}\beta\right\}\mathrm{d}\alpha
\end{aligned}
$$

$$
\begin{aligned}
&=\sum_{p=1}^{N_i}\sum_{q=1}^{N_j}\int_0^1 \phi_i^{(p)\mathrm{T}}(\alpha)\left[\int_0^\alpha (R_{dsij}^{pq}+R_{daij}^{pq})\phi_j^{(q)}(\beta)\mathrm{d}\beta\right.\\
&\quad\left.+\int_\alpha^1 (R_{dsij}^{pq}-R_{daij}^{pq})\phi_j^{(q)}(\beta)\mathrm{d}\beta\right]\mathrm{d}\alpha\\
&=\int_0^1 \tilde{\phi}_i^{\mathrm{T}}(\alpha)\left[\int_0^\alpha (R_{dsij}+R_{daij})\tilde{\phi}_j(\beta)\mathrm{d}\beta+\int_\alpha^1 (R_{dsij}-R_{daij})\tilde{\phi}_j(\beta)\mathrm{d}\beta\right]\mathrm{d}\alpha\\
&=\int_0^1 \tilde{\phi}_i^{\mathrm{T}}(\alpha)\int_0^1 R_{dsij}\tilde{\phi}_j(\beta)\mathrm{d}\beta\mathrm{d}\alpha\\
&\quad+\int_0^1 \tilde{\phi}_i^{\mathrm{T}}(\alpha)\left[\int_0^\alpha R_{daij}\tilde{\phi}_j(\beta)\mathrm{d}\beta-\int_\alpha^1 R_{daij}\tilde{\phi}_j(\beta)\mathrm{d}\beta\right]\mathrm{d}\alpha
\end{aligned}
$$

于是得到

$$
\begin{aligned}
\dot{V}(\psi,\phi)=&-\varphi^{\mathrm{T}}\Delta\varphi-\sum_{i=1}^{K}\int_0^1 \tilde{\phi}_i^{\mathrm{T}}(\alpha)S_{di}\tilde{\phi}_i(\alpha)\mathrm{d}\alpha\\
&-\sum_{i=1}^{K}\sum_{j=1}^{K}\int_0^1 \tilde{\phi}_i^{\mathrm{T}}(\alpha)\int_0^1 R_{dsij}\tilde{\phi}_j(\beta)\mathrm{d}\beta\mathrm{d}\alpha\\
&-\sum_{i=1}^{K}\sum_{j=1}^{K}\int_0^1 \tilde{\phi}_i^{\mathrm{T}}(\alpha)\left[\int_0^\alpha R_{daij}\tilde{\phi}_j(\beta)\mathrm{d}\beta-\int_\alpha^1 R_{daij}\tilde{\phi}_j(\beta)\mathrm{d}\beta\right]\mathrm{d}\alpha\\
&+2\varphi^{\mathrm{T}}\sum_{i=1}^{K}\int_0^1 [Y_i^s+(1-2\alpha)Y_i^a]\tilde{\phi}_i(\alpha)\mathrm{d}\alpha
\end{aligned}\tag{8.70}
$$

让

$$
\tilde{\phi}(\alpha)=\begin{pmatrix}\tilde{\phi}_i(\alpha)\\ \tilde{\phi}_2(\alpha)\\ \vdots\\ \tilde{\phi}_K(\alpha)\end{pmatrix}
$$

$$
Y^s=\begin{pmatrix} Y_1^s & Y_2^s & \cdots & Y_K^s\end{pmatrix}
$$

$$
Y^a=\begin{pmatrix} Y_1^a & Y_2^a & \cdots & Y_K^a\end{pmatrix}
$$

$$
\sum_{i=1}^{K}\dot{V}_{S_i}=\int_0^1 \tilde{\phi}^{\mathrm{T}}(\alpha)S_d\tilde{\phi}(\alpha)\mathrm{d}\alpha \tag{8.71}
$$

$$
\sum_{i=1}^{K}\dot{V}_{\Pi_i}=\varphi^{\mathrm{T}}\int_0^1 [(1-\alpha)(Y^s+Y^a)+\alpha(Y^s-Y^a)]\tilde{\phi}(\alpha)\mathrm{d}\alpha \tag{8.72}
$$

$$\sum_{i=1}^{K}\sum_{j=1}^{K}\dot{V}_{R_{ij}}=\int_0^1\int_0^1\tilde{\phi}^{\mathrm{T}}(\alpha)R_{ds}\tilde{\phi}(\beta)\mathrm{d}\beta\mathrm{d}\alpha$$
$$+\int_0^1\tilde{\phi}^{\mathrm{T}}(\alpha)\left[\int_0^\alpha R_{da}\tilde{\phi}(\beta)\mathrm{d}\beta-\int_\alpha^1 R_{da}\tilde{\phi}(\beta)\mathrm{d}\beta\right]\mathrm{d}\alpha \tag{8.73}$$

又让

$$\dot{V}_{R_{da}}=\int_0^1\tilde{\phi}^{\mathrm{T}}(\alpha)\left[\int_0^\alpha R_{da}\tilde{\phi}(\beta)\mathrm{d}\beta-\int_\alpha^1 R_{da}\tilde{\phi}(\beta)\mathrm{d}\beta\right]\mathrm{d}\alpha$$

并注意到

$$-R_{da}^{\mathrm{T}}=R_{da}$$

那么据式 (8.66) 和

$$\int_0^1\tilde{\phi}^{\mathrm{T}}(\alpha)\int_\alpha^1 R_{da}\tilde{\phi}(\beta)\mathrm{d}\beta\mathrm{d}\alpha=\int_0^1\tilde{\phi}^{\mathrm{T}}(\alpha)\int_0^\alpha R_{da}^{\mathrm{T}}\tilde{\phi}(\beta)\mathrm{d}\beta\mathrm{d}\alpha$$

就有

$$\begin{aligned}\dot{V}_{R_{da}}&=2\int_0^1\int_0^\alpha\tilde{\phi}^{\mathrm{T}}(\alpha)R_{da}\tilde{\phi}(\beta)\mathrm{d}\beta\mathrm{d}\alpha\\&=\int_0^1\int_0^\alpha\tilde{\phi}^{\mathrm{T}}(\alpha)R_{da}\tilde{\phi}(\beta)\mathrm{d}\beta\mathrm{d}\alpha+\int_0^1\int_0^\alpha\tilde{\phi}^{\mathrm{T}}(\beta)R_{da}^{\mathrm{T}}\tilde{\phi}(\alpha)\mathrm{d}\beta\mathrm{d}\alpha\\&=\int_0^1\int_0^\alpha\begin{pmatrix}\tilde{\phi}(\alpha)\\\tilde{\phi}(\beta)\end{pmatrix}^{\mathrm{T}}\begin{pmatrix}0&R_{da}\\R_{da}^{\mathrm{T}}&0\end{pmatrix}\begin{pmatrix}\tilde{\phi}(\alpha)\\\tilde{\phi}(\beta)\end{pmatrix}\mathrm{d}\beta\mathrm{d}\alpha\end{aligned} \tag{8.74}$$

应用式 (8.71)~ 式 (8.74) 到式 (8.70) 即证.

由上述引理可得下述 Lyapunov-Krasovskii 导数条件.

定理 8.4 对如式 (8.37) 表示的 Lyapunov-Krasovskii 泛函 V，具有分片线性矩阵 Q_i、R_{ij} 及 $S_i, i,j=1,2,\cdots,K$ 如式 (8.42)~ 式 (8.44), 如果存在实矩阵 $W=W^{\mathrm{T}}$ 使得

$$\begin{pmatrix}\Delta & -Y^s & -Y^a\\ * & S_d-W+R_{ds} & 0\\ * & * & 3(S_d-W)\end{pmatrix}>0 \tag{8.75}$$

且

$$\begin{pmatrix}W & R_{da}\\ R_{da}^{\mathrm{T}} & W\end{pmatrix}>0 \tag{8.76}$$

成立, 则它沿着系统 (8.12)-(8.13) 轨迹的导数 $\dot{V}(\psi,\phi)$ 满足 Lyapunov-Krasovskii 导数条件 $\dot{V}(\psi,\phi)\leqslant -\varepsilon||\psi||^2$.

证明　由引理 8.1 有

$$\begin{aligned}\dot{V}(\psi,\phi)=&-\int_0^1\begin{pmatrix}\varphi^{\mathrm{T}}[Y^s+(1-2\alpha)Y^a] & \tilde{\phi}^{\mathrm{T}}(\alpha)\end{pmatrix}\\&\times\begin{pmatrix}U & -I\\ -I & S_d-W\end{pmatrix}\begin{pmatrix}[Y^s+(1-2\alpha)Y^a]\varphi\\ \tilde{\phi}(\alpha)\end{pmatrix}\mathrm{d}\alpha\\&+\varphi^{\mathrm{T}}\left(-\Delta+Y^sUY^{s\mathrm{T}}+\frac{1}{3}Y^aUY^{a\mathrm{T}}\right)\varphi\\&-\left[\int_0^1\tilde{\phi}(\alpha)\mathrm{d}\alpha\right]^{\mathrm{T}}R_d\left[\int_0^1\tilde{\phi}(\alpha)\mathrm{d}\alpha\right]\\&-\int_0^1\int_0^\alpha\begin{pmatrix}\tilde{\phi}(\alpha)\\ \tilde{\phi}(\beta)\end{pmatrix}^{\mathrm{T}}\begin{pmatrix}W & R_{da}\\ R_{da}^{\mathrm{T}} & W\end{pmatrix}\begin{pmatrix}\tilde{\phi}(\alpha)\\ \tilde{\phi}(\beta)\end{pmatrix}\mathrm{d}\beta\mathrm{d}\alpha\end{aligned}$$

给定

$$\begin{pmatrix}U & -I\\ -I & S_d-W\end{pmatrix}>0 \tag{8.77}$$

且应用 Jensen 不等式, 得到

$$\begin{aligned}\dot{V}(\psi,\phi)\leqslant&-\int_0^1\begin{pmatrix}\varphi^{\mathrm{T}}[Y^s+(1-2\alpha)Y^a] & \tilde{\phi}^{\mathrm{T}}(\alpha)\end{pmatrix}\mathrm{d}\alpha\\&\times\begin{pmatrix}U & -I\\ -I & S_d-W\end{pmatrix}\int_0^1\begin{pmatrix}[Y^s+(1-2\alpha)Y^a]\varphi\\ \tilde{\phi}(\alpha)\end{pmatrix}\mathrm{d}\alpha\\&+\varphi^{\mathrm{T}}\left(-\Delta+Y^sUY^{s\mathrm{T}}+\frac{1}{3}Y^aUY^{a\mathrm{T}}\right)\varphi\\&-\left[\int_0^1\tilde{\phi}(\alpha)\mathrm{d}\alpha\right]^{\mathrm{T}}R_{ds}\left[\int_0^1\tilde{\phi}(\alpha)\mathrm{d}\alpha\right]\\&-\int_0^1\int_0^\alpha\begin{pmatrix}\tilde{\phi}(\alpha)\\ \tilde{\phi}(\beta)\end{pmatrix}^{\mathrm{T}}\begin{pmatrix}W & R_{da}\\ R_{da}^{\mathrm{T}} & W\end{pmatrix}\begin{pmatrix}\tilde{\phi}(\alpha)\\ \tilde{\phi}(\beta)\end{pmatrix}\mathrm{d}\beta\mathrm{d}\alpha\\=&-\begin{pmatrix}\varphi^{\mathrm{T}} & \int_0^1\tilde{\phi}^{\mathrm{T}}(\alpha)\mathrm{d}\alpha\end{pmatrix}\\&\times\begin{pmatrix}\Delta-\frac{1}{3}Y^aUY^{a\mathrm{T}} & Y^s\\ Y^{sT} & S_d-W+R_d\end{pmatrix}\begin{pmatrix}\varphi\\ \int_0^1\tilde{\phi}^{\mathrm{T}}(\alpha)\mathrm{d}\alpha\end{pmatrix}\\&-\int_0^1\int_0^\alpha\begin{pmatrix}\tilde{\phi}(\alpha)\\ \tilde{\phi}(\beta)\end{pmatrix}^{\mathrm{T}}\begin{pmatrix}W & R_{da}\\ R_{da}^{\mathrm{T}} & W\end{pmatrix}\begin{pmatrix}\tilde{\phi}(\alpha)\\ \tilde{\phi}(\beta)\end{pmatrix}\mathrm{d}\beta\mathrm{d}\alpha\end{aligned}$$

所以, 如果式 (8.77)、式 (8.79) 以及

$$\begin{pmatrix} \Delta - \frac{1}{3}Y^aUY^{a\mathrm{T}} & Y^s \\ Y^{s\mathrm{T}} & S_d - W + R_d \end{pmatrix} > 0 \tag{8.78}$$

成立, 则 Lyapunov-Krasovskii 导数条件被满足. 从式 (8.77) 及式 (8.78) 消除变量 U 则得 Lyapunov-Krasovskii 导数条件式 (8.75) 和式 (8.76).

8.4.5 稳定性条件

根据定理 8.3 和定理 8.4 可得下述稳定性条件.

定理 8.5 对于系统 (8.12)-(8.13), 如果存在矩阵 $P = P^{\mathrm{T}} \in \mathbb{R}^{n\times n}$, $Q_i^p \in \mathbb{R}^{n\times m_i}$, $R_{ij}^{pq} = R_{ji}^{qp} \in \mathbb{R}^{m_i\times m_j}$, $S_i^p = S_i^{p\mathrm{T}} \in \mathbb{R}^{m_i\times m_i}$, $i = 1, 2, \cdots, K$, $j = 1, 2, \cdots, K$; $p = 1, 2, \cdots, N_i$, $q = 1, 2, \cdots, N_j$, 以及 $W \in \mathbb{R}^{m\times m}$ $\left(m = \sum_{i=1}^{K} N_i\right)$, 使得式 (8.53)、式 (8.76) 和式 (8.75) 被满足, 且式中的符号定义见式 (8.54)~ 式 (8.56) 和式 (8.62)~ 式 (8.70), 则系统 (8.12)-(8.13) 是一致渐近稳定的.

从上进一步归纳可得下述定理.

定理 8.6 对于系统 (8.12)-(8.13), 如果存在矩阵 $P = P^{\mathrm{T}} \in \mathbb{R}^{n\times n}$, $Q_i^p \in \mathbb{R}^{n\times m_i}$, $R_{ij}^{pq} = R_{ji}^{qp} \in \mathbb{R}^{m_i\times m_j}$, $S_i^p = S_i^{p\mathrm{T}} \in \mathbb{R}^{m_i\times m_i}$, $i = 1, 2, \cdots, K$, $j = 1, 2, \cdots, K$; $p = 1, 2, \cdots, N_i$, $q = 1, 2, \cdots, N_j$, 以及 $W \in \mathbb{R}^{m\times m}$ $\left(m = \sum_{i=1}^{K} N_i\right)$, 使得 LMI (8.53)、式 (8.76) 及

$$\begin{pmatrix} \hat{\Delta} & -Y^s & -Y^a & Z \\ * & S_d - W + R_d & 0 & 0 \\ * & * & 3(S_d - W) & 0 \\ * & * & * & \hat{S} \end{pmatrix} > 0 \tag{8.79}$$

成立, 则系统 (8.12)-(8.13) 是一致渐近稳定的. 且式中符号表示见式 (8.54)~ 式 (8.56)、式 (8.63)~ 式 (8.69), 以及

$$\hat{\Delta} = \begin{pmatrix} \hat{\Delta}_{00} & \hat{\Delta}_{01} & \cdots & \hat{\Delta}_{0K} \\ \hat{\Delta}_{01}^{\mathrm{T}} & \hat{\Delta}_{11} & \cdots & \hat{\Delta}_{1K} \\ \vdots & \vdots & & \vdots \\ \hat{\Delta}_{0K}^{\mathrm{T}} & \hat{\Delta}_{1K}^{\mathrm{T}} & \cdots & \hat{\Delta}_{KK} \end{pmatrix} \tag{8.80}$$

$$\hat{\Delta}_{00}=-PA-A^{\mathrm{T}}P-\sum_{k=1}^{K}[Q_k^0C_k+C_k^{\mathrm{T}}Q_k^{0\mathrm{T}}]$$

$$\hat{\Delta}_{0i}=-PB_i-\sum_{k=1}^{K}Q_k^0D_{ki}+Q_i^{N_i}$$

$$\hat{\Delta}_{ji}=0,\quad i\neq j$$

$$\hat{\Delta}_{ii}=S_i^{N_i},\quad 1\leqslant i,j\leqslant K$$

及

$$Z=\begin{pmatrix} C_1^{\mathrm{T}}S_1^0 & C_2^{\mathrm{T}}S_2^0 & \cdots & C_K^{\mathrm{T}}S_K^0 \\ D_{11}^{\mathrm{T}}S_1^0 & D_{21}^{\mathrm{T}}S_2^0 & \cdots & D_{K1}^{\mathrm{T}}S_K^0 \\ \vdots & \vdots & & \vdots \\ D_{1K}^{\mathrm{T}}S_1^0 & D_{2K}^{\mathrm{T}}S_2^0 & \cdots & D_{KK}^{\mathrm{T}}S_K^0 \end{pmatrix} \tag{8.81}$$

$$\hat{S}=\mathrm{diag}\begin{pmatrix} S_1^0 & S_2^0 & \cdots & S_K^0 \end{pmatrix} \tag{8.82}$$

证明　首先, 注意到式 (8.76) 蕴含着

$$W>0 \tag{8.83}$$

又式 (8.75) 蕴含着

$$S_d-W>0 \tag{8.84}$$

和

$$\Delta_{ii}=S_i^{N_i}>0 \tag{8.85}$$

于是, 联立式 (8.84) 和式 (8.83) 得

$$S_i^{p-1}>S_i^p$$

并联立式 (8.85), 则有

$$S_i^p>0 \tag{8.86}$$

$$S_i^0>S_i^{N_i} \tag{8.87}$$

进一步, 式 (8.75) 也蕴含着

$$\begin{pmatrix} \hat{\Delta} & \hat{Z} \\ \hat{Z}^{\mathrm{T}} & \hat{S} \end{pmatrix}>0 \tag{8.88}$$

其中

$$\begin{aligned}\hat{\Delta} &= \mathrm{diag}\begin{pmatrix} \Delta_{11} & \Delta_{22} & \cdots & \Delta_{KK} \end{pmatrix} \\ &= \mathrm{diag}\begin{pmatrix} S_1^{N_1} & S_2^{N_2} & \cdots & S_K^{N_K} \end{pmatrix}\end{aligned}$$

$$\hat{Z} = \begin{pmatrix} D_{11}^{\mathrm{T}} S_1^0 & D_{21}^{\mathrm{T}} S_2^0 & \cdots & D_{K1}^{\mathrm{T}} S_K^0 \\ D_{12}^{\mathrm{T}} S_1^0 & D_{22}^{\mathrm{T}} S_2^0 & \cdots & D_{K2}^{\mathrm{T}} S_K^0 \\ \vdots & \vdots & & \vdots \\ D_{1K}^{\mathrm{T}} S_1^0 & D_{2K}^{\mathrm{T}} S_2^0 & \cdots & D_{KK}^{\mathrm{T}} S_K^0 \end{pmatrix} = D^{\mathrm{T}} \hat{S}$$

其中

$$D = \begin{pmatrix} D_{11} & D_{12} & \cdots & D_{1K} \\ D_{21} & D_{22} & \cdots & D_{2K} \\ \vdots & \vdots & & \vdots \\ D_{K1} & D_{K2} & \cdots & D_{KK} \end{pmatrix}$$

而式 (8.88) 蕴含着

$$\hat{\Delta} - D^{\mathrm{T}} \hat{S} D > 0$$

联立式 (8.87), 就有

$$\hat{S} - D^{\mathrm{T}} \hat{S} D > 0$$

按照定理 2.5, 这说明式 (8.13) 是一致 input-to-state 稳定的. 又因为式 (8.86) 和式 (8.53) 成立, 依照定理 2.1 则 Lyapunov-Krasovskii 条件被满足, 而式 (8.75) 和式 (8.76) 依照定理 2.1 意味着 Lyapunov-Krasovskii 导数条件被满足. 所以, 系统 (8.12)-(8.13) 是一致渐近稳定的.

8.5 讨论及示例

本节首先看几类可转化为标准形式的微分差分双系统.

1. **变量分离型**

对于系统 [112]

$$\begin{aligned}\dot{x}(t) &= \sum_{i=0}^{l} A_i x(t - r_i) + \sum_{i=1}^{l} B_i y(t - r_i) \\ y(t) &= \sum_{i=0}^{l} C_i x(t - r_i) + \sum_{i=1}^{l} D_i y(t - r_i)\end{aligned}$$

其中, $r_0 = 0$. 这类系统状态变量 x 涉及导数和时滞, 可以写成如下形式的标准结构

$$\dot{x}(t) = A_0 x(t) + \sum_{i=1}^{l} \begin{pmatrix} B_i & A_i \end{pmatrix} \begin{pmatrix} y(t-r_i) \\ z(t-r_i) \end{pmatrix}$$

$$\begin{pmatrix} y(t) \\ z(t) \end{pmatrix} = \begin{pmatrix} C_0 \\ I \end{pmatrix} x(t) + \sum_{i=1}^{l} \begin{pmatrix} D_i & C_i \\ 0 & 0 \end{pmatrix} \begin{pmatrix} y(t-r_i) \\ z(t-r_i) \end{pmatrix}$$

2. 时滞解耦型

假定系统中存在 K 个独立的时滞参数 $\tau_1, \tau_2, \cdots, \tau_K$, 我们想转化系统成为时滞参数 $\tau_1, \tau_2, \cdots, \tau_K$ 独立出现的标准微分差分双方程. 不失一般性, 这样的系统可以表示为

$$\dot{x}(t) = Ax(t) + \sum_{i=0}^{K} \sum_{j=0}^{k_i} B_{ij} y(t - i\tau_1 - h_{ij})$$

$$y(t) = Cx(t) + \sum_{i=0}^{K} \sum_{j=0}^{k_i} D_{ij} y(t - i\tau_1 - h_{ij})$$

其中, $B_{00} = 0, D_{00} = 0$, 且对于每个 $i, h_{i1}, h_{i2}, \cdots, h_{ik_i}$ 与 τ_1 是独立的. 按递减顺序排列 $h_{ij}, j = 1, 2, \cdots, k_i$

$$0 = h_{i0} < h_{i1} < h_{i2} < \cdots < h_{ik_i}$$

引入变量

$$z_i(t) = y(t - i\tau_1), \quad i = 1, 2, \cdots, K$$

则上述系统能被改写成

$$\dot{x}(t) = Ax(t) + \sum_{j=1}^{k_0} B_{0j} z_0(t - h_{0j}) + \sum_{i=1}^{K} [B_{i0} z_{i-1}(t - \tau_1) + \sum_{j=1}^{k_i} B_{ij} z_i(t - h_{ij})]$$

$$z_0(t) = Cx(t) + \sum_{j=1}^{k_0} D_{0j} z_0(t - h_{0j}) + \sum_{i=1}^{K} [B_{i0} z_{i-1}(t - \tau_1) + \sum_{j=1}^{k_i} D_{ij} z_i(t - h_{ij})]$$

$$z_i(t) = z_{i-1}(t - \tau_1), \quad i = 1, 2, \cdots, K$$

可以看出, 上述方程中参数 τ_1 是独立出现的. 对于系统中包含的其他独立参数 $\tau_2, \tau_3, \cdots, \tau_K$, 重复上面的过程就可以转化系统为如下标准双系统结构

$$\dot{x}(t) = Ax(t) + \sum_{i=1}^{K} B_i y(t - \tau_i) \tag{8.89}$$

$$y(t)=Cx(t)+\sum_{i=1}^{K}D_iy(t-\tau_i) \tag{8.90}$$

3. 时滞级联型

对于系统 (8.89)-(8.90), 假定

$$\tau_1<\tau_2<\cdots<\tau_K$$

引入变量

$$\begin{aligned}z_1(t)&=y(t)\\z_i(t)&=y(t-\tau_{i-1}),\quad i=2,3,\cdots,K\end{aligned}$$

且让

$$\begin{aligned}r_1&=\tau_1\\r_i&=\tau_i-\tau_{i-1},\quad i=2,3,\cdots,K\end{aligned}$$

则系统 (8.89)-(8.90) 可表达成下述形式的标准结构

$$\begin{aligned}\dot{x}(t)&=Ax(t)+\sum_{i=1}^{K}B_iy(t-r_i)\\y(t)&=Cx(t)+\sum_{i=1}^{K}D_iy(t-r_i)\\z_i(t)&=z_{i-1}(t-r_{i-1}),\quad i=2,3,\cdots,K\end{aligned}$$

对于系统模型 (8.12)-(8.13), 基于 LMI 的三个稳定性条件式 (8.53)、式 (8.79) 及式 (8.76) 的阶数分别为 $n+\sum_{i=1}^{K}(N_i+1)m_i$、$n+\sum_{i=1}^{K}2m_i(N_i+1)$ 及 $\sum_{i=1}^{K}2m_iN_i$. 而用传统模型如文献 [75] 和文献 [79] 用 n 取缔 m_i 的结果与上述 LMI 的阶数相当. 然而, 一般来说, $m_i\ll n$, 所以上述 LMI 的阶数实际上远远低于传统方法得到的 LMI 的阶数. 下面给出两个示例说明本章模型对于高维系统计算上的优越性, 以及本章结论的可行性.

例 8.1 考虑有两个时滞的系统

$$\begin{aligned}\dot{x}(t)&=Ax(t)+B_1y_1(t-r_1)+B_2y_2(t-r_2)\\y_1(t)&=C_1x(t)\\y_2(t)&=C_2x(t)+D_{21}y_1(t-r_1)+D_{22}y_2(t-r_2)\end{aligned}$$

其中

$$A=\begin{pmatrix} 0 & 0.5 & 0 & 0 & 0 & 0 \\ -0.5 & -0.5 & 0 & 0 & 0 & 0 \\ 1 & 0 & -2 & 0 & 0 & 0 \\ 0 & 0 & 0 & -0.9 & 0 & 0 \\ 0 & 0 & 1 & 0 & -1 & 0 \\ 0 & 0 & 0 & 0 & 1 & -1 \end{pmatrix}$$

$$B_1=\begin{pmatrix} 0 \\ -0.5 \\ 1 \\ 0 \\ 0 \\ 0 \end{pmatrix},\quad B_2=\begin{pmatrix} 0 & 0 \\ 0 & 0 \\ -2 & 0 \\ -1 & -1.45 \\ 0 & 0 \\ 0 & 0 \end{pmatrix}$$

$$C_1=\begin{pmatrix} 0 & 1 & 0 & 0 & 0 & 0 \end{pmatrix}$$

$$C_2=\begin{pmatrix} 0.2 & 0 & 1 & 0 & 0 & 0 \\ 0 & 0 & 0 & 1 & 0 & 0 \end{pmatrix}$$

$$D_{21}=\begin{pmatrix} 0.2 \\ 0 \end{pmatrix},\quad D_{22}=\begin{pmatrix} 0.5 & 0 \\ 0 & 0.5 \end{pmatrix}$$

系统的特征方程为

$$\Phi(s)=\Phi_1(s)\Phi_2(s)\Phi_3(3)$$

其中

$$\begin{aligned} \Phi_1(s)&=s^2+0.5s+0.25+0.5s\mathrm{e}^{-r_1 s} \\ \Phi_2(s)&=(s-0.5s\mathrm{e}^{-r_2 s}+2+\mathrm{e}^{-r_2 s})(s-0.5s\mathrm{e}^{-r_2 s}+0.9+\mathrm{e}^{-r_2 s}) \\ \Phi_3(s)&=(s+1)^2 \end{aligned}$$

可见系统 $\Phi(s)$ 是三个子系统串联而成的, 两个独立的时滞分别被分解到子系统 $\Phi_1(s)$ 和 $\Phi_2(s)$ 中, 且 $\Phi_3(s)$ 的所有根严格在左半平面内, 因此系统是稳定的, 当且仅当 $\Phi_2(s)$ 和 $\Phi_3(s)$ 的所有根严格在左半平面内. 不难验证 $\Phi_i(s)$ 的所有根严格在左半平面内, 当且仅当 $r_i\in[0, r_{i\max}), i=1,2$, 其中

$$r_{1\max}=2\pi$$

$$r_{2\max}=4.7388$$

对于三个给定 r_1/r_2 的比例分别为 $1/\sqrt{2}$、$1/\sqrt{5}$ 和 $\sqrt{5}$, 满足定理 8.4 的最大的 r_2 通过二分法被估计, 且对于不同的 N_1 和 N_2 结果见表 8.1, 其中 $r_{(i,j)}$ 表示 $N_1=i$ 及 $N_2=j$ 时 r_2 的最大估计值. 从表 8.1 中数据可以看出其结果非常快地逼近了分析结果, 且为了保证极小化式 (8.76) 中 W 的需要, 划分网格使得 h_1/h_2 不至于偏离 1 太远.

表 8.1 r_1/r_2 取不同比例系统稳定允许的最大时滞

$r_1=\dfrac{r_2}{\sqrt{2}}$	$r_1=\dfrac{r_2}{\sqrt{5}}$	$r_1=\sqrt{5}r_2$
$r_{(1,1)}=4.6850$	$r_{(1,2)}=4.7354$	$r_{(2,1)}=2.8028$
$r_{(1,2)}=4.7354$	$r_{(2,3)}=4.7381$	$r_{(3,1)}=2.8087$
$r_{(2,3)}=4.7381$	$r_{(2,4)}=4.7386$	$r_{(4,2)}=2.8096$
$r_{\text{analytical}}=4.7388$	$r_{\text{analytical}}=4.7388$	$r_{\text{analytical}}=2.8099$

例 8.2 考虑文献 [6] 和文献 [7] 给出的具有两根蒸汽排管两根蒸汽管道的热电生产模型, 其数学模型能写成含两个时滞的无损传输系统

$$T_a\frac{\mathrm{d}s}{\mathrm{d}t}=\sum_{i=1}^{3}\alpha_i\pi_i(t)-v_g$$

$$T_1\frac{\mathrm{d}\pi_1(t)}{\mathrm{d}t}=\mu_1-\pi_1(t)$$

$$\begin{aligned}T_{pi}\frac{\mathrm{d}\pi_{si}(t)}{\mathrm{d}t}=&\pi_i(t)-\left(\beta_{i1}\mu_{i+1}+\frac{\beta_{i2}\alpha_{pi}}{1+\alpha_{pi}\psi_{ci}}\right)\pi_{si}(t)\\&+\frac{2\beta_{i2}\alpha_{pi}\psi_{ci}}{1+\alpha_{pi}\psi_{ci}}\frac{1-\psi_{si}\psi_{ci}}{1+\psi_{si}\psi_{ci}}\eta_i(t-2\psi_{ci}T_{ci})\end{aligned}$$

$$\eta_{i(t)}=\frac{\alpha_{pi}\psi_{ci}}{1+\alpha_{pi}\psi_{ci}}\pi_{si}(t)+\frac{1-\alpha_{pi}\psi_{ci}}{1+\alpha_{pi}\psi_{ci}}\frac{1-\psi_{si}\psi_{ci}}{1+\psi_{si}\psi_{ci}}\eta_i(t-2\psi_{ci}T_{ci})$$

$$T_{i+1}\frac{\mathrm{d}\pi_{i+1}(t)}{\mathrm{d}t}=\mu_{i+1}\pi_{si}(t)-\pi_{i+1}(t)$$
$$i=1,2$$

在 3 个附加条件 $s^0=0$ (网络同步), π_{si}^0 (或类似地, η_i^0) 初始压力, 且 v_g 给定 (所谓的电图), 引入偏差 $x_i=\pi_i-\pi_i^0$ $(i=1,2,3)$, $x_{si}=\pi_{si}-\pi_{si}^0$ $(i=1,2)$, $u_i=\mu_i-\mu_i^0$ $(i=1,2)$, $y_i=\eta_i-\eta_i^0$ $(i=1,2)$, 系统在平衡点被线性化为 [6]

$$T_a\frac{\mathrm{d}s}{\mathrm{d}t}=\sum_{i=1}^{3}\alpha_i x_i(t)$$

$$T_1\frac{\mathrm{d}x_1(t)}{\mathrm{d}t}=-x_1(t)+u_1(t)$$

$$
\begin{aligned}
T_{i+1}\frac{\mathrm{d}x_{i+1}(t)}{\mathrm{d}t} &= -x_{i+1}(t)+\mu_{i+1}^{0}x_{si}(t)+\pi_{si}^{0}u_{i+1}(t)\\
T_{pi}\frac{\mathrm{d}x_{si}(t)}{\mathrm{d}t} &= x_i(t)-\left(\beta_{i1}\mu_{i+1}^{0}+\frac{\beta_{i2}\alpha_{pi}}{1+\alpha_{pi}\psi_{ci}}\right)x_{si}(t)\\
&\quad+\frac{2\beta_{i2}\alpha_{pi}\psi_{ci}}{1+\alpha_{pi}\psi_{ci}}\frac{1-\psi_{si}\psi_{ci}}{1+\psi_{si}\psi_{ci}}y_i(t-\tau_i)-\beta_{i1}\pi_{si}^{0}u_{i+1}(t)\\
y_i(t) &= \frac{\alpha_{pi}\psi_{ci}}{1+\alpha_{pi}\psi_{ci}}x_{si}(t)+\frac{1-\alpha_{pi}\psi_{ci}}{1+\alpha_{pi}\psi_{ci}}\frac{1-\psi_{si}\psi_{ci}}{1+\psi_{si}\psi_{ci}}y_i(t-r_i)\\
i &= 1,2
\end{aligned}
$$

其中, $r_i=2\psi_{ci}T_{ci}, i=1,2$. 观测系统方程, 变量 s 仅出现在第一个方程中. 鉴于此, 这允许我们认为第一个方程是独立于其他方程的. 文献 [6] 中已说明这样的系统当 $u_i\equiv 0$ 时不是渐近稳定的, 因为系统的特征方程存在零根. 所以, 为了讨论系统的稳定性, 我们不妨把问题限制在子空间

$$
\mathcal{L}(x_1,x_2,x_{s1},x_{s2},y_1,y_2) \tag{8.91}
$$

上加以讨论, 且这对系统的稳定性没有任何影响.

下面在给定静态反馈控制器的情况下, 讨论保证系统稳定的允许最大时滞量. 给定系统反馈

$$
\begin{aligned}
u_1(t) &= -0.5x_{s1}(t)+0.1x_{s2}(t)\\
u_2(t) &= 0\\
u_3(t) &= 0
\end{aligned}
$$

及系统参数

$$
\begin{aligned}
&T_1=120,\quad T_2=T_3=60,\quad T_{p1}=T_{p2}=100\\
&\alpha_1=0.5,\quad \alpha_2=0.4,\quad \alpha_3=0.4,\quad \alpha_{p1}=0.5,\quad \alpha_{p2}=0.2\\
&\beta_{11}=0.2,\quad \beta_{12}=0.2,\quad \beta_{21}=0.1,\quad \beta_{22}=0.15\\
&\psi_{s1}=0.1,\quad \psi_{s2}=0.8,\quad \psi_{c1}=\psi_{c2}=0.7\\
&\mu_2^0=0.5,\quad \mu_3^0=0.2
\end{aligned}
$$

按照文献 [7] 中的命题 1, 这样的参数对实际系统也许是适当的, 因为这些参数保证了系统中的物理变量满足: 如果对任意 $-r\leqslant\theta\leqslant 0$, 有 $\pi_i(0)\geqslant 0$, $\pi_{si}(0)\geqslant 0, \eta_i^0(\theta)\geqslant 0$, 则有对任意 $t>0$, 有 $\pi_i(t)\geqslant 0, \pi_{si}(t)\geqslant 0, \eta_i(t)\geqslant 0$. 于是上述系统在子空间 (8.91) 上能被写成如式 (8.12) 和式 (8.13) 的标准结构

$$
\begin{aligned}
\dot{x}(t) &= Ax(t) + B_1y_1(t-r_1) + B_2y_2(t-r_2)\\
y_1(t) &= C_1x(t) + D_1y_1(t-r_1)\\
y_2(t) &= C_2x(t) + D_2y_2(t-r_2)
\end{aligned}
$$

其中

$$
x(t) = \begin{pmatrix} x_1(t)\\ x_2(t)\\ x_3(t)\\ x_{s1}(t)\\ x_{s2}(t) \end{pmatrix}
$$

$$
A = \begin{pmatrix}
-0.0083 & 0 & 0 & -0.0042 & 0.0008\\
0 & -0.0167 & 0 & 0.0083 & 0\\
0 & 0 & -0.0167 & 0 & 0.0033\\
0.01 & 0 & 0 & -0.0017 & 0\\
0 & 0.01 & 0 & 0 & -0.0005
\end{pmatrix}
$$

$$
B_1 = \begin{pmatrix} 0\\ 0\\ 0\\ 0.9013\times 10^{-3}\\ 0 \end{pmatrix}, \quad B_2 = \begin{pmatrix} 0\\ 0\\ 0\\ 0\\ 0.1039\times 10^{-3} \end{pmatrix}
$$

$$
C_1 = \begin{pmatrix} 0 & 0 & 0 & 0.2593 & 0 \end{pmatrix}, \quad C_2 = \begin{pmatrix} 0 & 0 & 0 & 0 & 0.1228 \end{pmatrix}
$$

$$
D_1 = 0.4185, \quad D_2 = 0.2128
$$

依照定理 8.6, 运用二分法, 长度为 2 的包含 $r_{\max}$ 的初始区间被划分 20 次, 直到区间长度小于 2×10^{-6}. 让 $r = r_2 = \dfrac{r_1}{\sqrt{2}}$, 对于积分区间的不同的分割 N_1 和 N_2, 数值结果见表 8.2. 同时, 很容易验证在 $r_1 = r_2 = 0$ 时系统是不稳定的, 因此按照同样的过程, 我们也得到保证系统稳定允许的最小时滞值 $r_{\min} = 0.1211$, 这里选取 $N_1 = 1, N_2 = 2$.

表 8.2 系统稳定允许的最大时滞

(N_1, N_2)	$(1,1)$	$(1,2)$	$(2,3)$
$r_{\max}$	0.1252	0.2500	0.2500

第 9 章　微分差分双时滞系统的 $\mathcal{H}_\infty$ 性能

本章运用离散化 Lyapunov 泛函方法, 研究微分差分系统在保持系统内部稳定的前提下, 具有外部扰动输入的情况下系统的鲁棒稳定性问题. 9.1 节引言叙述本章研究系统 $\mathcal{H}_\infty$ 性能的不同方法, 包含较大的系统外延. 9.2 节利用离散化 Lyapunov 泛函方法研究时变系统的 $\mathcal{H}_\infty$ 性能, 基于 LMI 给出系统离散化 Lyapunov 稳定的充分性条件. 9.3 节进一步讨论具有可加式结构不确定性系统的离散化伪二次稳定性. 9.4 节运用离散化 Lyapunov 稳定性条件和离散化伪二次稳定性条件的可比较性, 通过等价系统研究两种稳定性的密切关系. 本章同时说明系统的内部结构扰动与外部输入之间的相关性.

9.1　引　　言

在实际问题中, 系统的 $\mathcal{H}_\infty$ 性能是评价系统鲁棒性能的重要手段和方法. 在实际系统的模型化过程中, 得到的模型不可避免地存在不确定性, 而且这些不确定性可能是时变的, 因此, 讨论系统的 $\mathcal{H}_\infty$ 性能是重要的和有实际应用价值的. 文献 [113] 和文献 [114] 应用 Lyapunov 泛函方法研究了线性时滞系统的鲁棒稳定性, 得出具有 $\mathcal{H}_\infty$ 范数的约束的不确定性的二次稳定性等价于一个参数 Riccati 方程解的存在性, 而文献 [115] 改进为 $\mathcal{H}_\infty$ 范数约束的不确定性的二次稳定性等价于一个 LMI 的可解性, 文献 [116] 将不确定性拓广到了允许出现在系统矩阵中. 讨论系统的 $\mathcal{H}_\infty$ 性能无外乎时域法或频域法两种方法, 频域法对于具有时变不确定的情形已是捉襟见肘、力不从心, 而时域法却充分显示出了它的巨大优势. 系统 $\mathcal{H}_\infty$ 性能的研究是基于固定的 Lyapunov 泛函而言的, 也就是说, 选取不同的 Lyapunov 泛函就其同一系统来说所得结果没有可比性, 但是对于研究的系统的外延就有很大差别. 文献 [117] 利用简单 Lyapunov 泛函方法研究了通常的滞后型时滞系统的 $\mathcal{H}_\infty$ 性能, 文献 [118] 和文献 [119] 进一步拓广了文献 [117] 的结论, 研究了中立型系统的 $\mathcal{H}_\infty$ 性能, 而这些通过简单 Lyapunov 泛函所得到的结果均与所讨论的系统时滞无关. 本章是基于离散化 Lyapunov 泛函方法来讨论的, 一方面, 所选取的 Lyapunov 泛函在离散化之前, 其存在性对系统的稳定性既是必要的又是充分的; 另一方面, 通过离散化 Lyapunov 泛函所得结果, 可以逼近保证系统稳定性的时滞边界值 [120]. 这样, 运用本章方法研究系统的 $\mathcal{H}_\infty$ 性能不仅说明我们给出的时滞系统模型具有一般性, 且如前几章中阐述的一样, 系统模型具有实际性和计算上的优越性, 而且很重要的是我们的结果包含了较大的系统外延.

9.2 问题的描述

考虑时变闭环系统

$$\dot{x}(t) = A(t)x(t) + B(t)y(t-r) + M(t)w(t) \tag{9.1}$$

$$y(t) = C(t)x(t) + D(t)y(t-r) + N(t)w(t) \tag{9.2}$$

$$z(t) = E(t)x(t) + F(t)y(t-r) + U(t)w(t) \tag{9.3}$$

初值条件

$$x(t_0) = \psi$$

$$y_{t_0} = \phi$$

其中, $x \in \mathbb{R}^m, y \in \mathbb{R}^n$ 是系统的状态; $w \in \mathbb{R}^k$ 是外部扰动输入且属于 $L^2[0,\infty)$; $z \in \mathbb{R}^s$ 是可控信号输出; $r > 0$ 是已知的时滞量; $A(t)$、$B(t)$、$C(t)$、$D(t)$、$E(t)$、$F(t)$、$M(t)$、$N(t)$ 是适当维数的时变矩阵, 且属于已知闭集 Ω, 即对 $t \geqslant 0$, 有

$$(A(t), B(t), C(t), D(t), E(t), F(t), M(t), N(t)) \in \Omega \tag{9.4}$$

为了方便, 通常表示 A、B、C、D、E、F、M、N 是与时间相关的.

定义 9.1 对于给定常数 $\gamma > 0$, 如果系统 (9.1)-(9.3) 满足下述性质:

(i) 无外部输入系统 (9.1)-(9.2)($w(t) = 0$) 是渐近稳定的;

(ii) 从外部扰动 $w(t)$ 到可测输出 $z(t)$ 的传递函数矩阵 $G_{wz}(s)$ 的 $\mathcal{H}_\infty$ 范数小于等于确定值 γ, 即在初值条件 $x(t) = 0, y(t) = 0, t \in [-r, 0]$ 下, $\forall w \in L_2[0,\infty)$, 有

$$||z(t)||_2 \leqslant \gamma ||w(t)||_2$$

则称系统 (9.1)-(9.3) 具有 $\mathcal{H}_\infty$ 性能 γ.

引理 9.1 不等式 [117]

$$\xi^{\mathrm{T}} \Phi \xi - 2\sqrt{\xi^{\mathrm{T}} X \xi}\sqrt{\xi^{\mathrm{T}} Y \xi} > 0$$

成立, 当且仅当存在常数 $\lambda > 0$ 使得矩阵不等式

$$\Phi - \lambda^2 X - \lambda^{-2} Y > 0$$

其中, $\xi \in \mathbb{R}^n$ 且 $\Phi, X, Y \in \mathbb{R}^{n \times n}$, $X^{\mathrm{T}} = X, Y^{\mathrm{T}} = Y$.

9.3　离散化 Lyapunov 稳定性

对系统 (9.1)-(9.3), 引入形如文献 [50] 的 Lyapunov-Krasovskii 泛函

$$\begin{aligned} V(x,y_t) =& x^{\mathrm{T}}(t)Px(t) + 2x^{\mathrm{T}}(t)\int_{-r}^{0}Q(s)y(t+s)\mathrm{d}s \\ &+ \int_{-r}^{0}\int_{-r}^{0}y^{\mathrm{T}}(t+s)R(s,\theta)y(t+s)\mathrm{d}s\mathrm{d}\theta \\ &+ \int_{-r}^{0}y^{\mathrm{T}}(t+s)S(s)y(t+s)\mathrm{d}s \end{aligned} \tag{9.5}$$

其中

$$\begin{aligned} P &= P^{\mathrm{T}} \in \mathbb{R}^{m\times m} \\ Q(s) &\in \mathbb{R}^{m\times n} \\ R(s,\theta) &= R^{\mathrm{T}}(\theta,s) \in \mathbb{R}^{n\times n} \\ S(s) &= S^{\mathrm{T}}(s) \in \mathbb{R}^{n\times n} \end{aligned}$$

并选择 Q、R 和 S 是连续且分片线性的. 为了讨论系统 (9.1)-(9.3) 的 $\mathcal{H}_\infty$ 性能, 我们需要考虑线性时变系统

$$\dot{x}(t) = A(t)x(t) + B(t)y(t-r) \tag{9.6}$$

$$y(t) = C(t)x(t) + D(t)y(t-r) \tag{9.7}$$

的稳定性. 然而, 系统 (9.6)-(9.7) 的稳定性已经被 Gu 等通过离散化 Lyapunov-Krasovskii 泛函方法所研究 [50], 结果在第 3 章 3.3 节的定理 3.1 中已描述. 对于系统 (9.1)-(9.3) 的 $\mathcal{H}_\infty$ 性能, 运用定理 3.1 可得下述结论.

定理 9.1　对于给定常数 $\gamma > 0$, 如果存在 $m\times m$ 阶矩阵 $P = P^{\mathrm{T}}$, $m\times n$ 阶矩阵 Q_i, $n\times n$ 阶矩阵 $S_i = S_i^{\mathrm{T}}$, $i = 0,1,\cdots,N$ 和 $R_{ij} = R_{ji}^{\mathrm{T}}$, $i = 0,1,\cdots,N$, $j = 0,1,\cdots,N$, 使得对所有 $(A(t), B(t), C(t), D(t), E(t), F(t), M(t), N(t)) \in \Omega$, LMI

$$\begin{pmatrix} P & \tilde{Q} \\ \tilde{Q}^{\mathrm{T}} & \tilde{R} + \dfrac{1}{h}\tilde{S} \end{pmatrix} > 0 \tag{9.8}$$

及

$$\begin{pmatrix} \tilde{\Delta} & \tilde{Y}^s & \tilde{Y}^\alpha & \tilde{Z} & J \\ * & R_d + \frac{1}{h}S_d & 0 & 0 & 0 \\ * & * & \frac{3}{h}S_d & 0 & 0 \\ * & * & * & S_N & 0 \\ * & * & * & * & I \end{pmatrix} > 0 \tag{9.9}$$

成立, 则系统 (9.1)-(9.3) 是渐近稳定的且具有 $\mathcal{H}_\infty$ 范数界 γ. 其中

$$\tilde{\Delta} = \begin{pmatrix} \Delta_{11} & \Delta_{12} & -PM - Q_N N \\ * & \Delta_{22} & 0 \\ * & * & \gamma^2 I \end{pmatrix}$$

$$\tilde{Q} = \begin{pmatrix} Q_0 & Q_1 & \cdots & Q_N \end{pmatrix}$$

$$\tilde{R} = \begin{pmatrix} R_{00} & R_{01} & \cdots & R_{0N} \\ R_{10} & R_{11} & \cdots & R_{1N} \\ \vdots & \vdots & & \vdots \\ R_{N0} & R_{N1} & \cdots & R_{NN} \end{pmatrix}$$

$$\tilde{S} = \mathrm{diag}\begin{pmatrix} S_0 & S_1 & \cdots & S_N \end{pmatrix}$$

$$\tilde{Y}^s = \begin{pmatrix} Y^s \\ Y^s_w \end{pmatrix}, \quad \tilde{Y}^\alpha = \begin{pmatrix} Y^\alpha \\ Y^\alpha_w \end{pmatrix}$$

$$Y^s = \begin{pmatrix} Y^s_{11} & Y^s_{12} & \cdots & Y^s_{1N} \\ Y^s_{21} & Y^s_{22} & \cdots & Y^s_{2N} \end{pmatrix}$$

且

$$Y^s_{1i} = -\frac{1}{2}A^{\mathrm{T}}(Q_{i-1} + Q_i) - \frac{1}{2}C^{\mathrm{T}}(R^{\mathrm{T}}_{i-1,N} + R^{\mathrm{T}}_{i,N}) + \frac{1}{h}(Q_i - Q_{i-1})$$

$$Y^s_{2i} = -\frac{1}{2}B^{\mathrm{T}}(Q_{i-1} + Q_i) - \frac{1}{2}D^{\mathrm{T}}(R^{\mathrm{T}}_{i-1,N} + R^{\mathrm{T}}_{i,N}) + \frac{1}{2}(R^{\mathrm{T}}_{i-1,0} + R^{\mathrm{T}}_{i,0})$$

$$Y^a = \begin{pmatrix} Y^a_{11} & Y^a_{12} & \cdots & Y^a_{1N} \\ Y^a_{21} & Y^a_{22} & \cdots & Y^a_{2N} \end{pmatrix}$$

且

$$Y^a_{1i} = \frac{1}{2}A^{\mathrm{T}}(Q_i - Q_{i-1}) + \frac{1}{2}C^{\mathrm{T}}(R^{\mathrm{T}}_{i,N} - R^{\mathrm{T}}_{i-1,N})$$

$$Y^a_{2i} = \frac{1}{2}B^{\mathrm{T}}(Q_i - Q_{i-1}) + \frac{1}{2}D^{\mathrm{T}}(R^{\mathrm{T}}_{i,N} - R^{\mathrm{T}}_{i-1,N}) - \frac{1}{2}(R^{\mathrm{T}}_{i,0} + R^{\mathrm{T}}_{i-1,0})$$

$$Y_w^s = \begin{pmatrix} Y_{w1}^s & Y_{w2}^s & \cdots & Y_{wN}^s \end{pmatrix}$$
$$Y_w^\alpha = \begin{pmatrix} Y_{w1}^\alpha & Y_{w2}^\alpha & \cdots & Y_{wN}^\alpha \end{pmatrix}$$

且

$$Y_{wi}^s = \frac{1}{2}M^{\mathrm{T}}(Q_i + Q_{i-1}) + \frac{1}{2}N^{\mathrm{T}}(R_{iN} + R_{i-1,N})$$
$$Y_{wi}^\alpha = \frac{1}{2}M^{\mathrm{T}}(Q_i - Q_{i-1}) + \frac{1}{2}N^{\mathrm{T}}(R_{iN} - R_{i-1,N})$$

$$R_d = \begin{pmatrix} R_{d11} & R_{d12} & \cdots & R_{d1N} \\ R_{d21} & R_{d22} & \cdots & R_{d2N} \\ \vdots & \vdots & & \vdots \\ R_{dN1} & R_{dN2} & \cdots & R_{dNN} \end{pmatrix}$$
$$R_{dij} = \frac{1}{h}(R_{ij} - R_{i-1,j-1})$$
$$S_d = \mathrm{diag}\begin{pmatrix} S_{d1} & S_{d2} & \cdots & S_{dN} \end{pmatrix}$$

$$S_{di} = \frac{1}{h}(S_i - S_{i-1})$$
$$i = 1, 2, \cdots, N; j = 1, 2, \cdots, N$$

以及

$$J = \begin{pmatrix} E^{\mathrm{T}} \\ F^{\mathrm{T}} \\ U^{\mathrm{T}} \end{pmatrix}$$
$$\tilde{Z} = \begin{pmatrix} C^{\mathrm{T}}S_N \\ D^{\mathrm{T}}S_N \\ N^{\mathrm{T}}S_N \end{pmatrix}$$

证明　首先, 注意到式 (9.9) 暗示着式 (3.27). 由定理 3.1 我们知道式 (3.23) 和式 (3.27) 成立, 则无外部输入 ($w(t) = 0$) 系统 (9.1)-(9.2) 是渐近稳定的.

接下来, 考虑系统 (9.1)-(9.3) 的 $\mathcal{H}_\infty$ 性能. 沿着式 (9.1) 和式 (9.2) 的解求 Lyapunov-Krasovskii 泛函的导数, 有

$$\begin{aligned}\dot{V}(x, y_t, w) = & -x^{\mathrm{T}}(t)[A^{\mathrm{T}}P + PA + Q(0)C + C^{\mathrm{T}}Q^{\mathrm{T}}(0) + C^{\mathrm{T}}S(0)C]x(t) \\ & -y^{\mathrm{T}}(t-r)[S(-r) - D^{\mathrm{T}}S(0)D]y(t-r) \\ & -\int_{-r}^{0} y^{\mathrm{T}}(t+s)\dot{S}(s)y(t+s)\mathrm{d}s\end{aligned}$$

$$
\begin{aligned}
&-\int_{-r}^{0}\mathrm{d}s\int_{-r}^{0}y^{\mathrm{T}}(t+s)\left[\frac{\partial}{\partial s}R(s,\theta)+\frac{\partial}{\partial\theta}R(s,\theta)\right]y(t+\theta)\mathrm{d}\theta\\
&+2x^{\mathrm{T}}(t)[PB+Q(0)D-Q(-r)+C^{\mathrm{T}}S(0)D]y(t-r)\\
&+2x^{\mathrm{T}}(t)\int_{-r}^{0}[A^{\mathrm{T}}Q(s)-\dot{Q}(s)+C^{\mathrm{T}}R^{\mathrm{T}}(s,0)]y(t+s)\mathrm{d}s\\
&+2y^{\mathrm{T}}(t-r)\int_{-r}^{0}[B^{\mathrm{T}}Q(s)-D^{\mathrm{T}}R^{\mathrm{T}}(s,0)+R^{\mathrm{T}}(s,-r)]y(t+s)\mathrm{d}s\\
&+2x^{\mathrm{T}}(t)[PM+C^{\mathrm{T}}S(0)N+Q(0)N]w(t)\\
&+2y^{\mathrm{T}}(t-r)D^{\mathrm{T}}S(0)Nw(t)+2w^{\mathrm{T}}(t)N^{\mathrm{T}}S(0)Nw(t)\\
&+w^{\mathrm{T}}(t)\int_{-r}^{0}[M^{\mathrm{T}}Q(s)+N^{\mathrm{T}}R^{\mathrm{T}}(s,0)]y(t+s)\mathrm{d}s
\end{aligned}\tag{9.10}
$$

类似于文献 [72], 运用 Gu 给出的离散化 Lyapunov 方法, 限定矩阵函数 $Q(s)$、$R(s,\theta)$ 和 $S(s)$ 是分片线性的. 特别地, 分割时滞区间 $[-r,0]$ 为 N 个等长度的小区间 $[\theta_{i-1},\theta_i], i=1,2,\cdots,N$, 其中

$$h=r/N$$

$$\theta_i=-r+ih$$

让

$$Q(\theta_{i-1}+\alpha h)=(1-\alpha)Q_{i-1}+\alpha Q_i \tag{9.11}$$

$$S(\theta_{i-1}+\alpha h)=(1-\alpha)S_{i-1}+\alpha S_i \tag{9.12}$$

及

$$
\begin{aligned}
&R(\theta_{i-1}+\alpha h,\theta_{j-1}+\beta h)\\
=&\begin{cases}(1-\alpha)R_{i-1,j-1}+\beta R_{ij}+(\alpha-\beta)R_{i,j-1}, & \alpha\geqslant\beta\\ (1-\beta)R_{i-1,j-1}+\alpha R_{ij}+(\beta-\alpha)R_{i-1,j}, & \alpha<\beta\end{cases}
\end{aligned}\tag{9.13}
$$

且 $0\leqslant\alpha\leqslant 1$, $0\leqslant\beta\leqslant 1$, 则 V 被矩阵 $P=P^{\mathrm{T}}$, Q_i, $S_i=S_i^{\mathrm{T}}$ 及 $R_{ij}=R_{ji}^{\mathrm{T}}$, $i=0,1,\cdots,N$, $j=1,2,\cdots,N$ 所完全确定. 并且对于 $\theta_i<s<\theta_{i-1},\theta_j<\theta<\theta_{j-1}$, 有

$$\dot{S}(s)=\frac{1}{h}(S_{i-1}-S_i)$$

$$\dot{Q}(s)=\frac{1}{h}(Q_{i-1}-Q_i)$$

$$\left(\frac{\partial}{\partial s}+\frac{\partial}{\partial\theta}\right)R(s,\theta)=\frac{1}{h}(R_{i-1,j-1}-R_{ij})$$

因此, 式 (9.10) 表述的 $\dot{V}$ 可被写成

$$
\begin{aligned}
\dot{V}(x, y_t, w) = & -q^{\mathrm{T}}(t)\bar{\Delta}q(t) - \int_0^1 \tilde{y}^{\mathrm{T}}(\alpha)S_d\tilde{y}(\alpha)\mathrm{d}\alpha \\
& - \int_0^1\int_0^1 \tilde{y}^{\mathrm{T}}(\alpha)R_d\tilde{y}(\beta)\mathrm{d}\alpha\mathrm{d}\beta \\
& + 2q^{\mathrm{T}}(t)\int_0^1 [Y^s + (1-2\alpha)Y^\alpha]\tilde{y}(\alpha)\mathrm{d}\alpha \\
& + 2x^{\mathrm{T}}(t)[PM + C^{\mathrm{T}}S(0)N + Q(0)N]w(t) \\
& + 2y^{\mathrm{T}}(t-r)D^{\mathrm{T}}S(0)Nw(t) + 2w^{\mathrm{T}}(t)N^{\mathrm{T}}S(0)Nw(t) \\
& + w^{\mathrm{T}}(t)M^{\mathrm{T}}\sum_{i=1}^{N}\int_0^1 [(1-\alpha)Q_i + \alpha Q_{i-1}]y^i(\alpha)h\mathrm{d}\alpha \\
& + w^{\mathrm{T}}(t)N^{\mathrm{T}}\sum_{i=1}^{N}\int_0^1 [(1-\alpha)R_{iN}^{\mathrm{T}} + \alpha Q_{i-1,N}^{\mathrm{T}}]y^i(\alpha)h\mathrm{d}\alpha
\end{aligned}
$$

其中

$$
\bar{\Delta} = \begin{pmatrix} \bar{\Delta}_{11} & \bar{\Delta}_{12} \\ \bar{\Delta}_{12}^{\mathrm{T}} & \bar{\Delta}_{22} \end{pmatrix}
$$

$$
\begin{aligned}
\bar{\Delta}_{11} &= -A^{\mathrm{T}}P - PA - Q_NC - C^{\mathrm{T}}Q_N^{\mathrm{T}} - C^{\mathrm{T}}S_NC \\
\bar{\Delta}_{12} &= -PB - Q_ND + Q_0 - C^{\mathrm{T}}S_ND \\
\bar{\Delta}_{22} &= S_0 - D^{\mathrm{T}}S_ND
\end{aligned}
$$

$$
q(t) = \begin{pmatrix} x(t) \\ y(t-r) \end{pmatrix}
$$

$$
\tilde{y}(\alpha) = \begin{pmatrix} hy^1(\alpha) \\ hy^2(\alpha) \\ \vdots \\ hy^N(\alpha) \end{pmatrix}
$$

$$
y^i(\alpha) = y(t + \theta_i + \alpha h), \quad i = 1, 2, \cdots, N
$$

为了讨论系统 (9.1)-(9.3) 的 $\mathcal{H}_\infty$ 性能, 让初值条件为零, 引入

$$
\mathcal{J} = \int_0^\infty [z^{\mathrm{T}}(t)z(t) - \gamma^2 w^{\mathrm{T}}(t)w(t)]\mathrm{d}t \tag{9.14}
$$

那么对任意非零的 $w(t) \in L_2[0, \infty)$, 有

$$
\mathcal{J} \leqslant \int_0^\infty [z^{\mathrm{T}}(t)z(t) - \gamma^2 w^{\mathrm{T}}(t)w(t) + \dot{V}(x(t), y_t)]\mathrm{d}t \tag{9.15}
$$

定义

$$W(x,y_t,w)\stackrel{\text{def}}{=}z^{\mathrm{T}}(t)z(t)-\gamma^2w^{\mathrm{T}}(t)w(t)+\dot{V}(x(t),y_t)$$

并将式 (9.10) 和式 (9.3) 代入上式, 则得

$$\begin{aligned}W(x,y_t,w)=&-\tilde{q}^{\mathrm{T}}(t)(\bar{\Delta}_w-JJ^{\mathrm{T}})\tilde{q}(t)-\int_0^1\tilde{y}^{\mathrm{T}}(\alpha)\frac{S_d}{h}\tilde{y}(\alpha)\mathrm{d}\alpha\\&-\int_0^1\int_0^1\tilde{y}^{\mathrm{T}}(\tilde{\alpha})R_d\tilde{y}(\beta)\mathrm{d}\alpha\mathrm{d}\beta\\&+2\tilde{q}^{\mathrm{T}}(t)\int_0^1[\tilde{Y}^s+(1-2\alpha)\tilde{Y}^{\alpha}]\tilde{y}(\alpha)\mathrm{d}\alpha\end{aligned}\tag{9.16}$$

其中

$$\tilde{q}(t)=\begin{pmatrix}q(t)\\w(t)\end{pmatrix}$$

$$\bar{\Delta}_w=\begin{pmatrix}\bar{\Delta}_{11}&\bar{\Delta}_{12}&\bar{\Delta}_{13}\\ *&\bar{\Delta}_{22}&\bar{\Delta}_{23}\\ *&*&\bar{\Delta}_{33}\end{pmatrix}$$

$$\begin{aligned}\bar{\Delta}_{13}&=-PM+Q_NN-C^{\mathrm{T}}S_NN\\\bar{\Delta}_{23}&=-D^{\mathrm{T}}S_NN\\\bar{\Delta}_{33}&=\gamma^2-N^{\mathrm{T}}S_NN\end{aligned}$$

类似于文献 [72] 中的命题 5.21, 将式 (9.16) 进行放大有

$$W(x,y_t,w)\leqslant-\begin{pmatrix}\tilde{q}(t)\\\int_0^1\tilde{y}(\alpha)\mathrm{d}\alpha\end{pmatrix}^{\mathrm{T}}\varTheta\begin{pmatrix}\tilde{q}(t)\\\int_0^1\tilde{y}(\alpha)\mathrm{d}\alpha\end{pmatrix}$$

其中

$$\varTheta=\begin{pmatrix}\bar{\Delta}_w-JJ^{\mathrm{T}}-\dfrac{1}{3}\tilde{Y}^{\alpha}\varGamma\tilde{Y}^{\alpha\mathrm{T}}&\tilde{Y}^s\\ *&R_d+\dfrac{1}{h}S_d\end{pmatrix}$$

且对任意矩阵 $\varGamma$ 满足

$$\begin{pmatrix}\varGamma&-I\\-I&\dfrac{S_d}{h}\end{pmatrix}>0\tag{9.17}$$

而式 (9.9) 又蕴含着

$$\begin{pmatrix} \bar{\Delta}_w - JJ^{\mathrm{T}} & \tilde{Y}^s & \tilde{Y}^\alpha \\ * & R_d + \dfrac{1}{h}S_d & 0 \\ * & * & \dfrac{3}{3}S_d \end{pmatrix} > 0 \tag{9.18}$$

联立式 (9.17) 和式 (9.18), 并使用 Schur 补性质, 即得

$$\varTheta > 0$$

因而

$$W(x, y_t, w) < 0$$

即有

$$\mathcal{J} \leqslant \int_0^\infty W(x, y_t, w)\mathrm{d}t < 0$$

或

$$\int_0^\infty z^{\mathrm{T}} z\mathrm{d}t < \int_0^\infty \gamma^2 w^{\mathrm{T}} w\mathrm{d}t$$

证毕.

上面我们用离散化 Lyapunov 泛函方法对微分差分系统 (9.1)-(9.3) 在具有外部扰动界 γ 约束的条件下进行了稳定性研究, 基于线性矩阵不等式给出了具有 $\mathcal{H}_\infty$ 范数界 γ 约束的稳定性条件. 为此, 我们给出一个新的概念.

如果存在矩阵 $P = P^{\mathrm{T}}, Q_i, S_i = S_i^{\mathrm{T}}$ 及 $R_{ij} = R_{ij}^{\mathrm{T}}, i = 1, 2, \cdots, N, j = 1, 2, \cdots, N$ 使得式 (9.9) 成立, 则称系统 (9.1)-(9.3) 是离散化 Lyapunov 稳定的, 且有 $\mathcal{H}_\infty$ 范数界 γ 的约束 (简记为 $\mathrm{DLS} - \mathcal{H}_\infty - \gamma$).

9.4　离散化伪二次稳定性

本节考虑系统 (9.1)-(9.3) 的鲁棒 $\mathcal{H}_\infty$ 性能. 假定系统的系数矩阵能被表示为

$$\begin{aligned} A(t) &= A_0 + \Delta A(t) \\ B(t) &= B_0 + \Delta B(t) \\ C(t) &= C_0 + \Delta C(t) \end{aligned}$$

$$
\begin{aligned}
D(t) &= D_0 + \Delta D(t) \\
E(t) &= E_0 + \Delta E(t) \\
F(t) &= F_0 + \Delta F(t) \\
M(t) &= M_0 + \Delta M(t) \\
N(t) &= N_0 + \Delta N(t) \\
U(t) &= U_0 + \Delta U(t)
\end{aligned} \tag{9.19}
$$

其中, A_0、B_0、C_0、D_0、E_0、F_0、M_0、N_0 及 U_0 是具有适当维数的常数矩阵, 表示系统矩阵的标称值. ΔA、ΔB、ΔC、ΔD、ΔE、ΔF、ΔM、ΔN 及 ΔD 是不确定时变矩阵, 且由下式描述

$$
\begin{pmatrix} \Delta A & \Delta B & \Delta M \\ \Delta C & \Delta D & \Delta N \\ \Delta E & \Delta F & \Delta U \end{pmatrix} = \begin{pmatrix} H_1 \\ H_2 \\ H_3 \end{pmatrix} K(t) \begin{pmatrix} G_1 & G_2 & G_3 \end{pmatrix} \tag{9.20}
$$

其中, $H_1 \in \mathbb{R}^{m\times p}, H_2 \in \mathbb{R}^{n\times p}, H_3 \in \mathbb{R}^{s\times p}, G_1 \in \mathbb{R}^{q\times m}, G_2 \in \mathbb{R}^{q\times n}, G_3 \in \mathbb{R}^{q\times k}$ 是已知的常数矩阵; 扰动源 $K(t) \in \mathbb{R}^{p\times q}$ 是未知时变实矩阵, 且满足

$$
||K(t)|| \leqslant 1 \tag{9.21}
$$

对于系统 (9.1)-(9.3) 以及不确定性式 (9.19)$\sim$ 式 (9.21), 希望系统渐近稳定且满足 $\mathcal{H}_\infty$ 范数有界条件. 很明显, 上述不确定系统是系统 (9.1)-(9.3) 的特殊情形. 从定理 9.1 得到的充分性条件是: 如果存在 $m\times m$ 阶矩阵 $P = P^{\mathrm{T}}$, $m\times n$ 阶矩阵 Q_i, $n\times n$ 阶矩阵 $S_i = S_i^{\mathrm{T}}$, $R_{ij} = R_{ji}^{\mathrm{T}}$, $i = 0,1,\cdots,N$, $j = 0,1,\cdots,N$, 使得式 (9.8) 和式 (9.9) 对所有由式 (9.20) 和式 (9.21) 描述的可能的扰动成立, 则称系统是具有 $\mathcal{H}_\infty$ 范数界 γ 离散化伪二次稳定的 (简记为 DPQS-$\mathcal{H}_\infty$-γ).

定理 9.2 对于所有由式 (9.19)$\sim$ 式 (9.21) 描述的可能性扰动, 称系统 (9.1)-(9.3) 是 DPQS $-\mathcal{H}_\infty-\gamma$, 当且仅当存在 $m\times m$ 阶矩阵 $P = P^{\mathrm{T}}, m\times n$ 阶矩阵 Q_i, $n\times n$ 阶矩阵 $S_i = S_i^{\mathrm{T}}$, $R_{ij} = R_{ji}^{\mathrm{T}}$, $i = 0,1,\cdots,N$, $j = 0,1,\cdots,N$, 使得 LMI(9.8) 及

$$
\begin{pmatrix}
\tilde{\Delta}_0 & \tilde{Y}_0^s & \tilde{Y}_0^\alpha & \tilde{Z}_0 & J_0 & G_0^{\mathrm{T}} & H_p \\
* & R_d + \dfrac{1}{h}S_d & 0 & 0 & 0 & 0 & H_s \\
* & * & \dfrac{3}{h}S_d & 0 & 0 & 0 & H_\alpha \\
* & * & * & S_N & 0 & 0 & H_2 \\
* & * & * & * & I & 0 & H_3 \\
* & * & * & * & * & I & 0 \\
* & * & * & * & * & * & I
\end{pmatrix} > 0 \tag{9.22}
$$

成立, 其中 $\tilde{Q}$、$\tilde{R}$、$\tilde{S}$、R_d、S_d 定义见定理 9.1, $\tilde{\Delta}_0$、$\tilde{Y}_0^s$、$\tilde{Y}_0^\alpha$ 及 $\tilde{Z}_0$ 是 $\tilde{\Delta}$、$\tilde{Y}^s$、$\tilde{Y}^\alpha$ 及 $\tilde{Z}$ 的标称值

$$G_0=\begin{pmatrix} G_1^{\mathrm{T}} \\ G_2^{\mathrm{T}} \\ G_3^{\mathrm{T}} \end{pmatrix}$$

$$H_p=\begin{pmatrix} PH_1+Q_NH_2 \\ 0 \\ 0 \end{pmatrix}$$

$$H_s=\begin{pmatrix} \frac{1}{2}(Q_1^{\mathrm{T}}+Q_0^{\mathrm{T}})H_1+\frac{1}{2}(R_{1N}^{\mathrm{T}}+R_{0N}^{\mathrm{T}})H_2 \\ \frac{1}{2}(Q_2^{\mathrm{T}}+Q_1^{\mathrm{T}})H_1+\frac{1}{2}(R_{2N}^{\mathrm{T}}+R_{1N}^{\mathrm{T}})H_2 \\ \vdots \\ \frac{1}{2}(Q_N^{\mathrm{T}}+Q_{N-1}^{\mathrm{T}})H_1+\frac{1}{2}(R_{NN}^{\mathrm{T}}+R_{N-1,N}^{\mathrm{T}})H_2 \end{pmatrix}$$

$$H_a=\begin{pmatrix} \frac{1}{2}(Q_1^{\mathrm{T}}-Q_0^{\mathrm{T}})H_1+\frac{1}{2}(R_{1N}^{\mathrm{T}}-R_{0N}^{\mathrm{T}})H_2 \\ \frac{1}{2}(Q_2^{\mathrm{T}}-Q_1^{\mathrm{T}})H_1+\frac{1}{2}(R_{2N}^{\mathrm{T}}-R_{1N}^{\mathrm{T}})H_2 \\ \vdots \\ \frac{1}{2}(Q_N^{\mathrm{T}}-Q_{N-1}^{\mathrm{T}})H_1+\frac{1}{2}(R_{NN}^{\mathrm{T}}+R_{N-1,N}^{\mathrm{T}})H_2 \end{pmatrix}$$

证明　依照定理 9.1, 如果对所有可能的不确定性, 线性矩阵不等式 (9.8) 和式 (9.9) 被满足, 则系统渐近稳定且有 $\mathcal{H}_\infty$ 范数界 γ. 让 $\varPhi$ 及 $\Delta\varPhi$ 分别表示式 (9.9) 左边的标称部分和不确定部分, 于是

$$\varPhi+\Delta\varPhi>0$$

可被等价地表示为

$$\varPhi+HK(t)G+(HK(t)G)^{\mathrm{T}}>0 \tag{9.23}$$

其中

$$\varPhi = \begin{pmatrix} \tilde{\Delta}_0 & \tilde{Y}_0^s & \tilde{Y}_0^\alpha & \tilde{Z}_0 & J_0 \\ * & R_d + \dfrac{1}{h}S_d & 0 & 0 & 0 \\ * & * & \dfrac{3}{h}S_d & 0 & 0 \\ * & * & * & S_N & 0 \\ * & * & * & * & I \end{pmatrix}$$

$$H = \begin{pmatrix} H_p^{\mathrm{T}} & H_s^{\mathrm{T}} & H_\alpha^{\mathrm{T}} & H_2^{\mathrm{T}} & H_3^{\mathrm{T}} \end{pmatrix}^{\mathrm{T}}$$

$$G = \begin{pmatrix} G_0 & 0 & 0 & 0 & 0 \end{pmatrix}$$

对任意非零向量 ζ, 不等式 (9.23) 可被等价地表示为

$$\zeta^{\mathrm{T}}\varPhi\zeta + 2\zeta^{\mathrm{T}}HK(t)G\zeta > 0 \tag{9.24}$$

显然, 对 $||F(t)|| \leqslant 1$, 当且仅当

$$F(t) = -\frac{(H^{\mathrm{T}}\zeta)(G\zeta)^{\mathrm{T}}}{||H^{\mathrm{T}}\zeta||||G\zeta||} \tag{9.25}$$

时, 式 (9.24) 的左边达到最小值. 即对所有可能的扰动, 式 (9.24) 为真, 当且仅当 $F(t)$ 可表示为式 (9.25). 因此, 据式 (9.24) 和式 (9.25), 我们有

$$\zeta^{\mathrm{T}}\varPhi\zeta - 2\sqrt{\zeta^{\mathrm{T}}HH^{\mathrm{T}}\zeta}\sqrt{\zeta^{\mathrm{T}}G^{\mathrm{T}}G\zeta} > 0$$

进一步, 由引理 9.1 知, 上述不等式为真, 当且仅当存在一个正实数 λ, 使得

$$\varPhi - \lambda HH^{\mathrm{T}} - \lambda^{-1}G^{\mathrm{T}}G > 0$$

利用 Schur 补性质, 上式等价于

$$\begin{pmatrix} \lambda\varPhi & G^{\mathrm{T}} & \lambda H \\ G & I & 0 \\ \lambda H^{\mathrm{T}} & 0 & I \end{pmatrix} > 0$$

容易看出, 收缩因子 λ 可被置为 1 且不会引入任何保守性. 这是因为 λ 能被变量矩阵 $P, Q_i, S_i, R_{ij}, i = 0, 1, \cdots, N; j = 0, 1, \cdots, N$ 所吸收. 如此使 $\lambda = 1$ 即得式 (9.22), 证毕.

注 9.1　LMI (9.22) 蕴含着

$$||H_3|| < 1$$

以及 γ 是下有界的, 即

$$\gamma > \max\{||U||, ||G_3||\}$$

9.5　性能 DLS 与 DPQS 的系统关联性

前面分别讨论了微分差分双时滞系统的离散化 Lyapunov 稳定性以及离散化伪二次稳定性. 本节进一步说明 DLS 和 DPQS 二者的密切联系.

定理 9.3　对于 Lyapunov-Krasovskii 泛函如式 (9.5), 具有结构性扰动如式 (9.19)～ 式 (9.21) 的系统 (9.1)-(9.3) 是 DPQS-$\mathcal{H}_\infty$-γ, 当且仅当下述没有结构性扰动的系统

$$\dot{x}(t) = A_0x(t) + B_0y(t-r) + \begin{pmatrix} M_0 & \gamma H_1 \end{pmatrix}\begin{pmatrix} w(t) \\ w_1(t) \end{pmatrix} \tag{9.26}$$

$$y(t) = C_0x(t) + D_0y(t-r) + \begin{pmatrix} N_0 & \gamma H_2 \end{pmatrix}\begin{pmatrix} w(t) \\ w_1(t) \end{pmatrix} \tag{9.27}$$

$$z(t) = \begin{pmatrix} E_0 \\ G_1 \end{pmatrix}x(t) + \begin{pmatrix} F_0 \\ G_2 \end{pmatrix}y(t-r) + \begin{pmatrix} U_0 & \gamma H_3 \\ G_3 & 0 \end{pmatrix}\begin{pmatrix} w(t) \\ w_1(t) \end{pmatrix} \tag{9.28}$$

是 DLS-$\mathcal{H}_\infty$-γ.

证明　首先证明必要性. 由于具有结构性扰动如式 (9.19)～ 式 (9.21) 的系统 (9.1)-(9.3) 是 DPQS-$\mathcal{H}_\infty$-γ, 那么由定理 9.2 知, 对 Lyapunov-Krasovskii 泛函 (9.5), 存在矩阵 $P = P^{\mathrm{T}}$, Q_i, $S_i = S_i^{\mathrm{T}}$, $R_{ij} = R_{ji}^{\mathrm{T}}$, $i = 0, 1, \cdots, N$, $j = 0, 1, \cdots, N$, 使得式 (9.8) 和式 (9.22) 被满足. 式 (9.22) 的右边前后分别乘以矩阵 Σ^{T} 和 Σ, 其中

$$\Sigma = \begin{pmatrix} I & 0 & 0 & 0 & 0 & 0 & 0 \\ 0 & 0 & I & 0 & 0 & 0 & 0 \\ 0 & 0 & 0 & I & 0 & 0 & 0 \\ 0 & 0 & 0 & 0 & I & 0 & 0 \\ 0 & 0 & 0 & 0 & 0 & I & 0 \\ 0 & 0 & 0 & 0 & 0 & 0 & I \\ 0 & \gamma I & 0 & 0 & 0 & 0 & 0 \end{pmatrix}$$

则得

$$\begin{pmatrix} \tilde{\Delta}_0 & \gamma\lambda H_p & \tilde{Y}_0^s & \tilde{Y}_0^\alpha & \tilde{Z}_0 & J_0 & G_0^{\mathrm{T}} \\ * & \gamma^2 I & \gamma H_s & \gamma H_\alpha & \gamma H_2 & \gamma H_3 & 0 \\ * & * & R_d+\dfrac{1}{h}S_d & 0 & 0 & 0 & 0 \\ * & * & * & \dfrac{3}{h}S_d & 0 & 0 & 0 \\ * & * & * & * & S_N & 0 & 0 \\ * & * & * & * & * & I & 0 \\ * & * & * & * & * & * & I \end{pmatrix} > 0 \tag{9.29}$$

让

$$\hat{M}=\begin{pmatrix} M_0 & \gamma H_1 \end{pmatrix}$$
$$\hat{N}=\begin{pmatrix} N_0 & \gamma H_2 \end{pmatrix}$$
$$\hat{E}=\begin{pmatrix} E_0 \\ G_1 \end{pmatrix}$$
$$\hat{F}=\begin{pmatrix} F_0 \\ G_2 \end{pmatrix}$$
$$\hat{U}=\begin{pmatrix} U_0 & \gamma H_3 \\ G_3 & 0 \end{pmatrix}$$

式 (9.29) 可被等价地写成

$$\begin{pmatrix} \hat{\Delta}_0 & \hat{Y}_0^s & \hat{Y}_0^\alpha & \hat{Z}_0 & \hat{J}_0 \\ * & R_d+\dfrac{1}{h}S_d & 0 & 0 & 0 \\ * & * & \dfrac{3}{h}S_d & 0 & 0 \\ * & * & * & S_N & 0 \\ * & * & * & * & I \end{pmatrix} > 0 \tag{9.30}$$

其中

$$\hat{\Delta}_0=\begin{pmatrix} \Delta_0 & -P\hat{M}-Q_N\hat{N} \\ -\hat{M}^{\mathrm{T}}P-N^{\mathrm{T}}Q_N^{\mathrm{T}} & \gamma^2 I \end{pmatrix}$$

$$\hat{J}_0 = \begin{pmatrix} \hat{E}^{\mathrm{T}} \\ \hat{F}^{\mathrm{T}} \\ \hat{U}^{\mathrm{T}} \end{pmatrix}$$

$$\hat{Y}_0^s = \begin{pmatrix} Y_0^s \\ \hat{Y}_w^s \end{pmatrix}, \quad \hat{Y}^\alpha = \begin{pmatrix} Y_0^\alpha \\ \hat{Y}_w^\alpha \end{pmatrix}$$

$$\hat{Y}_w^s = \begin{pmatrix} \hat{Y}_{w1}^s & \hat{Y}_{w2}^s & \cdots & \hat{Y}_{wN}^s \end{pmatrix}$$

$$\hat{Y}_w^\alpha = \begin{pmatrix} \hat{Y}_{w1}^\alpha & \hat{Y}_{w2}^\alpha & \cdots & \hat{Y}_{wN}^\alpha \end{pmatrix}$$

且

$$\hat{Y}_{wi}^s = \frac{1}{2}\hat{M}^{\mathrm{T}}(Q_i + Q_{i-1}) + \frac{1}{2}\hat{N}^{\mathrm{T}}(R_{iN} + R_{i-1,N})$$

$$\hat{Y}_{wi}^\alpha = \frac{1}{2}\hat{M}^{\mathrm{T}}(Q_i - Q_{i-1}) + \frac{1}{2}\hat{N}^{\mathrm{T}}(R_{iN} - R_{i-1,N})$$

$$i = 1, 2, \cdots, N$$

容易看出 LMI(9.30) 和式 (9.9) 形式上的一致性. 从而, 由定理 9.1 可知系统 (9.26)-(9.28) 关于 Lyapunov-Krasovskii 泛函 (9.5) 是 DLS-$\mathcal{H}_\infty$-γ.

关于充分性的证明, 易见上述必要性中证明过程的每一步均是可逆的.

推论 9.1　对于 Lyapunov-Krasovskii 泛函 (9.5) 以及给定的常数 $\gamma > 0$, 下述系统

$$\dot{x}(t) = (A_0 + \Delta A)x(t) + (B_0 + \Delta B)y(t-r)$$

$$y(t) = (C_0 + \Delta C)x(t) + (D_0 + \Delta C)y(t-r)$$

$$z(t) = (E_0 + \Delta E)x(t) + (F_0 + \Delta F)y(t-r)$$

是 DPQS-$\mathcal{H}_\infty$-γ, 其中扰动描述为

$$\begin{pmatrix} \Delta A & \Delta B \\ \Delta C & \Delta D \\ \Delta E & \Delta F \end{pmatrix} = \begin{pmatrix} H_1 \\ H_2 \\ H_3 \end{pmatrix} K(t) \begin{pmatrix} G_1 & G_2 \end{pmatrix}$$

及

$$||K(t)|| < \frac{1}{\gamma}$$

当且仅当具有外部扰动的时滞系统

$$\dot{x}(t) = A_0 x(t) + A_{d0} x(t-r) + H_1 w(t)$$

$$y(t) = C_0 x(t) + D_0 y(t-r) + H_2 w(t)$$

$$z(t) = \begin{pmatrix} E_0 \\ G_1 \end{pmatrix} x(t) + \begin{pmatrix} E_{d0} \\ G_2 \end{pmatrix} x(t-r) + \begin{pmatrix} H_3 \\ 0 \end{pmatrix} w(t)$$

是 DLS-$\mathcal{H}_\infty$-γ.

推论 9.2 对于 Lyapunov-Krasovskii 泛函 (9.5) 以及给定常数 $\gamma > 0$, 下述系统

$$\dot{x}(t) = (A_0 + \Delta A)x(t) + (B_0 + \Delta B)y(t-r) \tag{9.31}$$

$$y(t) = (C_0 + \Delta C)x(t) + (D_0 + \Delta C)y(t-r) \tag{9.32}$$

是 DPQS-$\mathcal{H}_\infty$-γ, 其中扰动描述为

$$\begin{pmatrix} \Delta A & \Delta B \\ \Delta C & \Delta D \end{pmatrix} = \begin{pmatrix} H_1 \\ H_2 \end{pmatrix} K(t) \begin{pmatrix} G_1 & G_2 \end{pmatrix} \tag{9.33}$$

及

$$||K(t)|| < \frac{1}{\gamma}$$

当且仅当具有外部扰动的系统

$$\dot{x}(t) = A_0 x(t) + A_{d0} x(t-r) + H_1 w(t) \tag{9.34}$$

$$y(t) = C_0 x(t) + D_0 y(t-r) + H_2 w(t) \tag{9.35}$$

$$z(t) = G_1 x(t) + G_2 x(t-r) \tag{9.36}$$

是 DLS-$\mathcal{H}_\infty$-γ.

推论 9.3 对于 Lyapunov-Krasovskii 泛函 (9.5) 以及给定常数 $\gamma > 0$, 具有外部扰动的系统

$$\begin{aligned} \dot{x}(t) &= Ax(t) + By(t-r) + Mw(t) \\ y(t) &= Cx(t) + Dy(t-r) + Nw(t) \\ z(t) &= Ex(t) + Fy(t-r) + Uw(t) \end{aligned}$$

是 DLS-$\mathcal{H}_\infty$-γ, 仅当矩阵 U 能被分解为 $U = \begin{pmatrix} U_1 \\ 0 \end{pmatrix}$ 且对应的矩阵 E 和 F 分解为 $E = \begin{pmatrix} E_1 \\ E_2 \end{pmatrix}$ 及 $F = \begin{pmatrix} F_1 \\ F_2 \end{pmatrix}$, 当且仅当不确定时滞系统

$$\begin{aligned} \dot{x}(t) &= (A + \triangle A)x(t) + (B_0 + \triangle B)y(t-r) \\ y(t) &= (C_0 + \triangle C)\, x(t) + (D_0 + \triangle D)\, y(t-r) \\ z(t) &= (E_1 + \triangle E_1)\, x(t) + (F_1 + \triangle F_1)\, y(t-r) \end{aligned}$$

是 DPQS-$\mathcal{H}_\infty$-γ, 其中扰动描述为

$$\begin{pmatrix} \Delta A & \Delta B \\ \Delta C & \Delta D \\ \Delta E_1 & \Delta F_1 \end{pmatrix} = \begin{pmatrix} M \\ N \\ U_1 \end{pmatrix} K(t) \begin{pmatrix} E_2 & F_2 \end{pmatrix}$$

及

$$||K(t)|| < \frac{1}{\gamma}$$

注 9.2　推论 9.3 说明在DLS的意义下, 具有如式 (9.33) 描述的不确定性线性时变系统可由具有外部扰动输入的线性时不变系统来等价描述. 其中不确定性被完全分解到系统可测输出和扰动输入项中. 相反地, 矩阵 D 必须满足结构性条件.

注 9.3　推论 9.2 说明在DLS的意义下, 具有不确定性描述如式 (9.33) 的系统 (9.31)-(9.32) 等价于具有外部扰动输入的系统 (9.34)-(9.36), 且有不确定性反馈

$$w(t) = K(t)z(t)$$

或等价地描述为, 对于 $||K(t)|| < \dfrac{1}{\gamma}$, 有

$$||w(t)||_2 \leqslant \gamma ||z(t)||_2$$

参 考 文 献

[1] Brayton R. Small-signal stability criterion for electrical networks containing lossless transmission lines. IBM Journal of Research and Development, 1968, 12: 431-440.

[2] Karaev R I. Transient Processes in Long Distance Transmission Lines. Moscow: Energia Publishing House, 1978.

[3] Marinov C. Neittaanmäki P. Mathematical Models in Elctrical Circuits: Theory and Applications. Dordrecht: Kluwer Academic, 1991.

[4] Kabaov I P. On steam pressure control. Inzhenerno Sbornik, 1946, 2: 27-46.

[5] Hale J K, Verduyn L S M. Introduction to Functional Differential Equations. New York: Springer-Verlag, 1993.

[6] Răsvan V I, Niculescu S I. Oscillations in lossless propagation models: A Lyapunov-Krasovskii approach. IMA Journal of Mathematical Control and Information, 2002, 19: 157-172.

[7] Răsvan V I. Functional differential equations of lossless propagation and almost linear behavior. Plenary Lecture 6th IFAC Workshop on Time-Delay Systems, L'Aquila, 2006.

[8] 刘永清, 高存臣, 袁付顺. 大型动力系统的理论与应用 (卷 9): 滞后系统的变结构控制. 广州: 华南理工大学出版社, 1998.

[9] 高存臣, 袁付顺, 肖会敏. 时滞变结构控制系统. 北京: 科学出版社, 2004.

[10] Hale J K, Huang W. Global geometry of the stable regions for two delay differential equations. Journal of Mathematical Analysis and Applications, 1993, 178: 344-362.

[11] Kharitonov V L, Zhabko A P. Lyapunov-Krasovskii approach to the robust stability analysis of time-delay systems. Automatica, 2003, 39: 15-20.

[12] Kolmanovskii V, Myshkis A. Introduction to the Theory and Applications of Functional Differential Equations. Dordrecht: Kluwer Academic, 1999.

[13] Kokame H, Mori T. A tutorial on stability and stabilization of delay differential systems. SICE Annual Conference in Fukui, 2003.

[14] Kamenskii G A. On general theory of the equations with deviated argument. Doklady Akademii Nauk SSSR, 1958, 120(4): 697-700.

[15] Bellmen R E, Cooke K L. Differential Difference Equations. New York: Academic Press, 1963.

[16] Hale J K, Martinez A P. Stability in neutral equations. J. Nonlinear Analysis Theory, Method & Applications, 1977, 1: 161-172.

[17] Răsvan V I. Absolute stability of a class of control proceses described by functional differential equations of neutral type//Janssens P, Mawhin J, Rouche N. Equations Differentielles et Fonctionelles Nonlineaires. Paris: Hermann, 1973.

[18] Răsvan V I. Absolute Stability of Time Lag Control Systems. Bucharest: Editura

Academiei, 1975.

[19] Krasovskii N N. Some Problems Concerning Stability of Motion. Moscow: Energia Publishing House, 1959.

[20] Halanay A. Differential Equations: Stability, Oscillations, Time Lags. Bucharest: Editura Academiei, 1963.

[21] Hale J K. Theory of Functional Differential Equations, Applied Mathematical Sciences 3. New York: Springer-Verlag, 1971.

[22] Hale J K, Verduyn L S M. Introduction to functional differential equations//Applied Mathematical Sciences 99. New York: Springer-Verlag, 1993.

[23] Hale J K, Meyer K R. A class of functional equations of neutral type. Memoirs of the American Mathematical Society, 1967, 76(76): 170-175.

[24] Melvin W R. Topologies for neutral functional differential equations. Journal of Differential Equations, 1973, 13: 24-32.

[25] Borisovič I G, Turbabin A S. On the Cauchy problem for linear nonhomogeneous differential equations with delayed argument. Doklady Akademii Nauk SSSR, 1969, 185: 741-744.

[26] Kunisch K. Neutral functional differential equations in L^p and averaging approximations. Nonlinear Analysis: Theory, Methods & Applications, 1979, 3: 419-448.

[27] Chen J. On computing the maximal delay intervals for stability of linear delay systems. IEEE Transactions on Automatic Control, 1995, 40: 1087-1093.

[28] Chen J, Latchman H A. Frequency sweeping tests for stablity independent of delay. IEEE Transactions on Automatic Control, 1995, 40: 1604-1645.

[29] Niculescu S I, Chen J. Frequency sweeping tests for asymptotic stability: A model transformation for multiple delays//Proceedings of the 38th IEEE Conference on Decision and Control, Phoenix, AZ, 1999: 4678-4683.

[30] Niculescu S I. On delay robustness of a simple control algorithm in high-speed networks. Automatica, 2002, 38: 885-889.

[31] Gu K, Niculescu S I, Chen J. On stability crossing cures for general systems with two delays. Joural of Mathematical Analysis and Applications, 2005, 311: 231-253.

[32] Gu K. Discretized LMI set in the stability problem of linear uncertain time-delay systems. International Journal of Control, 1997, 68(4): 923-934.

[33] Niculescu S I. Delay effects on stability: A robust control approach//Lecture Notes in Control and Information Science 269. London: Springer-Verlag, 2001.

[34] Niculescu S I, Răsvan V I. Delay-independent stability in lossless propagation models with applications//Proceedings of the 14th International Symposium on Mathematical Theory of Networks and Systems, Perpignan, 2000.

[35] Halanay A, Răsvan V I. Stability radii for some propagation models. IMA Journal of Mathematical Control and Information, 1997, 14: 95-107.

[36] Răsvan V I. Estimates for stability radii in the case of coupled delay-differential and difference equations//Qualitative Problems for Differential Equations and Control Theory. Singapore-London: World Scientific, 1995: 41-52.

[37] Răsvan V I. Robustness and stability radii for delay systems. Revue Roumaine des Sciences Techniques-Série Électrotechnique Énergétique, 2000, 45: 357-371.

[38] Boyd S, El Ghaoui L, Feron E, et al. Linear Matrix Inequalities in System and Control Theory. Philadelphia: SIAM, 1994.

[39] Pepe P, Verriest E I. On the stability of coupled delay differential and continuous time difference equations. IEEE Transactions on Automatic Control, 2003, 48(8): 1422-1427.

[40] Pepe P. On the asymptotic stability of coupled delay differential and continuous time difference equations. Automatica, 2005, 41(1): 107-112.

[41] Pepe P, Jiang Z P, Fridman E. A new Lyapunov-Krasovskii methodology for coupled delay differential and difference equations. International Journal of Control, 2007, 81(1): 107-115.

[42] Brayton R. Nonlinear oscillations in a distributed network. Quarterly of Applied Mathematics, 1976, 24: 289-301.

[43] Hale J K, Verduyn L S M. Strong stabilization of neutral functional differential equaitons. IMA Journal of Mathematical Control and Information, 2002, 19: 5-23.

[44] Răsvan V I. Dynamical systems with lossless propagation and neutral functional differential equations//Proceedings of the 13th International Symposium on Mathematical Theory of Networks and Systems, Padoue, 1998: 527-531.

[45] Hale J, Huang W. Variation of constants for hybrid systems of functional differential equations. Proceedings of Royal Society of Edinburgh, 1993, 125A: 1-12.

[46] Martinez A P. Periodic solutions of coupled systems of differential and difference equations. Annali di Matematica Pura ed Applicata, 1979, 121(1): 171-186.

[47] Fridman E. Stability of linear descriptor systems with delay: A Lyapunov-based approach. Journal of Mathematical Analysis and Applications, 2002, 273: 14-44.

[48] Karafyllis I, Pepe P, Jiang Z P. Stability results for systems described by coupled retarded functional differential equations and functional difference equations. The 7th Workshop on Time-Delay Systems, Nantes, 2007.

[49] Karafyllis I, Pepe P, Jiang Z P. Stability results for systems described by retarded functional differential equations//2007 European Control Conference, Kos, 2007.

[50] Gu K, Liu Y. Lyapunov-Krasovskii functional for coupled differential-functional equations//The 46th Conference on Decision and Control, New Orleans, LA, 2007.

[51] Gu K, Liu Y. Lyapunov-Krasovskii functional for uniform stability of coupled differential-functional equations. Automatica, 2009, 45: 798-804.

[52] Doyle J C. Analysis of feedback systems with structured uncertainties. IEEE Proceed-

ings D-Control Theory and Applications, 1982, 129(6): 242-250.

[53] Doyle J C, Wall J, Stein G. Performance and robustness analysis for structured uncertainty//The 20th IEEE Conference on Decision and Control, San Diego, CA, 1982: 629-636.

[54] Hale J K, Cruz M A. Existence, uniqueness and continuous dependence for hereditary systems. Annali di Matematica Pura ed Applicata, 1970, 85(1): 63-81.

[55] Sontag E D. Smooth stabilization implies coprime factorization. IEEE Transactions on Automatic Control, 1989, 34: 435-443.

[56] Sontag E D. Further facts about input to state stabilization. IEEE Transactions on Automatic Control, 1990, 35: 473-476.

[57] Jiang Z P, Wang Y. Input-to-state stability for discrete-time nonlinear systems. Automatica, 2001, 37: 857-869.

[58] Cruz M A, Hale J K. Stability of functional differential equations of neutral type. Journal of Differential Equations, 1970, 7: 334-355.

[59] Krasovskii N N. Stability of Motion. Stanford, CA: Stanford University Press, 1963.

[60] Hale J K. Parametric stability in difference equations. Bolletting Univerdella Mathematica Italiana, 1975, 11(4): 209-214.

[61] Silkowskii R A. Star-shaped regions of stability in hereditary systems. Thesis, Brown University, Providence, RI, 1976.

[62] Carvalho L A V. On quadratic Lyapunov functionals for linear difference equations. Linear Algebra and its Applicatins, 1996, 240: 41-64.

[63] Packard A, Doyle J. The complex structured singular value. Automatica, 1993, 29(1): 71-109.

[64] Beretta E, Kuang Y. Geometric stability switch criteria in delay differential systems with delay dependent parameters. SIAM Journal on Mathematical Analysis, 2002, 33: 1144-1165.

[65] Cooke K L, van den Driessche P. On zeros of some transcendental equations. Funkcialaj Ekvacioj, 1986, 29: 77-90.

[66] Chen J, Gu G, Nett C N. A new method fr computing delay margins for stability of linear delay systems. Syatems Control Letter, 1995, 26: 101-117.

[67] Hale J K, Infante E F, Tsen F S P. Stability in linear equations. Journal of Mathematical Analysis and Applications, 1985, 105: 535-555.

[68] Gu K. A generalized discretization scheme of Lyapunov functional in the stability problem of linear uncertain time-delay systems. International Journal of Robust Nonlinear Control, 1999, 9(1): 1-14.

[69] Gu K, Niculescu S I. Stability analysis of time-delay systems: A Lyapunov approach//Loría A, Lamnabhi-Lagarrigue F, Panteley E. Advanced Topics in Control Systems Theory. London: Springer-Verlag, 2006: 139-170.

[70] Gu K. A further refinement of discretized Lyapunov functional method for the stability of time-delay systems. International Journal of Control, 2001, 74(10): 967-976.

[71] Peet M, Papachristodoulou A, Lall A. On positive forms and the stability of linear time-delay systems//The 45th Conference on Decision and Control, San Diego, CA, 2006.

[72] Gu K, Kharitonov V L, Chen J. Stability of Time-Delay Systems. Boston: Birkhäuser, 2003.

[73] Gahinet P, Nemirovski A, Laub A, et al. LMI Control Toolbox for Use with MATLAB. Natick: Mathworks, MA, 1995.

[74] Lee S, Lee H S. Modeling, design and evaluation of advanced teleoperator control systems with short time delay. IEEE Transactions on Robotics and Automation, 1993, 9(5): 607-623.

[75] Han Q L, Yu X. A discretized Lyapunov functional approach to stability of linear delay-differential systems of neutral type//Proceedings of the 15th IFAC World Congress on Automatic Control, Barcelona, 2002.

[76] Han Q L, Gu K. Robust stability of time-delay systems with block-diagonal uncertaity. Internal Technical Report, Southern Illinois University Edwardsville, 2001.

[77] Liu Y, Li H, Gu K. Stability of coupled differential-difference equations with block diagonal uncertainty//Loiseau J J, Michiels W, Niculescu S I, et al. Topies in Time-Delay Systems: Analysis, Algorithms and Control. New York: Springer-Verlag, 2008.

[78] Qiu Z Z, Zhang Q L, Zhao Z Z. Stability of singular networks control systems with control constraint. Journal of Systems Engineering and Electronics, 2007, 18(2): 290-296.

[79] Gu K. Refine discretized Lyapunov functional method for systems with multiple delays. International Journal of Robust Nonlinear Control, 2003, 13: 1017-1033.

[80] Chen W H, Zheng W X. Delay-dependent robust stabilization for uncertain neutral systems with distributed delays. Automatica, 2007, 43: 95-104.

[81] Han Q L. A descriptor system approach to stability of uncertain neutral systems with discrete and distributed delays. Automatica, 2004, 40: 1791-1796.

[82] Li X G, Zhu X J. Stability analysis of neutral systems with distributed delays. Automatica, 2008, 44(8): 2197-2201.

[83] Crocco L. Aspects of combustion stability in liquid propellant rocket motors, Part I: Fundamentals-low frequency instability with monopropellants. Journal of American Rocket Society, 1951, 21: 163-178.

[84] Fiagbedzi Y A, PearsonA E. A multistage reduction technique for feedback stabilizing distributed time-lag systems. Automatica, 1987, 23: 311-326.

[85] Zhen F, Frank P M. Robust control of uncertain distributed delay systems with application to the stabilization of combustion in rocket motor chambers. Automatica,

2002, 38: 487-497.

[86] Li H, Gu K. Discretized Lyapunov-Krasovskii functional method for coupled differential-difference equations with discrete and distributed delay//Proceedings of the 7th Asia Control Ceference, Hong Kong, 2009: 39-44.

[87] Li H. Discretized LKF approach for coupled differential-difference equations with multiple discrete and distributed delays. International Journal of Robust and Nonlinear Control, 2012, 22: 875-891.

[88] Li H. Discretized LKF approach for coupled differential-functional equations with multiple discrete and distributed delays//Proceedings of the 29th Chinese Control Conference, Beijing, 2010: 868-873.

[89] Souza F O, Palhares R M, Leite V J S. Improved robust $\mathcal{H}_\infty$ control for neutral systems via discretised Lyapunov+Krasovskii functional. International Journal of Control, 2008, 81(9): 1462-1474.

[90] Souza F O, Palhares R M, Barbosa K A. New improved delay-dependent $\mathcal{H}_\infty$ filter design for uncertain neutral systems. IET Control Theory and Applications, 2008, 2(12): 1033-1043.

[91] Souza F O, Palhares R M. Novel delay-dependent Kalman/Luenberger–type filter design for neutral systems. International Journal of Control, 2009, 82(12): 2327-2334.

[92] Li H. Refined stability of a class of CDFE with distributed delays//Proceedings of the 34th Chinese Control Conference, Hangzhou, 2015: 1435-1440.

[93] Melchor A D. Exponential stability of lineari continuous multiple delays. Systems & Control Letters, 2013, 62: 811-818.

[94] Melchor A D. On stability of integral delay systems. Applied Mathematics and Computation, 2010, 217: 3578-3584.

[95] Yue D, Won S, Kwon O. Delay-dependent stability of neutral systems with time delay: A LMI approach. IEEE Proceedings Control Theory Applictions, 2003, 150: 23-27.

[96] Li H, Gu K. Discretized Lyapunov-Krasovskii functional for coupled differential difference equations with multiple delay channels. Automatica, 2010, 46: 902-909.

[97] Li H. Stability of coupled differential-functional equations with discrete and distributed delays via discretized LKF method//Proceedings of Chinese Control and Decision Conference, Mianyang, 2011: 2984-2989.

[98] Fridman E, Tsodik G. $\mathcal{H}_\infty$ control of distributed and discrete delay systems via discretized Lyapunov functional. European Journal of Control, 2009, 15(1): 84-96.

[99] Xiong L, Zhong S, Tian J. Novel robust stability criteria of uncertain neutral systems with discrete and distributed delays. Chaos, Solitons and Fractals, 2009, 40: 771-777.

[100] Li H. Discretized LKF approach for stability of a class of coupled differential-difference equations with multiple known and unknown delays//Proceedings of the 30th Chinese Control Conference, Yantai, 2011: 1137-1142.

[101] Li H. Stability of CDFEs with multiple known and unknown delays: Discretized LKF approach//International Conference on Automatic Control and Information Engineering, Hong Kong, 2016: 139-144.

[102] Melchor A D. Exponential stabiliuty of linear continuous time systems with multiple delays. Systems & Control Letter, 2013, 62: 811-818.

[103] Li H, Gu K. Lyapunov-Krasovskii functional approach for coupled differential-difference equations with multiple delays// Balachandran B, Kalmar-Nagy T, Gilsinn D. Delay Differential Equations: Recent Advances and New Directions. New York: Springer-Verlag, 2008.

[104] Gu K, Niculescu S I. Further remarks on additional dynamics in various model transformations of linear delay systems. IEEE Transactions on Automatic Control, 2001, 46: 497-500.

[105] Fridman E. New Lyapunov-Krasovskii functionals for stability of linear retarded and neutral type systems. Systems & Control Letters, 2001, 43: 309-319.

[106] Kolmanovskii V, Richard J P. Stability of some linear systems with delays. IEEE Transactions on Automatic Control, 1999, 44: 984-989.

[107] Gu K. Stability problem of systems with multiple delay channels. Automatica, 2010, 46: 743-751.

[108] Gu K. Large systems with multiple low-dimensional delay channels//Semi-plenary Lecture, Proceeding of 2008 Chinese Control and Decision Conference, Yantai, 2008.

[109] Ochoa G, Kharitonov V L. Lyapunov matrices for neutral type of time delay systems//The 2nd International Conference on Electrical & Electronics engineering and the 11th Conference on Electrical Engineering, Mexico City, 2005.

[110] Ochoa G, Mondie S. Approximations of Lyapunov-Krasovskii functionals of complete type with given cross terms in the derivative for the stability of time-delay systems//The 46th Conference on Decision and Control, New Orleans, LA, 2007.

[111] Li H, Gu K. Discretized Lyapunov-Krasovskii functional for systems with multiple delay channals//Proceedings of DSCC 2008, ASME 2008 Dynamic Systems and Control Conference, Ann Arbor, Michigan, 2008.

[112] Marchenko V M, Poddubnaya O N, Zaczkiewicz Z. On the observability of linear differential-algebraic systems with delays. IEEE Transactions on Robotics and Automation, 2006, 51(8): 1387-1392.

[113] Xie L, De Souza C E. Robust $\mathcal{H}_\infty$ control for linear systems with norm-bounded time-varying uncertainty. IEEE Transactions on Automatic Control, 1992, 37: 1188-1191.

[114] Xie L, Fu M, De Souza C E. $\mathcal{H}_\infty$ Control and quadratic stabilization of systems with parameter uncertainty via output feedback. IEEE Transactions on Automatic Control, 1992, 37: 1253-1256.

[115] De Souza C E, Li X. Delay-dependent robust $\mathcal{H}_\infty$ control of uncertain linear state-

delayed system. Automatica, 1999, 35: 1313-1321.

[116] Gu K. $\mathcal{H}_\infty$ control of system under norm bounded uncertainty in all system matrices. IEEE Transactions on Automatic Control, 1994, 39(1): 127-131.

[117] Kokame H, Kobayashi H, Mori T. Robust $\mathcal{H}_\infty$ performance for linear delay-differential systems with time-varying uncertainties. IEEE Transactions on Robotics and Automation, 1998, 43: 223-226.

[118] 李宏飞. 中立型时滞系统的鲁棒控制. 西安：西北工业大学出版社, 2006.

[119] 李宏飞, 周军. 时变线性中立型系统的鲁棒 $\mathcal{H}_\infty$ 性能. 应用数学, 2007, 20(3): 621-626.

[120] Li H. $\mathcal{H}_\infty$ Performance for a class of coupled differential-difference systems with time-varying uncertainties//Proceedings of the 4th International Conference Optimizaiton and Control with Applications, Harbin, 2009: 221-230.